建筑与市政工程施工现场专业人员职业标准培训教材

材料员通用与基础知识

(第三版)

中国建设教育协会　组织编写
胡兴福　宋岩丽　主　编

中国建筑工业出版社

图书在版编目（CIP）数据

材料员通用与基础知识／中国建设教育协会组织编写；胡兴福，宋岩丽主编. — 3版. — 北京：中国建筑工业出版社，2023.3（2023.6重印）
建筑与市政工程施工现场专业人员职业标准培训教材
ISBN 978-7-112-28188-6

Ⅰ.①材… Ⅱ.①中…②胡…③宋… Ⅲ.①建筑材料－职业培训－教材 Ⅳ.①TU5

中国版本图书馆CIP数据核字（2022）第219540号

本书是建筑与市政工程施工现场专业人员职业标准培训教材，依据住房和城乡建设部颁布的《建筑与市政工程施工现场专业人员考核评价大纲》编写。全书分为上下两篇。上篇包括五部分内容：建设法规、建筑材料、建筑工程识图、建筑施工技术、施工项目管理。下篇包括四部分内容：建筑力学的基本知识、工程预算的基本知识、物资管理的基本知识、抽样统计分析的基本知识。

本教材主要用作材料员培训教材和考试用书，也可供职业院校师生和有关专业技术人员参考。

责任编辑：赵云波　李　杰　李　明
责任校对：赵　菲

建筑与市政工程施工现场专业人员职业标准培训教材
材料员通用与基础知识
（第三版）
中国建设教育协会　组织编写
胡兴福　宋岩丽　主　编

*

中国建筑工业出版社出版、发行（北京海淀三里河路9号）
各地新华书店、建筑书店经销
北京红光制版公司制版
北京市密东印刷有限公司印刷

*

开本：787毫米×1092毫米　1/16　印张：16¼　字数：402千字
2023年3月第三版　2023年6月第二次印刷
定价：**54.00**元
ISBN 978-7-112-28188-6
（40225）

版权所有　翻印必究
如有印装质量问题，可寄本社图书出版中心退换
（邮政编码100037）

建筑与市政工程施工现场专业人员职业标准培训教材
编 审 委 员 会

主　任：赵　琦　李竹成

副主任：沈元勤　张鲁风　何志方　胡兴福　危道军
　　　　尤　完　赵　研　邵　华

委　员：（按姓氏笔画为序）

王兰英　王国梁　孔庆璐　邓明胜　艾永祥
艾伟杰　吕国辉　朱吉顶　刘尧增　刘哲生
孙沛平　李　平　李　光　李　奇　李　健
李大伟　杨　苗　时　炜　余　萍　沈　汛
宋岩丽　张　晶　张　颖　张亚庆　张晓艳
张悠荣　张燕娜　陈　曦　陈再捷　金　虹
郑华孚　胡晓光　侯洪涛　贾宏俊　钱大治
徐家华　郭庆阳　韩炳甲　鲁　麟　魏鸿汉

出版说明

建筑与市政工程施工现场专业人员队伍素质是影响工程质量和安全生产的关键因素。我国从20世纪80年代开始，在建设行业开展关键岗位培训考核和持证上岗工作，对于提高建设行业从业人员的素质起到了积极的作用。进入21世纪，在改革行政审批制度和转变政府职能的背景下，建设行业教育主管部门转变行业人才工作思路，积极规划和组织职业标准的研发。在住房和城乡建设部人事司的主持下，由中国建设教育协会、苏州二建建筑集团有限公司等单位主编了建设行业的第一部职业标准——《建筑与市政工程施工现场专业人员职业标准》，已由住房和城乡建设部发布，作为行业标准于2012年1月1日起实施。为推动该标准的贯彻落实，进一步编写了配套的14个考核评价大纲。

该职业标准及考核评价大纲有以下特点：（1）系统分析各类建筑施工企业现场专业人员岗位设置情况，总结归纳了8个岗位专业人员核心工作职责，这些职业分类和岗位职责具有普遍性、通用性。（2）突出职业能力本位原则，工作岗位职责与专业技能相互对应，通过技能训练能够提高专业人员的岗位履职能力。（3）注重专业知识的完整性、系统性，基本覆盖各岗位专业人员的知识要求，通用知识具有各岗位的一致性，基础知识、岗位知识能够体现本岗位的知识结构要求。（4）适应行业发展和行业管理的现实需要，岗位设置、专业技能和专业知识要求具有一定的前瞻性、引导性，能够满足专业人员提高综合素质和适应岗位变化的需要。

为落实职业标准，规范建设行业现场专业人员岗位培训工作，我们依据与职业标准相配套的考核评价大纲，组织编写了《建筑与市政工程施工现场专业人员职业标准培训教材》。本套教材覆盖《建筑与市政工程施工现场专业人员职业标准》涉及的施工员、质量员、安全员、标准员、材料员、机械员、劳务员、资料员8个岗位14个考核评价大纲。每个岗位、专业，根据其职业工作的需要，注意精选教学内容、优化知识结构、突出能力要求，对知识、技能经过合理归纳，编写为《通用与基础知识》和《岗位知识与专业技能》两本，供培训配套使用。本套教材共28本，作者基本都参与了《建筑与市政工程施工现场专业人员职业标准》的编写，使本套教材的内容能充分体现《建筑与市政工程施工现场专业人员职业标准》的要求，促进现场专业人员专业学习和能力的提高。

第三版教材在上版教材的基础上，依据《建筑与市政工程施工现场专业人员考核评价大纲》，总结使用过程中发现的不足之处，参照最新法律法规及现行标准、规范，结合"四新"内容对教材内容进行了调整、修改、补充，使之更加贴近学员需求，方便学员顺利通过培训测试。

我们的编写工作难免存在不足，因此，我们恳请使用本套教材的培训机构、教师和广大学员多提宝贵意见，以便进一步的修订，使其不断完善。

建筑与市政工程施工现场专业人员职业标准培训教材编审委员会

第三版前言

本书是建筑与市政工程施工现场专业人员培训和测试复习统编教材，依据住房和城乡建设部颁布的《建筑与市政工程施工现场专业人员考核评价大纲》编写。

本书具有以下特点：（1）权威性。主编和部分参编人员参加了《建筑与市政工程施工现场专业人员职业标准》《建筑与市政工程施工现场专业人员考核评价大纲》的编写与宣贯，同时聘请了业内权威专家作为审稿人员，本书能够充分体现执业标准和考核评价大纲的要求。（2）先进性。本书按照有关最新标准、法规和管理规定进行动态修订，吸纳了行业最新发展成果。（3）适应性。本书内容结构与《建筑与市政工程施工现场专业人员考核评价大纲》一一对应，便于组织培训和复习。

本书在第二版基础上修订而成，按照现行行业标准、法律法规、管理规定和行业最新成果，对全书进行了全面修订，保持了内容的先进性。

本书全书分为上下两篇。上篇包括五部分内容：建设法规、建筑材料、建筑工程识图、建筑施工技术、施工项目管理。下篇包括建筑力学、工程预算、物资管理、抽样统计分析等基本知识。

本书上篇由四川建筑职业技术学院胡兴福教授、深圳职业技术学院张伟教授修订，胡兴福任主编。其中张伟教授修订建筑施工技术部分，其余部分由胡兴福教授修订。下篇由魏鸿汉教授担任本书主审。

限于编者水平，书中疏漏和错误难免，敬请读者批评指正。

编 者
2022 年 6 月

第二版前言

《建筑与市政工程施工现场专业人员职业标准》JGJ/T 250—2011 于 2012 年 1 月 1 日起实施。材料员是此次住房和城乡建设部设立的施工现场管理八大员之一。为了满足全国各省（市、自治区）培训、考评需要，中国建设教育协会组织编写了建筑与市政工程施工现场专业人员职业标准培训教材。本书是其中的一本，用于材料员通用知识的培训和考试复习。

本书依据住房和城乡建设部颁布的《建筑与市政工程施工现场专业人员考核评价大纲》编写。全书分为上、下两篇。上篇包括五部分内容：建设法规、建筑材料、建筑工程识图、建筑施工技术、施工项目管理。下篇包括四部分内容：建筑力学的基本知识、工程预算的基本知识、物资管理的基本知识、抽样统计分析的基本知识。

本书上篇由四川建筑职业技术学院胡兴福教授主编，深圳职业技术学院张伟副教授参加编写。张伟副教授编写建筑施工技术部分，其余部分由胡兴福教授编写，西南石油大学硕士研究生郝伟杰参与了资料整理工作。本书下篇由山西建筑职业技术学院宋岩丽教授主编，马晓健、孟文华、王建民参加编写。其中宋岩丽编写抽样统计分析，马晓健编写建筑力学，孟文华编写工程预算，宋岩丽、王建民编写物资管理。魏鸿汉担任本书主审。

限于编者水平，书中疏漏和错误难免，敬请读者批评指正。

第一版前言

《建筑与市政工程施工现场专业人员职业标准》JGJ/T 250—2011 于 2012 年 1 月 1 日起实施。材料员是此次住房和城乡建设部设立的施工现场管理八大员之一。为了满足全国各省（市、自治区）培训、考评需要，中国建设教育协会组织编写了建筑与市政工程施工现场专业人员职业标准培训教材。本书是其中的一本，用于材料员通用知识的培训和考试复习。

本书依据住房和城乡建设部颁布的《建筑与市政工程施工现场专业人员考核评价大纲》编写。全书分为上、下两篇。上篇包括五部分内容：建设法规、建筑材料、建筑工程识图、建筑施工技术、施工项目管理。下篇包括四部分内容：建筑力学的基本知识、工程预算的基本知识、物资管理的基本知识、抽样统计分析的基本知识。

本书上篇由四川建筑职业技术学院胡兴福教授主编，深圳职业技术学院张伟副教授参加编写。张伟副教授编写建筑施工技术部分，其余部分由胡兴福教授编写，西南石油大学硕士研究生郝伟杰参与了资料整理工作。本书下篇由山西建筑职业技术学院宋岩丽教授主编，马晓健、孟文华、王建民参加编写。其中宋岩丽编写抽样统计分析，马晓健编写建筑力学，孟文华编写工程预算，王建民编写物资管理。魏鸿汉担任本书主审。

限于编者水平，书中疏漏和错误难免，敬请读者批评指正。

目 录

上篇 通用知识 … 1

一、建设法规 … 1
- （一）《中华人民共和国建筑法》 … 2
- （二）《中华人民共和国安全生产法》 … 8
- （三）《建设工程安全生产管理条例》《建设工程质量管理条例》 … 15
- （四）《中华人民共和国劳动法》《中华人民共和国劳动合同法》 … 20

二、建筑材料 … 28
- （一）无机胶凝材料 … 28
- （二）混凝土 … 32
- （三）砂浆 … 39
- （四）石材、砖和砌块 … 41
- （五）金属材料 … 46
- （六）沥青材料及沥青混合料 … 53
- （七）防水材料及保温材料 … 56

三、建筑工程识图 … 61
- （一）施工图的基本知识 … 61
- （二）建筑施工图的图示方法及内容 … 65
- （三）房屋建筑施工图的识读 … 71

四、建筑施工技术 … 72
- （一）地基与基础工程 … 72
- （二）砌体工程 … 76
- （三）钢筋混凝土工程 … 79
- （四）钢结构工程 … 86
- （五）防水工程 … 89

五、施工项目管理 … 95
- （一）施工项目管理的内容及组织 … 95
- （二）施工项目目标控制 … 101
- （三）施工资源与现场管理 … 107

目 录

下篇 基础知识 ……………………………………………… 110

六、建筑力学的基本知识 …………………………………………… 110
  （一）平面力系的基本概念 ………………………………………… 110
  （二）杆件强度、刚度和稳定的基本概念 ………………………… 129
  （三）材料强度、变形的基本知识 ………………………………… 132
  （四）力学试验的基本知识 ………………………………………… 147

七、工程预算的基本知识 …………………………………………… 153
  （一）工程计量 ……………………………………………………… 153
  （二）工程造价计价 ………………………………………………… 172

八、物资管理的基本知识 …………………………………………… 205
  （一）材料管理的基本知识 ………………………………………… 206
  （二）建筑机械设备管理的基本知识 ……………………………… 222

九、抽样统计分析的基本知识 ……………………………………… 232
  （一）数理统计的基本概念、抽样调查的方法 …………………… 232
  （二）材料数据抽样和统计分析方法 ……………………………… 235

参考文献 …………………………………………………………………… 248

上篇　通用知识

一、建设法规

建设法规是指国家立法机关或其授权的行政机关制定的旨在调整国家及其有关机构、企事业单位、社会团体、公民之间，在建设活动中或建设行政管理活动中发生的各种社会关系的法律、法规的统称。它体现了国家对城市建设、乡村建设、市政及社会公用事业等各项建设活动进行组织、管理、协调的方针、政策和基本原则。

我国建设法规体系由以下五个层次组成。

1. 建设法律

建设法律是指由全国人民代表大会及其常务委员会制定通过，由国家主席以主席令的形式发布的属于国务院建设行政主管部门业务范围的各项法律，如《中华人民共和国建筑法》等。

2. 建设行政法规

建设行政法规是指由国务院制定，经国务院常务委员会审议通过，由国务院总理以中华人民共和国国务院令的形式发布的属于建设行政主管部门主管业务范围的各项法规。建设行政法规的名称常以"条例""办法""规定""规章"等名称出现，如《建设工程质量管理条例》《建设工程安全生产管理条例》等。

3. 建设部门规章

建设部门规章是指住房和城乡建设部根据国务院规定的职责范围，依法制定并颁布的各项规章或由住房和城乡建设部与国务院其他有关部门联合制定并发布的规章，如《实施工程建设强制性标准监督规定》《工程建设项目施工招标投标办法》等。

4. 地方性建设法规

地方性建设法规是指在不与宪法、法律、行政法规相抵触的前提下，由省、自治区、直辖市人民代表大会及其常委会结合本地区实际情况制定颁布发行的或经其批准颁布发行的由下级人大或其常委会制定的，只在本行政区域有效的建设方面的法规。

5. 地方建设规章

地方建设规章是指省、自治区、直辖市人民政府以及省会（自治区首府）城市和经国务院批准的较大城市的人民政府，根据法律和法规制定颁布的，只在本行政区域有效的建设方面的规章。

在建设法规的上述五个层次中，其法律效力从高到低依次为建设法律、建设行政法规、建设部门规章、地方性建设法规、地方建设规章。法律效力高的称为上位法，法律效力低的称为下位法。下位法不得与上位法相抵触，否则其相应规定将被视为无效。

（一）《中华人民共和国建筑法》

《中华人民共和国建筑法》（以下简称《建筑法》）于1997年11月1日由中华人民共和国第八届全国人民代表大会常务委员会第二十八次会议通过，于1997年11月1日发布，自1998年3月1日起施行。2011年4月22日，第十一届全国人民代表大会常务委员会第二十次会议根据《关于修改〈中华人民共和国建筑法〉的决定》修改，修改后的《建筑法》自2011年7月1日起施行。

《建筑法》的立法目的在于加强对建筑活动的监督管理，维护建筑市场秩序，保证建筑工程的质量和安全，促进建筑业健康发展。《建筑法》共8章八十五条，分别从建筑许可、建筑工程发包与承包、建筑工程监理、建筑安全生产管理、建筑工程质量管理等方面作出了规定。

1. 从业资格的有关规定❶

（1）法规相关条文

《建筑法》关于从业资格的条文是第十二条、第十三条、第十四条。

（2）建筑业企业的资质

从事土木工程、建筑工程、线路管道设备安装工程、装修工程的新建、扩建、改建等活动的企业称为建筑业企业。建筑业企业资质，是指建筑业企业的建设业绩、人员素质、管理水平、资金数量、技术装备等的总称。

1）建筑业企业资质序列及类别

建筑业企业资质分为施工综合、施工总承包、专业承包和专业作业四个序列。取得施工综合资质的企业称为施工综合企业。取得施工总承包资质的企业称为施工总承包企业。取得专业承包资质的企业称为专业承包企业。取得专业作业资质的企业称为专业作业企业。

施工综合资质、施工总承包资质、专业承包资质、专业作业资质序列可按照工程性质和技术特点分别划分为若干资质类别，见表1-1。

建筑业企业资质序列、类别及等级　　　　　表1-1

序号	资质序列	资质类别	资质等级
1	施工综合资质	不分类别	不分等级
2	施工总承包资质	分为13个类别，分别为：建筑工程施工总承包、公路工程施工总承包、铁路工程施工总承包、港口与航道工程施工总承包、水利水电工程施工总承包、电力工程施工总承包、矿山工程施工总承包、冶金工程施工总承包、石油化工工程施工总承包、市政公用工程施工总承包、通信工程施工总承包、机电工程施工总承包、民航工程施工总承包	分为甲级、乙级2个等级
3	专业承包资质	分为18个类别，分别为：地基基础工程专业承包、起重设备安装工程专业承包、预拌混凝土专业承包、建筑机电工程专业承包、消防设施工程专业承包、防水防腐保温工程专业承包、桥梁工程专业承包、隧道工程专业承包、模板脚手架专业承包、建筑装修装饰工程专业承包、古建筑工程专业承包、公路工程类专业承包、铁路电务电气化工程专业承包、港口与航道工程类专业承包、水利水电工程类专业承包、输变电工程专业承包、核工程专业承包、通用专业承包	预拌混凝土专业承包、模板脚手架专业承包、通用专业承包3个类别不分等级，其余分为甲级、乙级2个等级
4	专业作业资质	不分类别	不分等级

---

❶ 该部分内容依据《建筑业企业资质标准（征求意见稿）》编写。

2) 建筑业企业资质等级

建筑业企业资质等级,是指国务院行政主管部门按企业资质条件把企业划分成的不同等级。

施工综合资质不分等级,施工总承包资质分为甲级、乙级两个等级,专业承包资质一般分为甲级、乙级两个等级(部分专业不分等级),专业作业资质不分等级,见表1-1。

3) 承揽业务的范围

①施工综合企业和施工总承包企业

施工综合企业和施工总承包企业可以承接施工总承包工程。对所承接的施工总承包工程的各专业工程,可以全部自行施工,也可以将专业工程依法进行分包,但应分包给具有相应专业承包资质的企业。施工综合企业和施工总承包企业将专业作业进行分包时,应分包给具有专业作业资质的企业。

施工综合企业可承担各类工程的施工总承包、项目管理业务。各类别等级资质施工总承包企业承包工程的具体范围见《建筑业企业资质标准》,其中建筑工程、市政公用工程施工总承包企业承包工程范围分别见表1-2、表1-3。所谓建筑工程是指各类结构形式的民用建筑工程、工业建筑工程、构筑物工程以及相配套的道路、通信、管网管线等设施工程,工程内容包括地基与基础、主体结构、建筑屋面、装修装饰、建筑幕墙、附建人防工程以及给水排水及供暖、通风与空调、电气、消防、防雷等配套工程;市政公用工程包括给水工程、排水工程、燃气工程、热力工程、道路工程、桥梁工程、城市隧道工程(含城市规划区内的穿山过江隧道、地铁隧道、地下交通工程、地下过街通道)、公共交通工程、轨道交通工程、环境卫生工程、照明工程、绿化工程。

建筑工程施工总承包企业承包工程范围 表1-2

序号	企业资质	承包工程范围
1	甲级	可承担各类建筑工程的施工总承包、工程项目管理
2	乙级	可承担下列建筑工程的施工: (1) 高度100m以下的工业、民用建筑工程; (2) 高度120m以下的构筑物工程; (3) 建筑面积15万m^2以下的建筑工程; (4) 单项建安合同额1.5亿元以下的建筑工程

注:表中"以下"均包含本数。

市政公用工程施工总承包企业承包工程范围 表1-3

序号	企业资质	承包工程范围
1	甲级	可承担各类市政公用工程的施工
2	乙级	可承担下列市政公用工程的施工: (1) 各类城市道路;单跨45m以下的城市桥梁; (2) 15万t/d以下的供水工程;10万t/d以下的污水处理工程;25万t/d以下的给水泵站、15万t/d以下的污水泵站、雨水泵站;各类给排水及中水管道工程; (3) 中压以下燃气管道、调压站;供热面积150万m^2以下热力工程和各类热力管道工程; (4) 各类城市生活垃圾处理工程; (5) 断面25m^2以下隧道工程和地下交通工程; (6) 各类城市广场、地面停车场硬质铺装

注:表中"以下"包含本数。

② 专业承包企业

设有专业承包资质的专业工程单独发包时,应由取得相应专业承包资质的企业承担。专业承包企业可以承接具有施工综合资质和施工总承包资质的企业依法分包的专业工程或建设单位依法发包的专业工程。对所承接的专业工程,可以全部自行组织施工,也可以将专业作业依法分包,但应分包给具有专业作业资质的企业。

各类别等级资质专业承包企业承包工程的具体范围见《建筑业企业资质标准》,其中,与建筑工程、市政公用工程相关性较高的专业承包企业承包工程的范围见表1-4。

部分专业承包企业承包工程范围　　　　表1-4

序号	企业类别	资质等级	承包工程范围
1	地基基础工程专业承包	甲级	可承担各类地基基础工程的施工
		乙级	可承担下列工程的施工: (1) 高度100m以下工业、民用建筑工程和高度120m以下构筑物的地基基础工程; (2) 深度24m以下的刚性桩复合地基处理和深度10m以下的其他地基处理工程; (3) 单桩承受设计荷载5000kN以下的桩基础工程; (4) 开挖深度15m以下的基坑围护工程
2	预拌混凝土专业承包	不分等级	可生产各种强度等级的混凝土和特种混凝土
3	建筑机电工程专业承包	甲级	可承担各类建筑工程项目的设备、线路、管道的安装,35kV以下变配电站工程,非标准钢构件的制作、安装;各类城市与道路照明工程的施工;各类型电子工程、建筑智能化工程施工
		乙级	可承担单项合同额2000万元以下的各类建筑工程项目的设备、线路、管道的安装,10kV以下变配电站工程,非标准钢构件的制作、安装;单项合同额1500万元以下的城市与道路照明工程的施工;单项合同额2500万元以下的电子工业制造设备安装工程和电子工业环境工程,单项合同额1500万元以下的电子系统工程和建筑智能化工程施工
4	消防设施工程专业承包	甲级	可承担各类消防设施工程的施工
		乙级	可承担建筑面积5万m^2以下的下列消防设施工程的施工: (1) 一类高层民用建筑以外的民用建筑; (2) 火灾危险性丙类以下的厂房、仓库、储罐、堆场
5	模板脚手架专业承包	不分等级	可承担各类模板、脚手架工程的设计、制作、安装、施工
6	建筑装修装饰工程专业承包	甲级	可承担各类建筑装修装饰工程,以及与装修工程直接配套的其他工程的施工;各类型的建筑幕墙工程的施工
		乙级	可承担单项合同额3000万元以下的建筑装修装饰工程,以及与装修工程直接配套的其他工程的施工;单体建筑工程幕墙面积15000m^2以下建筑幕墙工程的施工
7	古建筑工程专业承包	甲级	可承担各类仿古建筑、历史古建筑修缮工程的施工
		乙级	可承担建筑面积3000m^2以下的仿古建筑工程或历史建筑修缮工程的施工
8	通用专业承包资质	不分等级	可承担建筑工程中除建筑装修装饰工程、建筑机电工程、地基基础工程等专业承包工程外的其他专业承包工程的施工

注:表中"以下"均包含本数。

③ 专业作业企业

专业作业企业可以承接具有施工综合资质、施工总承包资质和专业承包资质的企业分包的专业作业。

2. 建筑安全生产管理的有关规定

(1) 法规相关条文

《建筑法》关于建筑安全生产管理的条文是第三十六条～第五十一条，其中有关建筑施工企业的条文是第三十六条、第三十八条、第三十九条、第四十一条、第四十四条～第四十八条、第五十一条。

(2) 建筑安全生产管理方针

建筑安全生产管理是指建设行政主管部门、建筑安全监督管理机构、建筑施工企业及有关单位对建筑生产过程中的安全工作，进行计划、组织、指挥、控制、监督等一系列的管理活动。

《建筑法》第三十六条规定，建筑工程安全生产管理必须坚持"安全第一、预防为主"的方针❶。

安全生产关系到人民群众生命和财产安全，关系到社会稳定和经济健康发展，建设工程安全生产管理必须坚持"安全第一、预防为主"的方针。"安全第一"是安全生产方针的基础；"预防为主"是安全生产方针的核心和具体体现，是实现安全生产的根本途径，生产必须安全，安全促进生产。

"安全第一"，是从保护和发展生产力的角度，表明在生产范围内安全与生产的关系，肯定安全在建筑生产活动中的首要位置和重要性。"预防为主"，是指在建设工程生产活动中，针对建设工程生产的特点，对生产要素采取管理措施，有效地控制不安全因素的发展与扩大，把可能发生的事故消灭在萌芽状态，以保证生产活动中人的安全、健康及财物安全。

"安全第一"还反映了当安全与生产发生矛盾的时候，应该服从安全，消灭隐患，保证建设工程在安全的条件下生产。"预防为主"则体现在事先策划、事中控制、事后总结，通过信息收集，归类分析，制定预案，控制防范。"安全第一、预防为主"的方针，体现了国家在建设工程安全生产过程中"以人为本"的思想，也体现了国家对保护劳动者权利、保护社会生产力的高度重视。

(3) 建设工程安全生产基本制度

1) 安全生产责任制度

安全生产责任制度是将企业各级负责人、各职能机构及其工作人员和各岗位作业人员在安全生产方面应做的工作及应负的责任加以明确规定的一种制度。

《建筑法》第三十六条规定，建筑工程安全生产管理必须建立健全安全生产的责任制度。第四十四条又规定，建筑施工企业必须依法加强对建筑安全生产的管理，执行安全生产责任制度，采取有效措施，防止伤亡和其他安全生产事故的发生。

---

❶ 《安全生产法》对安全生产管理方针的表述为：安全生产应当以人为本，坚持安全第一、预防为主、综合治理的方针，建立政府领导、部门监督、单位负责、群众参与、社会监督的工作机制。

安全生产责任制度是建筑生产中最基本的安全管理制度,是所有安全规章制度的核心,是"安全第一、预防为主"方针的具体体现。通过制定安全生产责任制,建立一种分工明确、运行有效、责任落实、能够充分发挥作用的、长效的安全生产机制,把安全生产工作落到实处。认真落实安全生产责任制,不仅是为了保证在发生生产安全事故时,可以追究责任,更重要的是通过日常或定期检查、考核,奖优罚劣,提高全体从业人员执行安全生产责任制的自觉性,使安全生产责任制真正落实到安全生产工作中去。

建筑施工单位的安全生产责任制主要包括企业各级领导人员的安全职责、企业各有关职能部门的安全生产职责以及施工现场管理人员及作业人员的安全职责三个方面。

2) 群防群治制度

群防群治制度是职工群众进行预防和治理安全的一种制度。

《建筑法》第三十六条规定,建筑工程安全生产管理必须建立健全群防群治制度。

群防群治制度也是"安全第一、预防为主"的具体体现,同时也是群众路线在安全工作中的具体体现,是企业进行民主管理的重要内容。这一制度要求建筑企业职工在施工中应当遵守有关生产的法律、法规和建筑行业安全规章、规程,不得违章作业;对于危及生命安全和身体健康的行为有权提出批评、检举和控告。

3) 安全生产教育培训制度

安全生产教育培训制度是对广大建筑干部职工进行安全教育培训,提高安全意识,增加安全知识和技能的制度。

《建筑法》第四十六条规定,建筑施工企业应当建立健全劳动安全生产教育培训制度,加强对职工安全生产的教育培训;未经安全生产教育培训的人员,不得上岗作业。

安全生产,人人有责。只有通过对广大职工进行安全教育、培训,才能使广大职工真正认识到安全生产的重要性、必要性,才能使广大职工掌握更多更有效的安全生产的科学技术知识,牢固树立安全第一的思想,自觉遵守各项安全生产规章制度。

4) 伤亡事故处理报告制度

伤亡事故处理报告制度是指施工中发生事故时,建筑企业应当采取紧急措施减少人员伤亡和事故损失,并按照国家有关规定及时向有关部门报告的制度。

《建筑法》第五十一条规定,施工中发生事故时,建筑施工企业应当采取紧急措施减少人员伤亡和事故损失,并按照国家有关规定及时向有关部门报告。

事故处理必须遵循一定的程序,做到"四不放过",即事故原因不清不放过、事故责任者和群众没有受到教育不放过、事故隐患不整改不放过、事故的责任者没有受到处理不放过。通过对事故的严格处理,可以总结出教训,为制定规程、规章提供第一手素材,做到亡羊补牢。

5) 安全生产检查制度

安全生产检查制度是上级管理部门或企业自身对安全生产状况进行定期或不定期检查的制度。

安全检查制度是安全生产的保障。通过检查可以发现问题,查出隐患,从而采取有效措施,堵塞漏洞,把事故消灭在发生之前,做到防患于未然,是"预防为主"的具体体现。通过检查,还可总结出好的经验加以推广,为进一步搞好安全工作打下基础。

6) 安全责任追究制度

建设单位、设计单位、施工单位、监理单位，由于没有履行职责造成人员伤亡和事故损失的，视情节给予相应处理；情节严重的，责令停业整顿，降低资质等级或吊销资质证书；构成犯罪的，依法追究刑事责任。

（4）建筑施工企业的安全生产责任

《建筑法》第三十八条、第三十九条、第四十一条、第四十四条～第四十八条、第五十一条规定了建筑施工企业的安全生产责任。根据这些规定，《建设工程质量管理条例》等法规作了进一步细化和补充，具体见《建设工程质量管理条例》部分相关内容。

3. 《建筑法》关于质量管理的规定

（1）法规相关条文

《建筑法》关于质量管理的条文是第五十二条～第六十三条，其中有关建筑施工企业的条文是第五十二条、第五十四条、第五十五条、第五十八条～第六十二条。

（2）建设工程竣工验收制度

《建筑法》第六十一条规定：交付竣工验收的建筑工程，必须符合规定的建筑工程质量标准，有完整的工程技术经济资料和经签署的工程保修书，并具备国家规定的其他竣工条件。建筑工程竣工经验收合格后，方可交付使用；未经验收或者验收不合格的，不得交付使用。

建设工程项目的竣工验收，指在建筑工程已按照设计要求完成全部施工任务，准备交付给建设单位投入使用时，由建设单位或有关主管部门依照国家关于建筑工程竣工验收制度的规定，对该项工程是否符合设计要求和工程质量标准所进行的检查、考核工作。工程项目的竣工验收是施工全过程的最后一道工序，也是工程项目管理的最后一项工作。它是建设投资成果转入生产或使用的标志，也是全面考核投资效益、检验设计和施工质量的重要环节。认真做好工程项目的竣工验收工作，对保证工程项目的质量具有重要意义。

（3）建设工程质量保修制度

建设工程质量保修制度，是指建设工程竣工经验收后，在规定的保修期限内，因勘察、设计、施工、材料等原因造成的质量缺陷，应当由施工承包单位负责维修、返工或更换，由责任单位负责赔偿损失的法律制度。建设工程质量保修制度对于促进建设各方加强质量管理，保护用户及消费者的合法权益可起到重要的保障作用。

《建筑法》第六十二条规定：建筑工程实行质量保修制度。同时，还对质量保修的范围和期限作了规定：建筑工程的保修范围应当包括地基基础工程、主体结构工程、屋面防水工程和其他土建工程，以及电气管线、上下水管线的安装工程，供热、供冷系统工程等项目；保修的期限应当按照保证建筑物合理寿命年限内正常使用，维护使用者合法权益的原则确定。具体的保修范围和最低保修期限由国务院规定。据此，国务院在《建设工程质量管理条例》中作了明确规定，详见《建设工程质量管理条例》相关内容。

（4）建筑施工企业的质量责任与义务

《建筑法》第五十四条、第五十五条、第五十八条～第六十二条规定了建筑施工企业的质量责任与义务。据此，《建设工程质量管理条例》作了进一步细化，见《建设工程质量管理条例》部分相关内容。

(二)《中华人民共和国安全生产法》

《中华人民共和国安全生产法》(以下简称《安全生产法》)由第九届全国人民代表大会常务委员会第二十八次会议于 2002 年 6 月 29 日通过,自 2002 年 11 月 1 日起施行。根据 2021 年 6 月 10 日第十三届全国人民代表大会常务委员会第二十九次会议《全国人民代表大会常务委员会关于修改〈中华人民共和国安全生产法〉的决定》第三次修正,修正后的《安全生产法》自 2021 年 9 月 1 日起施行。

《安全生产法》的立法目的,是为了加强安全生产工作,防止和减少生产安全事故,保障人民群众生命和财产安全,促进经济社会持续健康发展。《安全生产法》包括总则、生产经营单位的安全生产保障、从业人员的安全生产权利义务、安全生产的监督管理、生产安全事故的应急救援与调查处理、法律责任、附则 7 章,共一百一十九条。对生产经营单位的安全生产保障、从业人员的安全生产权利和义务、安全生产的监督管理、生产安全事故的应急救援与调查处理四个主要方面作出了规定。

1. 生产经营单位的安全生产保障的有关规定

(1) 法规相关条文

《安全生产法》关于生产经营单位的安全生产保障的条文是第二十条~第五十一条。

(2) 组织保障措施

1) 建立安全生产管理机构

《安全生产法》第二十四条规定:矿山、金属冶炼、建筑施工、运输单位和危险物品的生产、经营、储存单位,应当设置安全生产管理机构或者配备专职安全生产管理人员。

2) 明确岗位责任

① 生产经营单位的主要负责人的职责

生产经营单位是指从事生产或者经营活动的企业、事业单位、个体经济组织及其他组织和个人。主要负责人是指生产经营单位内对生产经营活动负有决策权并能承担法律责任的人,包括法定代表人、实际控制人、总经理、经理、厂长等。《安全生产法》第五条规定:生产经营单位的主要负责人是本单位安全生产第一责任人,对本单位安全生产工作全面负责。

《安全生产法》第二十一条规定:生产经营单位的主要负责人对本单位安全生产工作负有下列职责:

A. 建立健全并落实本单位安全生产责任制加强安全生产标准化建设;

B. 组织制定并实施本单位安全生产规章制度和操作规程;

C. 组织制定并实施本单位安全生产教育和培训计划;

D. 保证本单位安全生产投入的有效实施;

E. 组织建立并落实安全风险分级管控和隐患排查治理双重预防工作机制,督促、检查本单位的安全生产工作,及时消除生产安全事故隐患;

F. 组织制定并实施本单位的生产安全事故应急救援预案;

G. 及时、如实报告生产安全事故。

同时，《安全生产法》第五十条规定：生产经营单位发生生产安全事故时，单位的主要负责人应当立即组织抢救，并不得在事故调查处理期间擅离职守。

② 生产经营单位的安全生产管理人员的职责

《安全生产法》第四十六条规定：生产经营单位的安全生产管理人员应当根据本单位的生产经营特点，对安全生产状况进行经常性检查；对检查中发现的安全问题，应当立即处理；不能处理的，应当及时报告本单位有关负责人，有关负责人应当及时处理。检查及处理情况应当如实记录在案。

③ 对安全设施、设备的质量负责的岗位

A. 对安全设施的设计质量负责的岗位

《安全生产法》第三十三条规定：建设项目安全设施的设计人、设计单位应当对安全设施设计负责。

矿山、金属冶炼建设项目和用于生产、储存、装卸危险物品的建设项目的安全设施设计应当按照国家有关规定报经有关部门审查，审查部门及其负责审查的人员对审查结果负责。

B. 对安全设施的施工负责的岗位

《安全生产法》第三十四条规定：矿山、金属冶炼建设项目和用于生产、储存、装卸危险物品的建设项目的施工单位必须按照批准的安全设施设计施工，并对安全设施的工程质量负责。

C. 对安全设施的竣工验收负责的岗位

《安全生产法》第三十四条规定：矿山、金属冶炼建设项目和用于生产、储存危险物品的建设项目竣工投入生产或者使用前，应当由建设单位负责组织对安全设施进行验收；验收合格后，方可投入生产和使用。负有安全生产监督管理职责的部门应当加强对建设单位验收活动和验收结果的监督核查。

D. 对安全设备质量负责的岗位

《安全生产法》第三十七条规定：生产经营单位使用的危险物品的容器、运输工具，以及涉及人身安全、危险性较大的海洋石油开采特种设备和矿山井下特种设备，必须按照国家有关规定，由专业生产单位生产，并经具有专业资质的检测、检验机构检测、检验合格，取得安全使用证或者安全标志，方可投入使用。检测、检验机构对检测、检验结果负责。

（3）管理保障措施

1) 人力资源管理

① 对主要负责人和安全生产管理人员的管理

《安全生产法》第二十七条规定：生产经营单位的主要负责人和安全生产管理人员必须具备与本单位所从事的生产经营活动相应的安全生产知识和管理能力。

危险物品的生产、经营、储存、装卸单位以及矿山、金属冶炼、建筑施工、运输单位的主要负责人和安全生产管理人员，应当由主管的负有安全生产监督管理职责的部门对其安全生产知识和管理能力考核合格。考核不得收费。

② 对一般从业人员的管理

《安全生产法》第二十八条规定：生产经营单位应当对从业人员进行安全生产教育和

培训，保证从业人员具备必要的安全生产知识，熟悉有关的安全生产规章制度和安全操作规程，掌握本岗位的安全操作技能，了解事故应急处理措施，知悉自身在安全生产方面的权利和义务。未经安全生产教育和培训合格的从业人员，不得上岗作业。

生产经营单位使用被派遣劳动者的，应当将被派遣劳动者纳入本单位从业人员统一管理，对被派遣劳动者进行岗位安全操作规程和安全操作技能的教育和培训。

劳务派遣单位应当对被派遣劳动者进行必要的安全生产教育和培训。

③ 对特种作业人员的管理

《安全生产法》第三十条规定：生产经营单位的特种作业人员必须按照国家有关规定经专门的安全作业培训，取得相应资格，方可上岗作业。

2）物力资源管理

① 设备的日常管理

《安全生产法》第三十五条规定：生产经营单位应当在有较大危险因素的生产经营场所和有关设施、设备上，设置明显的安全警示标志。

《安全生产法》第三十六条规定：安全设备的设计、制造、安装、使用、检测、维修、改造和报废，应当符合国家标准或者行业标准。

生产经营单位必须对安全设备进行经常性维护、保养，并定期检测，保证正常运转。维护、保养、检测应当做好记录，并由有关人员签字。

② 设备的淘汰制度

《安全生产法》第三十八条规定：国家对严重危及生产安全的工艺、设备实行淘汰制度，具体目录由国务院应急管理部门会同国务院有关部门制定并公布。省、自治区、直辖市人民政府可以根据本地区实际情况制定并公布具体目录。生产经营单位不得使用应当淘汰的危及生产安全的工艺、设备。

③ 生产经营项目、场所、设备的转让管理

《安全生产法》第四十九条规定：生产经营单位不得将生产经营项目、场所、设备发包或者出租给不具备安全生产条件或者相应资质的单位或者个人。

④ 生产经营项目、场所的协调管理

《安全生产法》第四十九条规定：生产经营项目、场所发包或者出租给其他单位的，生产经营单位应当与承包单位、承租单位签订专门的安全生产管理协议，或者在承包合同、租赁合同中约定各自的安全生产管理职责；生产经营单位对承包单位、承租单位的安全生产工作统一协调、管理，定期进行安全检查，发现安全问题的，应当及时督促整改。

（4）经济保障措施

1）保证安全生产所必需的资金

《安全生产法》第二十三条规定：生产经营单位应当具备的安全生产条件所必需的资金投入，由生产经营单位的决策机构、主要负责人或者个人经营的投资人予以保证，并对由于安全生产所必需的资金投入不足导致的后果承担责任。

2）保证安全设施所需要的资金

《安全生产法》第三十一条规定：生产经营单位新建、改建、扩建工程项目的安全设施，必须与主体工程同时设计、同时施工、同时投入生产和使用。安全设施投资应当纳入建设项目概算。

3）保证劳动防护用品、安全生产培训所需要的资金

《安全生产法》第四十五条规定：生产经营单位必须为从业人员提供符合国家标准或者行业标准的劳动防护用品，并监督、教育从业人员按照使用规则佩戴、使用。

《安全生产法》第四十七条规定：生产经营单位应当安排用于配备劳动防护用品、进行安全生产培训的经费。

4）保证工伤社会保险所需要的资金

《安全生产法》第五十一条规定：生产经营单位必须依法参加工伤社会保险，为从业人员缴纳保险费。

（5）技术保障措施

1）对新工艺、新技术、新材料或者使用新设备的管理

《安全生产法》第二十九条规定：生产经营单位采用新工艺、新技术、新材料或者使用新设备，必须了解、掌握其安全技术特性，采取有效的安全防护措施，并对从业人员进行专门的安全生产教育和培训。

2）对安全条件论证和安全评价的管理

《安全生产法》第三十二条规定：矿山、金属冶炼建设项目和用于生产、储存、装卸危险物品的建设项目，应当按照国家有关规定由具有相应资质的安全评估机构进行安全评价。

3）对废弃危险物品的管理

危险物品是指易燃易爆物品、危险化学品、放射性物品等能够危及人身安全和财产安全的物品。

《安全生产法》第三十九条规定：生产、经营、运输、储存、使用危险物品或者处置废弃危险物品的，由有关主管部门依照有关法律、法规的规定和国家标准或者行业标准审批并实施监督管理。

生产经营单位生产、经营、运输、储存、使用危险物品或者处置废弃危险物品，必须执行有关法律、法规和国家标准或者行业标准，建立专门的安全管理制度，采取可靠的安全措施，接受有关主管部门依法实施的监督管理。

4）对重大危险源的管理

重大危险源是指长期地或者临时地生产、搬运、使用或者储存危险物品，且危险物品的数量等于或者超过临界量的单元（包括场所和设施）。

《安全生产法》第四十条规定：生产经营单位对重大危险源应当登记建档，进行定期检测、评估、监控，并制定应急预案，告知从业人员和相关人员在紧急情况下应当采取的应急措施。

生产经营单位应当按照国家有关规定将本单位重大危险源及有关安全措施、应急措施报有关地方人民政府应急管理部门和有关部门备案。

5）对员工宿舍的管理

《安全生产法》第四十二条规定：生产、经营、储存、使用危险物品的车间、商店、仓库不得与员工宿舍在同一座建筑物内，并应当与员工宿舍保持安全距离。

生产经营场所和员工宿舍应当设有符合紧急疏散要求、标志明显、保持畅通的出口、疏散通道。禁止占用、锁闭、封堵生产经营场所或者员工宿舍的出口、疏散通道。

6）对危险作业的管理

《安全生产法》第四十三条规定：生产经营单位进行爆破、吊装、动火、临时用电以及国务院应急管理部门会同国务院有关部门规定的其他危险作业，应当安排专门人员进行现场安全管理，确保操作规程的遵守和安全措施的落实。

7）对安全生产操作规程的管理

《安全生产法》第四十四条规定：生产经营单位应当教育和督促从业人员严格执行本单位的安全生产规章制度和安全操作规程；并向从业人员如实告知作业场所和工作岗位存在的危险因素、防范措施以及事故应急措施。

8）对施工现场的管理

《安全生产法》第四十八条规定：两个以上生产经营单位在同一作业区域内进行生产经营活动，可能危及对方生产安全的，应当签订安全生产管理协议，明确各自的安全生产管理职责和应当采取的安全措施，并指定专职安全生产管理人员进行安全检查与协调。

2. 从业人员的安全生产权利义务的有关规定

（1）法规相关条文

《安全生产法》关于从业人员的安全生产权利义务的条文是第二十八条、第四十五条、第五十二条~第六十一条。

（2）安全生产中从业人员的权利

生产经营单位的从业人员，是指该单位从事生产经营活动各项工作的所有人员，包括管理人员、技术人员和各岗位的工人，也包括生产经营单位临时聘用的人员。

生产经营单位的从业人员依法享有以下权利：

1）知情权

《安全生产法》第五十三条规定：生产经营单位的从业人员有权了解其作业场所和工作岗位存在的危险因素、防范措施及事故应急措施，有权对本单位的安全生产工作提出建议。

2）批评权和检举、控告权

《安全生产法》第五十四条规定：从业人员有权对本单位安全生产工作中存在的问题提出批评、检举、控告。

3）拒绝权

《安全生产法》第五十四条规定：从业人员有权拒绝违章指挥和强令冒险作业。生产经营单位不得因从业人员对本单位安全生产工作提出批评、检举、控告或者拒绝违章指挥、强令冒险作业而降低其工资、福利等待遇或者解除与其订立的劳动合同。

4）紧急避险权

《安全生产法》第五十五条规定：从业人员发现直接危及人身安全的紧急情况时，有权停止作业或者在采取可能的应急措施后撤离作业场所。生产经营单位不得因从业人员在前款紧急情况下停止作业或者采取紧急撤离措施而降低其工资、福利等待遇或者解除与其订立的劳动合同。

5）请求赔偿权

《安全生产法》第五十六条规定：因生产安全事故受到损害的从业人员，除依法享有工伤保险外，依照有关民事法律尚有获得赔偿的权利的，有权提出赔偿要求。

《安全生产法》第五十二条规定：生产经营单位与从业人员订立的劳动合同，应当载明有关保障从业人员劳动安全、防止职业危害的事项，以及依法为从业人员办理工伤保险的事项。生产经营单位不得以任何形式与从业人员订立协议，免除或者减轻其对从业人员因生产安全事故伤亡依法应承担的责任。

6）获得劳动防护用品的权利

《安全生产法》第四十五条规定：生产经营单位必须为从业人员提供符合国家标准或者行业标准的劳动防护用品，并监督、教育从业人员按照使用规则佩戴、使用。

7）获得安全生产教育和培训的权利

《安全生产法》第二十八条规定：生产经营单位应当对从业人员进行安全生产教育和培训，保证从业人员具备必要的安全生产知识，熟悉有关的安全生产规章制度和安全操作规程，掌握本岗位的安全操作技能，了解事故应急处理措施，知悉自身在安全生产方面的权利和义务。

（3）安全生产中从业人员的义务

1）自律遵规的义务

《安全生产法》第五十七条规定：从业人员在作业过程中，应当严格落实岗位安全生产责任，遵守本单位的安全生产规章制度和操作规程，服从管理，正确佩戴和使用劳动防护用品。

2）自觉学习安全生产知识的义务

《安全生产法》第五十八条规定：从业人员应当接受安全生产教育和培训，掌握本职工作所需的安全生产知识，提高安全生产技能，增强事故预防和应急处理能力。

3）危险报告义务

《安全生产法》第五十九条规定：从业人员发现事故隐患或者其他不安全因素，应当立即向现场安全生产管理人员或者本单位负责人报告；接到报告的人员应当及时予以处理。

3. 安全生产监督管理的有关规定

（1）法规相关条文

《安全生产法》关于安全生产监督管理的条文是第六十二条～第七十八条。

（2）安全生产监督管理部门

根据《安全生产法》第九条规定，国务院应急管理部门对全国安全生产工作实施综合监督管理。国务院交通运输、住房和城乡建设、水利、民航等有关部门在各自的职责范围内对有关行业、领域的安全生产工作实施监督管理。

（3）安全生产监督管理措施

《安全生产法》第六十条规定：负有安全生产监督管理职责的部门依照有关法律、法规的规定，对涉及安全生产的事项需要审查批准（包括批准、核准、许可、注册、认证、颁发证照等，下同）或者验收的，必须严格依照有关法律、法规和国家标准或者行业标准规定的安全生产条件和程序进行审查；不符合有关法律、法规和国家标准或者行业标准规定的安全生产条件的，不得批准或者验收通过。对未依法取得批准或者验收合格的单位擅自从事有关活动的,负责行政审批的部门发现或者接到举报后应当立即予以取缔,并依法予以处理。对已经依法取得批准的单位,负责行政审批的部门发现其不再具备安全生产条件的,应当撤销原批准。

(4) 安全生产监督管理部门的职权

《安全生产法》第六十五条规定:应急管理部门和其他负有安全生产监督管理职责的部门依法开展安全生产行政执法工作,对生产经营单位执行有关安全生产的法律、法规和国家标准或者行业标准的情况进行监督检查,行使以下职权:

1) 进入生产经营单位进行检查,调阅有关资料,向有关单位和人员了解情况。

2) 对检查中发现的安全生产违法行为,当场予以纠正或者要求限期改正;对依法应当给予行政处罚的行为,依照本法和其他有关法律、行政法规的规定作出行政处罚决定。

3) 对检查中发现的事故隐患,应当责令立即排除;重大事故隐患排除前或者排除过程中无法保证安全的,应当责令从危险区域内撤出作业人员,责令暂时停产停业或者停止使用相关设施、设备;重大事故隐患排除后,经审查同意,方可恢复生产经营和使用。

4) 对有根据认为不符合保障安全生产的国家标准或者行业标准的设施、设备、器材以及违法生产、储存、使用、经营、运输的危险物品予以查封或者扣押,对违法生产、储存、使用、经营危险物品的作业场所予以查封,并依法作出处理决定。

监督检查不得影响被检查单位的正常生产经营活动。

(5) 安全生产监督检查人员的义务

《安全生产法》第六十七条规定了安全生产监督检查人员的义务:

1) 应当忠于职守,坚持原则,秉公执法;

2) 执行监督检查任务时,必须出示有效的行政执法证件;

3) 对涉及被检查单位的技术秘密和业务秘密,应当为其保密。

4. 安全事故应急救援与调查处理的规定

(1) 法规相关条文

《安全生产法》关于生产安全事故的应急救援与调查处理的条文是第七十九条~第八十九条。

(2) 生产安全事故的等级划分标准

生产安全事故是指在生产经营活动中造成人身伤亡(包括急性工业中毒)或者直接经济损失的事故。国务院《生产安全事故报告和调查处理条例》规定,根据生产安全事故(以下简称事故)造成的人员伤亡或者直接经济损失,事故一般分为以下等级:

1) 特别重大事故,是指造成30人及以上死亡,或者100人及以上重伤(包括急性工业中毒,下同),或者1亿元及以上直接经济损失的事故;

2) 重大事故,是指造成10人及以上30人以下死亡,或者50人及以上100人以下重伤,或者5000万元及以上1亿元以下直接经济损失的事故;

3) 较大事故,是指造成3人及以上10人以下死亡,或者10人及以上50人以下重伤,或者1000万元及以上5000万元以下直接经济损失的事故;

4) 一般事故,是指造成3人以下死亡,或者10人以下重伤,或者1000万元以下直接经济损失的事故。

(3) 生产安全事故报告

《安全生产法》第八十三条规定，生产经营单位发生生产安全事故后，事故现场有关人员应当立即报告本单位负责人。单位负责人接到事故报告后，应当按照国家有关规定立即如实报告当地负有安全生产监督管理职责的部门，不得隐瞒不报、谎报或者迟报，不得故意破坏事故现场、毁灭有关证据。第八十四条规定：负有安全生产监督管理职责的部门接到事故报告后，应当立即按照国家有关规定上报事故情况。负有安全生产监督管理职责的部门和有关地方人民政府对事故情况不得隐瞒不报、谎报或者迟报。《关于进一步强化安全生产责任落实坚决防范遏制重特大事故的若干措施》要求，严格落实事故直报制度，生产安全事故隐瞒不报，谎报或者拖延不报的，对直接责任人和负有管理和领导责任的人员依规依纪依法从严追究责任。

《建设工程安全生产管理条例》进一步规定，施工单位发生生产安全事故，应当按照国家有关伤亡事故报告和调查处理的规定，及时、如实地向负责安全生产监督管理的部门、建设行政主管部门或者其他有关部门报告；特种设备发生事故的，还应当同时向特种设备安全监督管理部门报告。实行施工总承包的建设工程，由总承包单位负责上报事故。

(4) 应急抢救工作

《安全生产法》第八十三条规定，单位负责人接到事故报告后，应当迅速采取有效措施，组织抢救，防止事故扩大，减少人员伤亡和财产损失。第八十五条规定，有关地方人民政府和负有安全生产监督管理职责的部门的负责人接到生产安全事故报告后，应当按照生产安全事故应急救援预案的要求立即赶到事故现场，组织事故抢救。

(5) 事故的调查

《安全生产法》第八十六条规定：事故调查处理应当按照科学严谨、依法依规、实事求是、注重实效的原则，及时、准确地查清事故原因，查明事故性质和责任，评估应急处置工作总结事故教训，提出整改措施，并对事故责任者提出处理建议。

《生产安全事故报告和调查处理条例》规定了事故调查的管辖：特别重大事故由国务院或者国务院授权有关部门组织事故调查组进行调查；重大事故、较大事故、一般事故分别由事故发生地省级人民政府、设区的市级人民政府、县级人民政府负责调查。省级人民政府、设区的市级人民政府、县级人民政府可以直接组织事故调查组进行调查，也可以授权或者委托有关部门组织事故调查组进行调查。未造成人员伤亡的一般事故，县级人民政府也可以委托事故发生单位组织事故调查组进行调查。上级人民政府认为必要时，可以调查由下级人民政府负责调查的事故。特别重大事故以下等级事故，事故发生地与事故发生单位不在同一个县级以上行政区域的，由事故发生地人民政府负责调查，事故发生单位所在地人民政府应当派人参加。

（三）《建设工程安全生产管理条例》《建设工程质量管理条例》

《建设工程安全生产管理条例》（以下简称《安全生产管理条例》）于 2003 年 11 月 12 日国务院第 28 次常务会议通过，自 2004 年 2 月 1 日起施行。《安全生产管理条例》包括总则，建设单位的安全责任，勘察、设计、工程监理及其他有关单位的安全责任，施工单位的安全责任，监督管理，生产安全事故的应急救援和调查处理，法律责任，附则 8 章，共七十一条。

《安全生产管理条例》的立法目的,是加强建设工程安全生产监督管理,保障人民群众生命和财产安全。

《建设工程质量管理条例》(以下简称《质量管理条例》)于 2000 年 1 月 10 日国务院第 25 次常务会议通过,自 2000 年 1 月 30 日起施行;依据 2019 年 4 月 23 日《国务院关于修改部分行政法规的决定》(国务院令第 714 号)第二次修订。《质量管理条例》包括总则,建设单位的质量责任和义务,勘察、设计单位的质量责任和义务,施工单位的质量责任和义务,工程监理单位的质量责任和义务,建设工程质量保修,监督管理,罚则,附则 9 章,共 82 条。

《质量管理条例》的立法目的,是为了加强对建设工程质量的管理,保证建设工程质量,保护人民生命和财产安全。

1. 《安全生产管理条例》关于施工单位的安全责任的有关规定

(1) 法规相关条文

《安全生产管理条例》关于施工单位的安全责任的条文是第二十条~第三十八条。

(2) 施工单位的安全责任

1) 有关人员的安全责任

① 施工单位主要负责人

施工单位主要负责人不仅仅指法定代表人,而是指对施工单位全面负责、有生产经营决策权的人。

《安全生产管理条例》第二十一条规定:施工单位主要负责人依法对本单位的安全生产工作全面负责。具体包括:

  A. 建立健全安全生产责任制度和安全生产教育培训制度;
  B. 制定安全生产规章制度和操作规程;
  C. 保证本单位安全生产条件所需资金的投入;
  D. 对所承建的建设工程进行定期和专项安全检查,并做好安全检查记录。

② 施工单位的项目负责人

项目负责人主要指项目经理,在工程项目中处于中心地位。《安全生产管理条例》第二十一条规定:施工单位的项目负责人对建设工程项目的安全全面负责。鉴于项目负责人对安全生产的重要作用,该条同时规定施工单位的项目负责人应当由取得相应执业资格的人员担任。这里,"相应执业资格"目前指建造师执业资格。

根据《安全生产管理条例》第二十一条,项目负责人的安全责任主要包括:

  A. 落实安全生产责任制度、安全生产规章制度和操作规程;
  B. 确保安全生产费用的有效使用;
  C. 根据工程的特点组织制定安全施工措施,消除安全事故隐患;
  D. 及时、如实报告生产安全事故。

③ 专职安全生产管理人员

《安全生产管理条例》第二十三条规定:施工单位应当设立安全生产管理机构,配备专职安全生产管理人员。专职安全生产管理人员是指经建设主管部门或者其他有关部门安全生产考核合格,并取得安全生产考核合格证书在企业从事安全生产管理工作的专职人员,包括施工单位安全生产管理机构的负责人及其工作人员和施工现场专职安全生产管理人员。

专职安全生产管理人员的安全责任主要包括:对安全生产进行现场监督检查。发现安全事故隐患,应当及时向项目负责人和安全生产管理机构报告;对于违章指挥、违章操作的,应当立即制止。

2) 总承包单位和分包单位的安全责任

《安全生产管理条例》第二十四条规定:建设工程实行施工总承包的,由总承包单位对施工现场的安全生产负总责。为了防止违法分包和转包等违法行为的发生,真正落实施工总承包单位的安全责任,该条进一步规定:总承包单位应当自行完成建设工程主体结构的施工。该条同时规定:总承包单位依法将建设工程分包给其他单位的,分包合同中应当明确各自的安全生产方面的权利、义务。总承包单位和分包单位对分包工程的安全生产承担连带责任。

但是,总承包单位与分包单位在安全生产方面的责任也不是固定不变的,需要视具体情况确定。《安全生产管理条例》第二十四条规定:分包单位应当服从总承包单位的安全生产管理,分包单位不服从管理导致生产安全事故的,由分包单位承担主要责任。

3) 安全生产教育培训

① 管理人员的考核

《安全生产管理条例》第三十六条规定:施工单位的主要负责人、项目负责人、专职安全生产管理人员应当经建设行政主管部门或者其他有关部门考核合格后方可任职。

② 作业人员的安全生产教育培训

A. 日常培训

《安全生产管理条例》第三十六条规定:施工单位应当对管理人员和作业人员每年至少进行一次安全生产教育培训,其教育培训情况记录到个人工作档案。安全生产教育培训考核不合格的人员,不得上岗。

B. 新岗位培训

《安全生产管理条例》第三十七条对新岗位培训作了两方面规定。一是作业人员进入新的岗位或者新的施工现场前,应当接受安全生产教育培训。未经教育培训或者教育培训考核不合格的人员,不得上岗作业;二是施工单位在采用新技术、新工艺、新设备、新材料时,应当对作业人员进行相应的安全生产教育培训。

③ 特种作业人员的专门培训

《安全生产管理条例》第二十五条规定:垂直运输机械作业人员、安装拆卸工、爆破作业人员、起重信号工、登高架设作业人员等特种作业人员,必须按照国家有关规定经过专门的安全作业培训,并取得特种作业操作资格证书后,方可上岗作业。

4) 施工单位应采取的安全措施

① 编制安全技术措施、施工现场临时用电方案和专项施工方案

《安全生产管理条例》第二十六条规定:施工单位应当在施工组织设计中编制安全技术措施和施工现场临时用电方案。同时规定,对下列达到一定规模的危险性较大的分部分项工程编制专项施工方案,并附具安全验算结果,经施工单位技术负责人、总监理工程师

签字后实施,由专职安全生产管理人员进行现场监督:

  A. 基坑支护与降水工程;

  B. 土方开挖工程;

  C. 模板工程;

  D. 起重吊装工程;

  E. 脚手架工程;

  F. 拆除、爆破工程;

  G. 国务院建设行政主管部门或者其他有关部门规定的其他危险性较大的工程。

② 安全施工技术交底

施工前的安全施工技术交底的目的就是让所有的安全生产从业人员都对安全生产有所了解,最大限度避免安全事故的发生。因此,第二十七条规定:建设工程施工前,施工单位负责项目管理的技术人员应当对有关安全施工的技术要求向施工作业班组、作业人员作出详细说明,并由双方签字确认。

③ 施工现场安全警示标志的设置

《安全生产管理条例》第二十八条规定:施工单位应当在施工现场入口处、施工起重机械、临时用电设施、脚手架、出入通道口、楼梯口、电梯井口、孔洞口、桥梁口、隧道口、基坑边沿、爆破物及有害危险气体和液体存放处等危险部位,设置明显的安全警示标志。安全警示标志必须符合国家标准。

④ 施工现场的安全防护

《安全生产管理条例》第二十八条规定:施工单位应当根据不同施工阶段和周围环境及季节、气候的变化,在施工现场采取相应的安全施工措施。施工现场暂时停止施工的,施工单位应当做好现场防护,所需费用由责任方承担,或者按照合同约定执行。

⑤ 施工现场的布置应当符合安全和文明施工要求

《安全生产管理条例》第二十九条规定:施工单位应当将施工现场的办公、生活区与作业区分开设置,并保持安全距离;办公、生活区的选址应当符合安全性要求。职工的膳食、饮水、休息场所等应当符合卫生标准。施工单位不得在尚未竣工的建筑物内设置员工集体宿舍。

施工现场临时搭建的建筑物应当符合安全使用要求。施工现场使用的装配式活动房屋应当具有产品合格证。临时建筑物一般包括施工现场的办公用房、宿舍、食堂、仓库、卫生间等。

⑥ 对周边环境采取防护措施

《安全生产管理条例》第三十条规定:施工单位对因建设工程施工可能造成损害的毗邻建筑物、构筑物和地下管线等,应当采取专项防护措施。施工单位应当遵守有关环境保护法律、法规的规定,在施工现场采取措施,防止或者减少粉尘、废气、废水、固体废物、噪声、振动和施工照明对人和环境的危害和污染。在城市市区内的建设工程,施工单位应当对施工现场实行封闭围挡。

⑦ 施工现场的消防安全措施

《安全生产管理条例》第三十一条规定:施工单位应当在施工现场建立消防安全责任制度,确定消防安全责任人,制定用火、用电、使用易燃易爆材料等各项消防安全管理制度和操作规程,设置消防通道、消防水源,配备消防设施和灭火器材,并在施工现场入口处设置明显标志。

⑧ 安全防护设备管理

《安全生产管理条例》第三十三条规定:作业人员应当遵守安全施工的强制性标准、规章制度和操作规程,正确使用安全防护用具、机械设备等。

《安全生产管理条例》第三十四条规定:施工单位采购、租赁的安全防护用具、机械设备、施工机具及配件,应当具有生产(制造)许可证、产品合格证,并在进入施工现场前进行查验;施工现场的安全防护用具、机械设备、施工机具及配件必须由专人管理,定期进行检查、维修和保养,建立相应的资料档案,并按照国家有关规定及时报废。

⑨ 起重机械设备管理

《安全生产管理条例》第三十五条对起重机械设备管理作了如下规定:

A. 施工单位在使用施工起重机械和整体提升脚手架、模板等自升式架设设施前,应当组织有关单位进行验收,也可以委托具有相应资质的检验检测机构进行验收;使用承租的机械设备和施工机具及配件的,由施工总承包单位、分包单位、出租单位和安装单位共同进行验收。验收合格的方可使用。

B. 《特种设备安全监察条例》规定的施工起重机械,在验收前应当经有相应资质的检验检测机构监督检验合格。这里"作为特种设备的施工起重机械"是指涉及生命安全、危险性较大的起重机械。

C. 施工单位应当自施工起重机械和整体提升脚手架、模板等自升式架设设施验收合格之日起 30 日内,向建设行政主管部门或者其他有关部门登记。登记标志应当置于或者附着于该设备的显著位置。

⑩ 办理意外伤害保险

《安全生产管理条例》第三十八条规定:施工单位应当为施工现场从事危险作业的人员办理意外伤害保险。同时还规定:意外伤害保险费由施工单位支付。实行施工总承包的,由总承包单位支付意外伤害保险费。意外伤害保险期限自建设工程开工之日起至竣工验收合格止。

2. 《质量管理条例》关于施工单位的质量责任和义务的有关规定

(1)法规相关条文

《质量管理条例》关于施工单位的质量责任和义务的条文是第二十五条~第三十三条。

(2)施工单位的质量责任和义务

1)依法承揽工程

《质量管理条例》第二十五条规定:施工单位应当依法取得相应等级的资质证书,并在其资质等级许可的范围内承揽工程。

禁止施工单位超越本单位资质等级许可的业务范围或者以其他施工单位的名义承揽工程。禁止施工单位允许其他单位或者个人以本单位的名义承揽工程。施工单位不得转包或者违法分包工程。

2)建立质量保证体系

《质量管理条例》第二十六条规定:施工单位对建设工程的施工质量负责。施工单位应当建立质量责任制，确定工程项目的项目经理、技术负责人和施工管理负责人。

建设工程实行总承包的，总承包单位应当对全部建设工程质量负责；建设工程勘察、设计、施工、设备采购的一项或者多项实行总承包的，总承包单位应当对其承包的建设工程或者采购的设备的质量负责。

《质量管理条例》第二十七条规定：总承包单位依法将建设工程分包给其他单位的，分包单位应当按照分包合同的约定对其分包工程的质量向总承包单位负责，总承包单位与分包单位对分包工程的质量承担连带责任。

3) 按图施工

《质量管理条例》第二十八条规定：施工单位必须按照工程设计图纸和施工技术标准施工，不得擅自修改工程设计，不得偷工减料。施工单位在施工过程中发现设计文件和图纸有差错的，应当及时提出意见和建议。

4) 对建筑材料、构配件和设备进行检验的责任

《质量管理条例》第二十九条规定：施工单位必须按照工程设计要求、施工技术标准和合同约定，对建筑材料、建筑构配件、设备和商品混凝土进行检验，检验应当有书面记录和专人签字；未经检验或者检验不合格的，不得使用。

5) 对施工质量进行检验的责任

《质量管理条例》第三十条规定：施工单位必须建立、健全施工质量的检验制度，严格工序管理，做好隐蔽工程的质量检查和记录。隐蔽工程在隐蔽前，施工单位应当通知建设单位和建设工程质量监督机构。

6) 见证取样

在工程施工过程中，为了控制工程施工质量，需要依据有关技术标准和规定的方法，对用于工程的材料和构件抽取一定数量的样品进行检测，并根据检测结果判断其所代表部位的质量。《质量管理条例》第三十一条规定：施工人员对涉及结构安全的试块、试件以及有关材料，应当在建设单位或者工程监理单位监督下现场取样，并送具有相应资质等级的质量检测单位进行检测。

7) 保修

《质量管理条例》第三十二条规定：施工单位对施工中出现质量问题的建设工程或者竣工验收不合格的建设工程，应当负责返修。

在建设工程竣工验收合格前，施工单位应对质量问题履行返修义务；建设工程竣工验收合格后，施工单位应对保修期内出现的质量问题履行保修义务。《民法典》第八百零一条对施工单位的返修义务也有相应规定：因施工人原因致使建设工程质量不符合约定的，发包人有权请求施工人在合理期限内无偿修理或者返工、改建。经过修理或者返工、改建后，造成逾期交付的，施工人应当承担违约责任。返修包括修理和返工。

（四）《中华人民共和国劳动法》《中华人民共和国劳动合同法》

《中华人民共和国劳动法》（以下简称《劳动法》）于1994年7月5日第八届全国人民代表大会常务委员会第八次会议通过，自1995年1月1日起施行；根据2018年12月29日第十三届全国人民代表大会常务委员会第七次会议《关于修改〈中华人民共和国劳动

法〉等七部法律的决定》第二次修改。

《劳动法》分为总则、促进就业、劳动合同和集体合同、工作时间和休息休假、工资、劳动安全卫生、女职工和未成年工特殊保护、职业培训、社会保险和福利、劳动争议、监督检查、法律责任、附则13章,共107条。

《劳动法》的立法目的,是保护劳动者的合法权益,调整劳动关系,建立和维护适应社会主义市场经济的劳动制度,促进经济发展和社会进步。

《中华人民共和国劳动合同法》(以下简称《劳动合同法》)于2007年6月29日第十届全国人民代表大会常务委员会第二十八次会议通过,自2008年1月1日起施行;根据2012年12月28日第十一届全国人民代表大会第十三次会议《关于修改〈中华人民共和国劳动合同法〉的决定》修改,修改后的《劳动合同法》自2013年7月1日起实施。《劳动合同法》包括总则、劳动合同的订立、劳动合同的履行和变更、劳动合同的解除和终止、特别规定、监督检查、法律责任、附则8章,共98条。

《劳动合同法》的立法目的,是完善劳动合同制度,明确劳动合同双方当事人的权利和义务,保护劳动者的合法权益,构建和发展和谐稳定的劳动关系。

《劳动合同法》在《劳动法》的基础上,对劳动合同的订立、履行、终止等内容作出了更为详尽的规定。

1. 《劳动法》《劳动合同法》关于劳动合同和集体合同的有关规定

(1) 法规相关条文

《劳动法》关于劳动合同的条文是第十六条~第三十二条,关于集体合同的条文是第三十三条~第三十五条。

《劳动合同法》关于劳动合同的条文是第七条~第五十条,关于集体合同的条文是第五十一条~第五十六条。

(2) 劳动合同、集体合同的概念

劳动合同是劳动者与用人单位确立劳动关系、明确双方权利和义务的协议。这里的劳动关系,是指劳动者与用人单位(包括各类企业、个体工商户、事业单位等)在实现劳动过程中建立的社会经济关系。

劳动合同分为固定期限劳动合同、无固定期限劳动合同和以完成一定工作任务为期限的劳动合同。固定期限劳动合同是指用人单位与劳动者约定合同终止时间的劳动合同。无固定期限劳动合同是指用人单位与劳动者约定无确定终止时间的劳动合同。以完成一定工作任务为期限的劳动合同是指用人单位与劳动者约定以某项工作的完成为合同期限的劳动合同。

集体合同又称集体协议、团体协议等,是指企业职工一方与企业(用人单位)就劳动报酬、工作时间、休息休假、劳动安全卫生、保险福利等事项,依据有关法律法规,通过平等协商达成的书面协议。集体合同实际上是一种特殊的劳动合同。

(3) 劳动合同的订立

1) 劳动合同当事人

《劳动法》第十六条规定,劳动合同的当事人为用人单位和劳动者。

《中华人民共和国劳动合同法实施条例》(以下简称《劳动合同法实施条例》)进一步

规定：劳动合同法规定的用人单位设立的分支机构，依法取得营业执照或者登记证书的，可以作为用人单位与劳动者订立劳动合同；未依法取得营业执照或者登记证书的，受用人单位委托可以与劳动者订立劳动合同。

2）劳动合同的类型

劳动合同分为以下三种类型：一是固定期限劳动合同，即用人单位与劳动者约定合同终止时间的劳动合同；二是以完成一定工作任务为期限的劳动合同，即用人单位与劳动者约定以某项工作的完成为合同期限的劳动合同；三是无固定期限劳动合同，即用人单位与劳动者约定无明确终止时间的劳动合同。

有下列情形之一，劳动者提出或者同意续订、订立劳动合同的，除劳动者提出订立固定期限劳动合同外，应当订立无固定期限劳动合同：

① 劳动者在该用人单位连续工作满10年的；

② 用人单位初次实行劳动合同制度或者国有企业改制重新订立劳动合同时，劳动者在该用人单位连续工作满10年且距法定退休年龄不足10年的；

③ 连续订立两次固定期限劳动合同，且劳动者没有《劳动合同法》第三十九条（即用人单位可以解除劳动合同的条件）和第四十条第1款、第2款规定（即劳动者患病或者非因工负伤，在规定的医疗期满后不能从事原工作，也不能从事由用人单位另行安排的工作的；劳动者不能胜任工作，经过培训或者调整工作岗位，仍不能胜任工作的）的情形，续订劳动合同的。

若劳动者依据此处的规定提出订立无固定期限劳动合同的，用人单位应当与其订立无固定期限劳动合同。对劳动合同的内容，双方应当按照合法、公平、平等自愿、协商一致、诚实信用的原则协商确定。

劳动者非因本人原因从原用人单位被安排到新用人单位工作的，劳动者在原用人单位的工作年限合并计算为新用人单位的工作年限。原用人单位已经向劳动者支付经济补偿的，新用人单位在依法解除、终止劳动合同计算支付经济补偿的工作年限时，不再计算劳动者在原用人单位的工作年限。

3）订立劳动合同的时间限制

《劳动合同法》第十条规定：建立劳动关系，应当订立书面劳动合同。已建立劳动关系，未同时订立书面劳动合同的，应当自用工之日起一个月内订立书面劳动合同。用人单位与劳动者在用工前订立劳动合同的，劳动关系自用工之日起建立。

因劳动者的原因未能订立劳动合同的，《劳动合同法实施条例》第五条规定：自用工之日起一个月内，经用人单位书面通知后，劳动者不与用人单位订立书面劳动合同的，用人单位应当书面通知劳动者终止劳动关系，无需向劳动者支付经济补偿，但是应当依法向劳动者支付其实际工作时间的劳动报酬。

因用人单位的原因未能订立劳动合同的，《劳动合同法实施条例》第六条规定：用人单位自用工之日起超过一个月不满一年未与劳动者订立书面劳动合同的，应当依照《劳动合同法》第八十二条的规定向劳动者每月支付两倍的工资，并与劳动者补订书面劳动合同；劳动者不与用人单位订立书面劳动合同的，用人单位应当书面通知劳动者终止劳动关系，并依照《劳动合同法》第四十七条的规定支付经济补偿。

4）劳动合同的生效

劳动合同由用人单位与劳动者协商一致，并经用人单位与劳动者在劳动合同文本上签字或者盖章生效。

劳动合同文本由用人单位和劳动者各执一份。

（4）劳动合同的条款

《劳动合同法》第十七条规定：劳动合同应当具备以下条款：

1）用人单位的名称、住所和法定代表人或者主要负责人；

2）劳动者的姓名、住址和居民身份证或者其他有效身份证件号码；

3）劳动合同期限；

4）工作内容和工作地点；

5）工作时间和休息休假；

6）劳动报酬；

7）社会保险；

8）劳动保护、劳动条件和职业危害防护；

9）法律、法规规定应当纳入劳动合同的其他事项。

劳动合同除前款规定的必备条款外，用人单位与劳动者可以约定试用期、培训、保守秘密、补充保险和福利待遇等其他事项。

《劳动合同法》第十八条规定：劳动合同对劳动报酬和劳动条件等标准约定不明确，引发争议的，用人单位与劳动者可以重新协商；协商不成的，适用集体合同规定；没有集体合同或者集体合同未规定劳动报酬的，实行同工同酬；没有集体合同或者集体合同未规定劳动条件等标准的，适用国家有关规定。

（5）试用期

1）试用期的最长时间

《劳动法》第二十一条规定：试用期最长不得超过 6 个月。

《劳动合同法》第十九条进一步明确：劳动合同期限 3 个月以上未满 1 年的，试用期不得超过 1 个月；劳动合同期限 1 年以上不满 3 年的，试用期不得超过 2 个月；3 年以上固定期限和无固定期限的劳动合同，试用期不得超过 6 个月。

2）试用期的次数限制

《劳动合同法》第十九条规定：同一用人单位与同一劳动者只能约定一次试用期。

以完成一定工作任务为期限的劳动合同或者劳动合同期限不满 3 个月的，不得约定试用期。

试用期包含在劳动合同期限内。劳动合同仅约定试用期的，试用期不成立，该期限为劳动合同期限。

3）试用期内的最低工资

《劳动合同法》第二十条规定：劳动者在试用期的工资不得低于本单位相同岗位最低档工资或者劳动合同约定工资的 80%，并不得低于用人单位所在地的最低工资标准。

《劳动合同法实施条例》对此作进一步明确：劳动者在试用期的工资不得低于本单位相同岗位最低档工资的 80% 或者不得低于劳动合同约定工资的 80%，并不得低于用人单位所在地的最低工资标准。

4）试用期内合同解除条件的限制

《劳动合同法》第二十一条规定：在试用期中，除劳动者有《劳动合同法》第三十九条（即用人单位可以解除劳动合同的条件）和第四十条第 1 款、第 2 款（即劳动者患病或者非因工负伤，在规定的医疗期满后不能从事原工作，也不能从事由用人单位另行安排的工作的；劳动者不能胜任工作，经过培训或者调整工作岗位，仍不能胜任工作的）规定的情形外，用人单位不得解除劳动合同。用人单位在试用期解除劳动合同的，应当向劳动者说明理由。

（6）劳动合同的无效

《劳动合同法》第二十六条规定：下列劳动合同无效或者部分无效：

1）以欺诈、胁迫的手段或者乘人之危，使对方在违背真实意思的情况下订立或者变更劳动合同的；

2）用人单位免除自己的法定责任、排除劳动者权利的；

3）违反法律、行政法规强制性规定的。

对劳动合同的无效或者部分无效有争议的，由劳动争议仲裁机构或者人民法院确认。

劳动合同部分无效，不影响其他部分效力的，其他部分仍然有效。

劳动合同被确认无效，劳动者已付出劳动的，用人单位应当向劳动者支付劳动报酬。劳动报酬的数额，参照本单位相同或者相近岗位劳动者的劳动报酬确定。

（7）劳动合同的变更

用人单位变更名称、法定代表人、主要负责人或者投资人等事项，不影响劳动合同的履行。

用人单位发生合并或者分立等情况，原劳动合同继续有效，劳动合同由承继其权利和义务的用人单位继续履行。

用人单位与劳动者协商一致，可以变更劳动合同约定的内容。变更劳动合同，应当采用书面形式。

变更后的劳动合同文本由用人单位和劳动者各执一份。

（8）劳动合同的解除

用人单位与劳动者协商一致，可以解除劳动合同。用人单位向劳动者提出解除劳动合同并与劳动者协商一致解除劳动合同的，用人单位应当向劳动者给予经济补偿。

劳动者提前 30 日以书面形式通知用人单位，可以解除劳动合同。劳动者在试用期内提前 3 日通知用人单位，可以解除劳动合同。

1）劳动者解除劳动合同的情形

《劳动合同法》第三十八条规定：用人单位有下列情形之一的，劳动者可以解除劳动合同，用人单位应当向劳动者支付经济补偿：

① 未按照劳动合同约定提供劳动保护或者劳动条件的；

② 未及时足额支付劳动报酬的；

③ 未依法为劳动者缴纳社会保险费的；

④ 用人单位的规章制度违反法律、法规的规定，损害劳动者权益的；

⑤ 因《劳动合同法》第二十六条第 1 款（即以欺诈、胁迫的手段或者乘人之危，使对方在违背真实意思的情况下订立或者变更劳动合同的）规定的情形致使劳动合同无

效的；

⑥ 法律、行政法规规定劳动者可以解除劳动合同的其他情形。

用人单位以暴力、威胁或者非法限制人身自由的手段强迫劳动者劳动的，或者用人单位违章指挥、强令冒险作业危及劳动者人身安全的，劳动者可以立即解除劳动合同，不需事先告知用人单位。

2）用人单位可以解除劳动合同的情形

除用人单位与劳动者协商一致，用人单位可以与劳动者解除合同外，如遇下列情形，用人单位也可以与劳动者解除合同。

① 随时解除

《劳动合同法》第三十九条规定：劳动者有下列情形之一的，用人单位可以解除劳动合同：

A. 在试用期间被证明不符合录用条件的；

B. 严重违反用人单位的规章制度的；

C. 严重失职，营私舞弊，给用人单位造成重大损害的；

D. 劳动者同时与其他用人单位建立劳动关系，对完成本单位的工作任务造成严重影响，或者经用人单位提出，拒不改正的；

E. 因《劳动合同法》第二十六条第1款第1项（即以欺诈、胁迫的手段或者乘人之危，使对方在违背真实意思的情况下订立或者变更劳动合同的）规定的情形致使劳动合同无效的；

F. 被依法追究刑事责任的。

② 预告解除

《劳动合同法》第四十条规定：有下列情形之一的，用人单位提前30日以书面形式通知劳动者本人或者额外支付劳动者1个月工资后，可以解除劳动合同，用人单位应当向劳动者支付经济补偿：

A. 劳动者患病或者非因工负伤，在规定的医疗期满后不能从事原工作，也不能从事由用人单位另行安排的工作的；

B. 劳动者不能胜任工作，经过培训或者调整工作岗位，仍不能胜任工作的；

C. 劳动合同订立时所依据的客观情况发生重大变化，致使劳动合同无法履行，经用人单位与劳动者协商，未能就变更劳动合同内容达成协议的。

用人单位依照此规定，选择额外支付劳动者1个月工资解除劳动合同的，其额外支付的工资应当按照该劳动者上1个月的工资标准确定。

③ 经济性裁员

《劳动合同法》第四十一条规定：有下列情形之一，需要裁减人员20人以上或者裁减不足20人但占企业职工总数10%以上的，用人单位提前30日向工会或者全体职工说明情况，听取工会或者职工的意见后，裁减人员方案经向劳动行政部门报告，可以裁减人员，用人单位应当向劳动者支付经济补偿：

A. 依照企业破产法规定进行重整的；

B. 生产经营发生严重困难的；

C. 企业转产、重大技术革新或者经营方式调整，经变更劳动合同后，仍需裁减人员的；

　　D. 其他因劳动合同订立时所依据的客观经济情况发生重大变化，致使劳动合同无法履行的。

　　④ 用人单位不得解除劳动合同的情形

　　《劳动合同法》第四十二条规定：劳动者有下列情形之一的，用人单位不得依照本法第四十条、第四十一条的规定解除劳动合同：

　　A. 从事接触职业病危害作业的劳动者未进行离岗前职业健康检查，或者疑似职业病病人在诊断或者医学观察期间的；

　　B. 在本单位患职业病或者因工负伤并被确认丧失或者部分丧失劳动能力的；

　　C. 患病或者非因工负伤，在规定的医疗期内的；

　　D. 女职工在孕期、产期、哺乳期的；

　　E. 在本单位连续工作满 15 年，且距法定退休年龄不足 5 年的；

　　F. 法律、行政法规规定的其他情形。

　　(9) 劳动合同终止

　　《劳动合同法》第四十四条规定：有下列情形之一的，劳动合同终止。用人单位与劳动者不得在劳动合同法规定的劳动合同终止情形之外约定其他的劳动合同终止条件：

　　1）劳动者达到法定退休年龄的，劳动合同终止；

　　2）劳动合同期满的。除用人单位维持或者提高劳动合同约定条件续订劳动合同，劳动者不同意续订的情形外，依照本项规定终止固定期限劳动合同的，用人单位应当向劳动者支付经济补偿；

　　3）劳动者开始依法享受基本养老保险待遇的；

　　4）劳动者死亡，或者被人民法院宣告死亡或者宣告失踪的；

　　5）用人单位被依法宣告破产的。依照本项规定终止劳动合同的，用人单位应当向劳动者支付经济补偿；

　　6）用人单位被吊销营业执照、责令关闭、撤销或者用人单位决定提前解散的。依照本项规定终止劳动合同的，用人单位应当向劳动者支付经济补偿；

　　7）法律、行政法规规定的其他情形。

　　(10) 集体合同的内容与订立

　　集体合同的主要内容包括劳动报酬、工作时间、休息休假、劳动安全卫生、保险福利等事项，也可以就劳动安全卫生、女职工权益保护、工资调整机制等事项订立专项集体合同。

　　集体合同由工会代表职工与企业（用人单位）签订；没有建立工会的企业（用人单位），由职工推举的代表与企业（用人单位）签订。

　　(11) 集体合同的效力

　　依法签订的集体合同对企业和企业全体职工具有约束力。职工个人与企业订立的劳动合同中劳动条件和劳动报酬等标准不得低于集体合同的规定。

　　(12) 集体合同争议的处理

　　用人单位违反集体合同，侵犯职工劳动权益的，工会可以依法要求用人单位承担责任。因履行集体合同发生争议，经协商解决不成的，工会或职工协商代表可以自劳动争议发生之日起 1 年内向劳动争议仲裁委员会申请劳动仲裁；对劳动仲裁结果不服的，可以自收到仲裁裁决书之日起 15 日内向人民法院提起诉讼。

2. 《劳动法》关于劳动安全卫生的有关规定

（1）法规相关条文

《劳动法》关于劳动安全卫生的条文是第五十二条～第五十七条。

（2）劳动安全卫生

劳动安全卫生又称劳动保护，是指直接保护劳动者在劳动中的安全和健康的法律保护。

根据《劳动法》的有关规定，用人单位和劳动者应当遵守如下有关劳动安全卫生的法律规定：

1）用人单位必须建立、健全劳动安全卫生制度，严格执行国家劳动安全卫生规程和标准，对劳动者进行劳动安全卫生教育，防止劳动过程中的事故，减少职业危害。

2）劳动安全卫生设施必须符合国家规定的标准。

新建、改建、扩建工程的劳动安全卫生设施必须与主体工程同时设计、同时施工、同时投入生产和使用。

3）用人单位必须为劳动者提供符合国家规定的劳动安全卫生条件和必要的劳动防护用品，对从事有职业危害作业的劳动者应当定期进行健康检查。

4）从事特种作业的劳动者必须经过专门培训并取得特种作业资格。

5）劳动者在劳动过程中必须严格遵守安全操作规程。劳动者对用人单位管理人员违章指挥、强令冒险作业，有权拒绝执行；对危害生命安全和身体健康的行为，有权提出批评、检举和控告。

二、建 筑 材 料

构成建筑物或构筑物本身的材料称为建筑材料。建筑材料有多种分类方法。按化学成分的分类见表 2-1。按使用功能的分类见表 2-2。

建筑材料按化学成分分类　　　　　　　　　　　　　　　表 2-1

分类			举例
无机材料	非金属材料	天然石材	砂子、石子、各种岩石加工的石材等
		烧土制品	黏土砖、瓦、空心砖、锦砖、瓷器等
		胶凝材料	石灰、石膏、水玻璃、水泥等
		玻璃及熔融制品	玻璃、玻璃棉、岩棉、铸石等
		混凝土及硅酸盐制品	普通混凝土、砂浆及硅酸盐制品等
	金属材料	黑色金属	钢、铁、不锈钢等
		有色金属	铝、铜等及其合金
有机材料	植物材料		木材、竹材、植物纤维及其制品
	沥青材料		石油沥青、煤沥青、沥青制品
	合成高分子材料		塑料、涂料、胶粘剂、合成橡胶等
复合材料	金属材料与非金属材料复合		钢筋混凝土、预应力混凝土、钢纤维混凝土等
	非金属材料与有机材料复合		玻璃纤维增强塑料、聚合物混凝土、沥青混合料、水泥刨花板等
	金属材料与有机材料复合		轻质金属夹心板

建筑材料按使用功能分类　　　　　　　　　　　　　　　表 2-2

分类	举例
结构材料	组成受力构件结构所用的材料，如木材、石材、水泥、混凝土及钢材、砖、砌块等
功能材料	承担某些建筑功能的非承重材料，如防水材料、绝热材料、吸声和隔声材料，装饰材料等

（一）无机胶凝材料

1. 无机胶凝材料的分类及特性

胶凝材料也称为胶结材料，是用来把块状、颗粒状或纤维状材料粘结为整体的材料。无机胶凝材料也称矿物胶凝材料，是胶凝材料的一大类别，其主要成分是无机化合物，如水泥、石膏、石灰等均属无机胶凝材料。

按照硬化条件的不同，无机胶凝材料分为气硬性胶凝材料和水硬性胶凝材料两类。前者如石灰、石膏、水玻璃等，后者如水泥。

气硬性胶凝材料只能在空气中凝结、硬化、保持和发展强度，一般只适用于干燥环境，不宜用于潮湿环境与水中。

水硬性胶凝材料既能在空气中硬化，也能在水中凝结、硬化、保持和发展强度，既适用于干燥环境，又适用于潮湿环境与水中。

2. 通用水泥的特性、主要技术性质及应用

水泥是一种加水拌合成塑性浆体，能胶结砂、石等材料，并能在空气和水中硬化的粉状水硬性胶凝材料。

水泥的品种很多。按其矿物组成可分为硅酸盐水泥、铝酸盐水泥、硫铝酸盐水泥、氟铝酸盐水泥、铁铝酸盐水泥以及少熟料或无熟料水泥等。按其用途和性能可分为通用水泥、专用水泥以及特性水泥三大类。用于一般土木建筑工程的水泥为通用水泥。适应专门用途的水泥称为专用水泥，如砌筑水泥、道路水泥、油井水泥等。某种性能比较突出的水泥称为特性水泥，如白色硅酸盐水泥、快硬硅酸盐水泥、抗硫酸盐硅酸盐水泥、膨胀水泥等。

（1）通用水泥的特性及应用

通用水泥即通用硅酸盐水泥的简称，是以硅酸盐水泥熟料和适量的石膏，以及规定的混合材料制成的水硬性胶凝材料。通用水泥的品种、特性及应用范围见表2-3。

通用水泥的特性及适用范围 表2-3

名称	硅酸盐水泥	普通硅酸盐水泥	矿渣硅酸盐水泥	火山灰质硅酸盐水泥	粉煤灰硅酸盐水泥	复合硅酸盐水泥
主要特性	1. 早期强度高 2. 水化热高 3. 抗冻性好 4. 耐热性差 5. 耐腐蚀性差 6. 干缩小 7. 抗碳化性好	1. 早期强度较高 2. 水化热较高 3. 抗冻性较好 4. 耐热性较差 5. 耐腐蚀性较差 6. 干缩性较小 7. 抗碳化性较好	1. 早期强度低，后期强度高 2. 水化热较低 3. 抗冻性较差 4. 耐热性较好 5. 耐腐蚀性好 6. 干缩性较大 7. 抗碳化性较差 8. 抗渗性差	1. 早期强度低，后期强度高 2. 水化热较低 3. 抗冻性较差 4. 耐热性较差 5. 耐腐蚀性好 6. 干缩性大 7. 抗碳化性较差 8. 抗渗性好	1. 早期强度低，后期强度高 2. 水化热较低 3. 抗冻性较差 4. 耐热性较差 5. 耐腐蚀性好 6. 干缩性小 7. 抗碳化性较差 8. 抗裂性好	1. 早期强度稍低 2. 其他性能同矿渣水泥
适用范围	1. 高强混凝土及预应力混凝土工程 2. 早期强度要求高的工程及冬期施工的工程 3. 严寒地区遭受反复冻融作用的混凝土工程	与硅酸盐水泥基本相同	1. 大体积混凝土工程 2. 高温车间和有耐热要求的混凝土结构 3. 蒸汽养护的构件 4. 耐腐蚀要求高的混凝土工程	1. 地下、水中大体积混凝土结构 2. 有抗渗要求的工程 3. 蒸汽养护的构件 4. 耐腐蚀要求高的混凝土工程	1. 地上、地下及水中大体积混凝土结构 2. 蒸汽养护的构件 3. 抗裂性要求较高的构件 4. 耐腐蚀要求高的混凝土工程	可参照矿渣硅酸盐水泥、火山灰质硅酸盐水泥、粉煤灰硅酸盐水泥，但其性能受所用混合材料性能的影响，所以使用时应针对工程的性质加以选用

（2）通用水泥的主要技术性质

1）细度

细度是指水泥颗粒粗细的程度，它是影响水泥需水量、凝结时间、强度和安定性能的重要指标。颗粒越细，与水反应的表面积越大，因而水化反应的速度越快，水泥石的早期强度越高，但硬化体的收缩也越大，且水泥在储运过程中易受潮而降低活性。因此，水泥细度应适当。硅酸盐水泥的细度用透气式比表面仪测定。现行国家标准《通用硅酸盐水泥》GB 175 规定，硅酸盐水泥的比表面积应不小于 $300m^2/kg$，不大于 $400m^2/kg$；其余品种通用水泥的 $45\mu m$ 方孔筛筛余应不小于 5%。

2）标准稠度及其用水量

在测定水泥凝结时间、体积安定性等性能时，为使所测结果有准确的可比性，规定在试验时所使用的水泥净浆必须以标准方法（按 GB/T 1346 规定）测试，并达到统一规定的浆体可塑性程度（标准稠度）。水泥净浆标准稠度用水量，是指拌制水泥净浆时为达到标准稠度所需的加水量，它以水与水泥质量之比的百分数表示。

3）凝结时间

水泥从加水开始到失去流动性所需的时间称为凝结时间，分为初凝时间和终凝时间。初凝时间为水泥从开始加水拌合起至水泥浆开始失去可塑性所需的时间；终凝时间是从水泥开始加水拌合起至水泥浆完全失去可塑性，并开始产生强度所需的时间。水泥的凝结时间对施工有重大意义。初凝过早，施工时没有足够的时间完成混凝土或砂浆的搅拌、运输、浇捣和砌筑等操作；水泥的终凝过迟，则会拖延施工工期。国家标准规定：硅酸盐水泥初凝时间不得早于 45min，终凝时间不得迟于 390min；其他品种通用水泥初凝时间不得早于 45min，终凝时间不得迟于 600min。

4）体积安定性

水泥体积安定性是指水泥浆体硬化后体积变化的稳定性。安定性不良的水泥，在浆体硬化过程中或硬化后产生不均匀的体积膨胀，并引起开裂。水泥安定性不良的主要原因是熟料中含有过量的游离氧化钙、游离氧化镁或掺入的石膏过多。国家标准规定，水泥熟料中游离氧化镁含量不得超过 6.0%（矿渣硅酸盐水泥 P·S·B 不作要求）；三氧化硫含量，矿渣水泥不得超过 4.0%，其余不得超过 3.5%。体积安定性不合格的水泥为废品，不能用于工程中。

5）水泥的强度

水泥强度是表征水泥力学性能的重要指标，它与水泥的矿物组成、水泥细度、水灰比大小、水化龄期和环境温度等密切相关。水泥强度按现行标准《水泥胶砂强度检验方法（ISO 法）》GB/T 17671 的规定制作试块，养护并测定其抗压和抗折强度值，并据此评定水泥强度等级。

根据 3d 和 28d 龄期的抗折强度和抗压强度，普通水泥的强度等级划分见表 2-4。

6）水化热

水化热是指水泥和水之间发生化学反应放出的热量，通常以焦耳/千克（J/kg）表示。

水泥水化放出的热量以及放热速度，主要决定于水泥的矿物组成和细度。熟料矿物中铝酸三钙和硅酸三钙的含量越高，颗粒越细，则水化热越大。这对一般建筑的冬期施工是有利的，但对于大体积混凝土工程是有害的。为了避免由于温度应力引起水泥石的开裂，在大体积混凝土工程施工中，不宜采用硅酸盐水泥，而应采用水化热低的水泥，如中热水泥、低热矿渣水泥等，水化热的数值可根据国家标准规定的方法测定。

通用水泥的主要技术性能见表 2-4。

通用水泥的主要技术性能 表2-4

性能 \ 品种		硅酸盐水泥	普通硅酸盐水泥	矿渣硅酸盐水泥	火山灰质硅酸盐水泥	粉煤灰硅酸盐水泥	复合硅酸盐水泥
密度（g/cm³）		3.0～3.15		2.8～3.1			
堆积密度（kg/m³）		1000～1600		1000～1200	900～1000		1000～1200
细度		比表面积≥300m²/kg、≤400m²/kg	45μm方孔筛筛余≥5%。当有特殊要求时，由买卖双方协商解决				
凝结时间	初凝	≥45min					
	终凝	≤390min		≤600min			
体积安定性	安定性	煮沸法检验合格，压蒸安定性合格					
	MgO（质量分数）	≤6.0%（矿渣硅酸盐水泥P·S·B不作要求）					
	SO₃（质量分数）	≤3.5%		≤4.0%	≤3.5%		
	氯离子	≤0.1%。当有更低要求时，由买卖双方协商解决					
碱含量		水泥中碱含量按 $NaO+0.685K_2O$ 计算值表示。当用户要求提供低碱含量时，由买卖双方协商解决					
强度等级		42.5、42.5R、52.5、52.5R、62.5、62.5R		32.5、32.5R、42.5、42.5R、52.5、52.5R			42.5、42.5R、52.5、52.5R

3. 特性水泥的分类、特性及应用

特性水泥的品种很多，以下仅介绍建筑工程中常用的几种：

（1）快硬硅酸盐水泥

凡以硅酸盐水泥熟料和适量石膏磨细制成的以 3d 抗压强度表示强度等级的水硬性胶凝材料称为快硬硅酸盐水泥，简称快硬水泥。

快硬硅酸盐水泥的特点是，凝结硬化快，早期强度增长率高。可用于紧急抢修工程、低温施工工程等，可配制成早强、高等级混凝土。

快硬水泥易受潮变质，故贮运时须特别注意防潮，并应及时使用，不宜久存，出厂超过1个月，应重新检验，合格后方可使用。

（2）白色硅酸盐水泥和彩色硅酸盐水泥

白色硅酸盐水泥简称白水泥，是以白色硅酸盐水泥熟料，加入适量石膏，经磨细制成的水硬性胶凝材料。

彩色硅酸盐水泥简称彩色水泥，按生产方法分为两类。一类是在白水泥的生料中加入少量金属氧化物，直接烧成彩色水泥熟料，然后再加适量石膏磨细而成。另一类为白水泥熟料、适量石膏及碱性颜料共同磨细而成。

白水泥和彩色水泥主要用于建筑物内外的装饰，如地面、楼面、墙面、柱面、台阶等；建筑立面的线条、装饰图案、雕塑等。配以大理石、白云石石子和石英砂作为粗细骨

料，可以拌制成彩色砂浆和混凝土，做成彩色水磨石、水刷石等。

(3) 膨胀水泥

膨胀水泥是指以适当比例的硅酸盐水泥或普通硅酸盐水泥、铝酸盐水泥等和天然二水石膏磨制而成的膨胀性的水硬性胶凝材料。

按基本组成我国常用的膨胀水泥品种有硅酸盐膨胀水泥、铝酸盐膨胀水泥、硫铝酸盐水泥、铁铝酸盐膨胀水泥等。

膨胀水泥主要用于收缩补偿混凝土工程，防渗混凝土（屋顶防渗、水池等），防渗砂浆，结构的加固，构件接缝、接头的灌浆，固定设备的机座及地脚螺栓等。

（二）混凝土

1. 普通混凝土的分类及主要技术性质

(1) 普通混凝土的分类

混凝土是以胶凝材料、粗细骨料及其他外掺材料按适当比例拌制、成型、养护、硬化而成的人工石材。通常将水泥、矿物掺合材料、粗细骨料、水和外加剂按一定的比例配制而成的、干表观密度为 2000~2800kg/m³ 的混凝土称为普通混凝土。

普通混凝土可以从不同角度进行分类。

① 按用途分为结构混凝土、抗渗混凝土、抗冻混凝土、大体积混凝土、水工混凝土、耐热混凝土、耐酸混凝土、装饰混凝土等。

② 按强度等级分为普通强度混凝土（<C60）、高强混凝土（≥C60）、超高强混凝土（≥C100）。

③ 按施工工艺分为喷射混凝土、泵送混凝土、碾压混凝土、压力灌浆混凝土、离心混凝土、真空脱水混凝土。

普通混凝土广泛用于建筑、桥梁、道路、水利、码头、海洋等工程。

(2) 普通混凝土的主要技术性质

混凝土的技术性质包括混凝土拌合物的技术性质和硬化混凝土的技术性质。混凝土拌合物的主要技术性质为和易性，硬化混凝土的主要技术性质包括强度、变形和耐久性等。

1) 混凝土拌合物的和易性

混凝土中的各种组成材料按比例配合经搅拌形成的混合物称为混凝土拌合物，又称新拌混凝土。

混凝土拌合物易于各工序施工操作（搅拌、运输、浇筑、振捣、成型等），并能获得质量稳定、整体均匀、成型密实的混凝土的性能，称为混凝土拌合物的和易性。和易性是满足施工工艺要求的综合性质，包括流动性、黏聚性和保水性。

流动性是指混凝土拌合物在自重或机械振动时能够产生流动的性质。流动性的大小反映了混凝土拌合物的稀稠程度，流动性良好的拌合物，易于浇筑、振捣和成型。

黏聚性是指混凝土组成材料间具有一定的黏聚力，在施工过程中混凝土能保持整体均匀的性能。黏聚性反映了混凝土拌合物的均匀性，黏聚性良好的拌合物易于施工操作，不会产生分层和离析的现象。黏聚性差时，会造成混凝土质地不均，振捣后易出现蜂窝、空洞等现象，影响混凝土的强度及耐久性。

保水性是指混凝土拌合物在施工过程中具有一定的保持内部水分而抵抗泌水的能力。保水性反映了混凝土拌合物的稳定性。保水性差的混凝土拌合物会在混凝土内部形成透水通道，影响混凝土的密实性，并降低混凝土的强度及耐久性。

混凝土拌合物的和易性目前还很难用单一的指标来评定，通常是以测定流动性为主，兼顾黏聚性和保水性。流动性常用坍落度法（适用于坍落度≥10mm）和维勃稠度法（适用于坍落度＜10mm）进行测定。

坍落度数值越大，表明混凝土拌合物流动性越大，根据坍落度值的大小，可将混凝土分为四级：大流动性混凝土（坍落度大于160mm）、流动性混凝土（坍落度100～150mm）、塑性混凝土（坍落度10～90mm）和干硬性混凝土（坍落度小于10mm）。

2）混凝土的强度

① 混凝土立方体抗压强度和强度等级

混凝土的抗压强度是混凝土结构设计的主要技术参数，也是混凝土质量评定的重要技术指标。

按照标准制作方法制成边长为150mm的标准立方体试件，在标准条件（温度20±2℃，相对湿度为95%以上）下养护28d，然后采用标准试验方法测得的极限抗压强度值，称为混凝土的立方体抗压强度，用 f_{cu} 表示。

为了便于设计和施工选用混凝土，《混凝土质量控制标准》GB 50164—2011将混凝土的强度按照混凝土立方体抗压强度标准值分为若干等级，即强度等级。普通混凝土共划分为C15、C20、C25、C30、C35、C40、C45、C50、C55、C60、C65、C70、C75、C80、C85、C90、C95、C100十九个强度等级。其中"C"表示混凝土，C后面的数字表示混凝土立方体抗压强度标准值（$f_{cu,k}$）。如C30表示混凝土立方体抗压强度标准值30MPa≤$f_{cu,k}$＜35MPa。

② 混凝土轴心抗压强度

在实际工程中，混凝土结构构件大部分是棱柱体或圆柱体。为了能更好地反映混凝土的实际抗压性能，在计算钢筋混凝土构件承载力时，常采用混凝土的轴心抗压强度作为设计依据。

混凝土的轴心抗压强度是采用150mm×150mm×300mm的棱柱体作为标准试件，在标准条件（温度为20±2℃，相对湿度95%以上）下养护28d，采用标准试验方法测得的抗压强度值。

③ 混凝土的抗拉强度

我国目前常采用劈裂试验方法测定混凝土的抗拉强度。劈裂试验方法是采用边长为150mm的立方体标准试件，按规定的劈裂拉伸试验方法测定混凝土的劈裂抗拉强度。

(3) 混凝土的耐蚀性

混凝土抵抗其自身因素和环境因素的长期破坏，保持其原有性能的能力，称为耐蚀性。混凝土的耐蚀性主要包括抗渗性、抗冻性、耐久性、抗碳化、抗碱-骨料反应等方面。

1）抗渗性

混凝土抵抗压力液体（水或油）等渗透本体的能力称为抗渗性。

混凝土的抗渗性用抗渗等级表示。抗渗等级是以28d龄期的标准试件，用标准试验方法进行试验，以每组六个试件，四个试件未出现渗水时，所能承受的最大静水压（单位：MPa）来确定。混凝土的抗渗等级用代号 P 表示，分为 P4、P6、P8、P10、P12 和＞P12 六个等级，它们分别表示混凝土抵抗 0.4、0.6、0.8、1.0、1.2 和＞1.2MPa 的液体压力而不渗水。

2）抗冻性

混凝土在吸水饱和状态下，抵抗多次反复冻融循环而不破坏，同时也不严重降低其各种性能的能力，称为抗冻性。

混凝土的抗冻性用抗冻等级表示。抗冻等级是以 28d 龄期的混凝土标准试件，在浸水饱和状态下，进行冻融循环试验，以抗压强度损失不超过 25％，同时质量损失不超过 5％时，所能承受的最大的冻融循环次数来确定。混凝土抗冻等级用 F 表示，分为 F50、F100、F150、F200、F250、F300、F350、F400 和＞F400 九个等级。它们分别表示混凝土在强度损失不超过 25％，质量损失不超过 5％时，所能承受的最大冻融循环次数为：50、100、150、200、250、300、350、400 和＞400 次。

3）耐蚀性

混凝土在外界各种侵蚀介质作用下，抵抗破坏的能力，称为混凝土的耐蚀性。当工程所处环境存在侵蚀介质时，对混凝土必须提出耐蚀性要求。

2. 普通混凝土的组成材料及其主要技术要求

普通混凝土的组成材料有水泥、砂子、石子、水、外加剂或掺合料。前四种材料是组成混凝土所必需的材料，后两种材料可根据混凝土性能的需要有选择性的添加。

（1）水泥

水泥是混凝土组成材料中最重要的材料，也是成本支出最多的材料，更是影响混凝土强度、耐久性最重要的影响因素。

水泥品种应根据工程性质与特点、所处的环境条件及施工所处条件及水泥特性合理选择。配制一般的混凝土可以选用硅酸盐水泥、普通硅酸盐水泥、矿渣硅酸盐水泥、火山灰质硅酸盐水泥及粉煤灰硅酸水泥、复合硅酸盐水泥等通用水泥。

水泥强度等级的选择应根据混凝土强度的要求来确定，低强度混凝土应选择低强度等级的水泥，高强度混凝土应选择高强度等级的水泥。因为若采用低强度等级的水泥配制高强度混凝土，不仅会使水泥的用量过大而不经济，而且由于水泥用量过多，还会引起混凝土的收缩和水化热增大；若采用高强度等级的水泥配制低强度混凝土，会因水泥用量过少而影响混凝土拌合物的和易性（不便于施工操作）和密实度，导致混凝土的强度及耐久性降低。一般情况下，中、低强度的混凝土（≤C30），水泥强度等级为混凝土强度等级的 1.5～2.0 倍；高强度混凝土，水泥强度等级与混凝土强度等级之比可小于 1.5，但不能低于 0.8。

（2）细骨料

细骨料是指公称直径小于 5.00mm 的岩石颗粒，通常称为砂。根据生产过程特点不同，砂可分为天然砂、人工砂和混合砂。天然砂包括河砂、湖砂、山砂和海砂。混合砂是天然砂与人工砂按一定比例组合而成的砂。

1）有害杂质含量

配制混凝土的砂子要求清洁不含杂质。国家标准对砂中的云母、轻物质、硫化物及硫酸盐、有机物、氯化物等各有害物含量以及海砂中的贝壳含量做了规定。

2）含泥量、石粉含量和泥块含量

含泥量是指天然砂中公称粒径小于 $80\mu m$ 的颗粒含量。泥块含量是指砂中公称粒径大于 $1.25mm$，经水浸洗、手捏后变成小于 $630\mu m$ 的颗粒含量。石粉含量是指人工砂中公称粒径小于 $80\mu m$ 的颗粒含量。国家标准对含泥量、石粉含量和泥块含量做了规定。

3）坚固性

砂的坚固性是指砂在自然风化和其他外界物理、化学因素作用下，抵抗破坏的能力。

天然砂的坚固性用硫酸钠溶液法检验，砂样经 5 次循环后其质量损失应符合国家标准的规定。

人工砂的坚固性采用压碎指标值来判断砂的坚固性。

4）砂的表观密度、堆积密度、空隙率

砂的表观密度大于 $2500kg/m^3$，松散堆积密度大于 $1350kg/m^3$，空隙率小于 47%。

5）粗细程度及颗粒级配

粗细程度是指不同粒径的砂混合后，总体的粗细程度。质量相同时，粗砂的总表面积小，包裹砂表面所需的水泥浆就越少，反之细砂总表面积大，包裹砂表面所需的水泥浆量就多。因此，和易性一定时，采用粗砂配制混凝土，可减少拌合用水量，节约水泥用量。但砂过粗易使混凝土拌合物产生分层、离析和泌水等现象。

颗粒级配是指粒径大小不同的砂粒互相搭配的情况。如图 2-1 所示，级配良好的砂，不同粒径的砂相互搭配，逐级填充使砂更密实，空隙率更小，可节省水泥并使混凝土结构密实，和易性、强度、耐久性得以加强，还可减少混凝土的干缩及徐变。

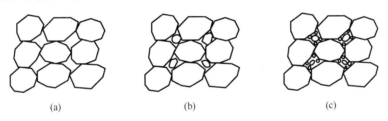

图 2-1 砂的颗粒级配图
(a) 相同粒径堆积；(b) 两种不同粒径堆积；(c) 多种不同粒径堆积

（3）粗骨料

粗骨料是指公称直径大于 $5.00mm$ 的岩石颗粒，通常称为石子。其中天然形成的石子称为卵石，人工破碎而成的石子称为碎石。

1）泥、泥块及有害物质含量

粗骨料中泥、泥块含量以及硫化物、硫酸盐含量、有机物等有害物质含量应符合国家标准规定。

2）颗粒形状

卵石及碎石的形状以接近卵形或立方体为较好。针状颗粒和片状颗粒不仅本身容易折断，而且使空隙率增大，影响混凝土的质量，因此，国家标准对粗骨料中针、片状颗粒的含量做了规定。

3）强度

为保证混凝土的强度，粗骨料必须具有足够的强度。粗骨料的强度指标有两个，一是岩石抗压强度；二是压碎指标值。

4）坚固性

坚固性是指卵石、碎石在自然风化和其他外界物理化学作用下抵抗破裂的能力。有抗冻性要求的混凝土所用粗骨料，要求测定其坚固性。

（4）水

混凝土用水包括混凝土拌制用水和养护用水。按水源不同分为饮用水、地表水、地下水、海水及经处理过的工业废水。地表水和地下水常溶有较多的有机质和矿物盐类；海水中含有较多硫酸盐，会降低混凝土后期强度，且影响抗冻性，同时，海水中含有大量氯盐，对混凝土中钢筋锈蚀有加速作用。

混凝土用水应优先采用符合国家标准的饮用水。在节约用水，保护环境的原则下，鼓励采用检验合格的中水（净化水）拌制混凝土。混凝土用水中各杂质的含量应符合国家标准的规定。

3. 轻混凝土、高性能混凝土、预拌混凝土的特性及应用

（1）轻混凝土

轻混凝土是指干密度小于 $2000kg/m^3$ 的混凝土，包括轻骨料混凝土、多孔混凝土和大孔混凝土。

骨料粒径为 5mm 以上，堆积密度小于 $1000kg/m^3$ 的轻质骨料，称为轻粗骨料。粒径小于 5mm，堆积密度小于 $1200kg/m^3$ 的轻质骨料，称为轻细骨料。用轻粗骨料、轻细骨料（或普通砂）和水泥配制而成的混凝土，其干表观密度不大于 $1950kg/m^3$，称为轻骨料混凝土。当粗细骨料均为轻骨料时，称为全轻混凝土；当细骨料为普通砂时，称砂轻混凝土。轻骨料混凝土采用浮石、陶粒、煤渣、膨胀珍珠岩等轻骨料制成。

多孔混凝土以水泥、混合材料、水及适量的发泡剂（铝粉等）或泡沫剂为原料配制而成，是一种内部均匀分布细小气孔而无骨料的混凝土。

大孔混凝土以粒径相近的粗骨料、水泥、水配制而成，有时加入外加剂。

轻混凝土的主要特性为：

1）表观密度小。轻混凝土与普通混凝土相比，其表观密度一般可减小 1/4～3/4。

2）保温性能良好。轻混凝土通常具有良好的保温性能，降低建筑物使用能耗。

3）耐火性能良好。轻混凝土的热膨胀系数小，遇火强度损失小，故特别适用于耐火等级要求高的高层建筑和工业建筑。

4）力学性能良好。轻混凝土的弹性模量较小、受力变形较大，抗裂性较好，能有效吸收地震能，提高建筑物的抗震能力，故适用于有抗震要求的建筑。

5）易于加工。轻混凝土尤其是多孔混凝土，易于打入钉子和进行锯切加工。这对于施工中固定门窗框、安装管道和电线等带来很大方便。

轻混凝土主要用于非承重的墙体及保温、隔声材料。轻骨料混凝土还可用于承重结构，以达到减轻自重的目的。

（2）高性能混凝土

高性能混凝土是指具有高耐久性和良好的工作性，早期强度高而后期强度不倒缩，体

积稳定性好的混凝土。

高性能混凝土的主要特性为：

1）具有一定的强度和高抗渗能力。

2）具有良好的工作性。混凝土拌合物流动性好，在成型过程中不分层、不离析，从而具有很好的填充性和自密实性能。

3）耐久性好。高性能混凝土的耐久性明显优于普通混凝土，能够使混凝土结构安全可靠地工作50～100年以上。

4）具有较高的体积稳定性，即混凝土在硬化早期应具有较低的水化热，硬化后期具有较小的收缩变形。

高性能混凝土是水泥混凝土的发展方向之一，它被广泛地用于桥梁、高层建筑、工业厂房结构、港口及海洋、水工结构等工程中。

(3) 预拌混凝土

预拌混凝土也称商品混凝土，是指由水泥、骨料、水以及根据需要掺入的外加剂、矿物掺合料等组分按一定比例，在搅拌站经计量、拌制后出售的并采用运输车，在规定时间内运至使用地点的混凝土拌合物。

预拌混凝土设备利用率高，计量准确，产品质量好、材料消耗少、工效高、成本较低，又能改善劳动条件，减少环境污染。

4. 常用混凝土外加剂的品种及应用

(1) 混凝土外加剂的分类

外加剂按照其主要功能分为八类：高性能减水剂、高效减水剂、普通减水剂、引气减水剂、泵送剂、早强剂、缓凝剂、引气剂。

外加剂按主要使用功能分为四类：①改善混凝土拌合物流变性的外加剂，包括减水剂、泵送剂等；②调节混凝土凝结时间、硬化性能的外加剂，包括缓凝剂、速凝剂、早强剂等；③改善混凝土耐久性的外加剂，包括引气剂、防水剂、阻锈剂和矿物外加剂等；④改善混凝土其他性能的外加剂，包括加气剂、膨胀剂、防冻剂和着色剂等。

(2) 混凝土外加剂的常用品种及应用

1）减水剂

减水剂是使用最广泛、品种最多的一种外加剂。按其用途不同，又可分为普通减水剂、高效减水剂、早强减水剂、缓凝减水剂、缓凝高效减水剂、引气减水剂等。

常用减水剂的应用见表2-5。

2）早强剂

早强剂是能加速水泥水化和硬化，促进混凝土早期强度增长的外加剂，可缩短混凝土养护龄期，加快施工进度，提高模板和场地周转率。

目前，常用的早强剂有氯盐类、硫酸盐类和有机胺类。

① 氯盐类早强剂

氯盐类早强剂主要有氯化钙（$CaCl_2$）和氯化钠（$NaCl$），其中氯化钙是国内外应用最为广泛的一种早强剂。为了抑制氯化钙对钢筋的腐蚀作用，常将氯化钙与阻锈剂$NaNO_2$复合使用。

常用减水剂的应用　　　　　　　　　　表 2-5

种类	木质素系	萘系	树脂系	糖蜜系
类别	普通减水剂	高效减水剂	早强减水剂	缓凝减水剂
适宜掺量（占水泥重%）	0.2～0.3	0.2～1.2	0.5～2	0.1～3
减水量	10%～11%	12%～25%	20%～30%	6%～10%
早强效果	—	显著	显著（7d可达28d强度）	—
缓凝效果	1～3h	—	—	3h 以上
引气效果	1%～2%	部分品种<2%	—	—
适用范围	一般混凝土工程及大模板、滑模、泵送、大体积及雨期施工的混凝土工程	适用于所有混凝土工程，更适于配制高强混凝土及流态混凝土，泵送混凝土，冬期施工混凝土	因价格昂贵，宜用于特殊要求的混凝土工程，如高强混凝土，早强混凝土，流态混凝土等	一般混凝土工程

② 硫酸盐类早强剂

硫酸盐类早强剂包括硫酸钠（Na_2SO_4）、硫代硫酸钠（$Na_2S_2O_3$）、硫酸钙（$CaSO_4$）、硫酸钾（K_2SO_4）、硫酸铝[$Al_2(SO_2)_3$]等，其中 Na_2SO_4 应用最广。

③ 有机胺类早强剂

有机胺类早强剂有三乙醇胺、三异丙醇胺等，最常用的是三乙醇胺。

④ 复合早强剂

以上三类早强剂在使用时，通常复合使用。复合早强剂往往比单组分早强剂具有更优良的早强效果，掺量也可以比单组分早强剂有所降低。

3) 缓凝剂

缓凝剂是可在较长时间内保持混凝土工作性，延缓混凝土凝结和硬化时间的外加剂。

缓凝剂可分为无机和有机两大类。缓凝剂的品种有糖类（如糖钙）、木质素磺酸盐类（如木质素磺酸盐钙）、羟基羧酸及其盐类（如柠檬酸、酒石酸钾钠等）、无机盐类（如锌盐、硼酸盐）等。

缓凝剂适用于长时间运输的混凝土、高温季节施工的混凝土、泵送混凝土、滑模施工混凝土、大体积混凝土、分层浇筑的混凝土等，不适用于5℃以下施工的混凝土，也不适用于有早强要求的混凝土及蒸养混凝土。

4) 引气剂

引气剂是一种在搅拌过程中具有在砂浆或混凝土中引入大量、均匀分布的微气泡，而且在硬化后能保留在其中的一种外加剂。加入引气剂，可以改善混凝土拌合物的和易性，显著提高混凝土的抗冻性和抗渗性，但会降低弹性模量及强度。

引气剂主要有松香树脂类、烷基苯磺酸盐类和脂醇磺酸盐类，其中松香树脂类中的松香热聚物和松香皂应用最多。

引气剂适用于配制抗冻混凝土、泵送混凝土、港口混凝土、防水混凝土以及骨料质量差、泌水严重的混凝土，不适宜配制蒸汽养护的混凝土。

5）膨胀剂

膨胀剂是能使混凝土产生一定体积膨胀的外加剂。常用的膨胀剂种类有硫铝酸钙类、氧化钙类、硫铝酸-氧化钙类等。

6）防冻剂

防冻剂是能使混凝土在负温下硬化并能在规定条件下达到预期性能的外加剂。常用防冻剂有氯盐类（氯化钙、氯化钠、氯化氮等）；氯盐阻锈类；氯盐与阻锈剂（亚硝酸钠）为主复合的外加剂；无氯盐类（硝酸盐、亚硝酸盐、乙酸钠、尿素等）。

7）泵送剂

泵送剂是改善混凝土泵送性能的外加剂。它由减水剂、调凝剂、引气剂、润滑剂等多种组分复合而成。

8）速凝剂

速凝剂是使混凝土迅速凝结和硬化的外加剂，能使混凝土在5min内初凝，10min内终凝，60min产生强度。

速凝剂主要用于喷射混凝土、堵漏等。

（三）砂浆

1. 砂浆的分类、特性及应用

建筑砂浆是由胶凝材料、细骨料、掺加料和水配制而成的建筑工程材料。

根据所用胶凝材料的不同，建筑砂浆可分为水泥砂浆、石灰砂浆和混合砂浆（包括水泥石灰砂浆、水泥黏土砂浆、石灰黏土砂浆、石灰粉煤灰砂浆等）等。根据用途又分为砌筑砂浆和抹面砂浆。抹面砂浆包括普通抹面砂浆、装饰抹面砂浆、特种砂浆（如防水砂浆、耐酸砂浆、绝热砂浆、吸声砂浆等）。

水泥砂浆强度高，耐久性和耐火性好，但其流动性和保水性差，施工相对较困难，常用于地下结构或经常受水侵蚀的砌体部位。

混合砂浆强度较高，且耐久性、流动性和保水性均较好，便于施工，容易保证施工质量，是砌体结构房屋中常用的砂浆。

石灰砂浆强度较低，耐久性差，但流动性和保水性较好，可用于砌筑较干燥环境下的砌体。黏土石灰砂浆强度低，耐久性差，一般用于临时建筑或简易房屋中。

2. 砌筑砂浆的主要技术性质

砌筑砂浆的技术性质主要包括新拌砂浆的密度、和易性，硬化砂浆强度和对基面的粘结力、抗冻性、收缩值等指标。下面只介绍新拌砂浆的和易性和硬化砂浆的强度：

1）新拌砂浆的和易性

新拌砂浆的和易性是指砂浆易于施工并能保证质量的综合性质。和易性好的砂浆不仅在运输和施工过程中不易产生分层、离析、泌水，而且能在粗糙的砖、石基面上铺成均匀的薄层，与基层保持良好的粘结，便于施工操作。和易性包括流动性和保水性两个方面。

砂浆的流动性（又称稠度），是指砂浆在自重或外力作用下产生流动的性能。流动性的大小用"沉入度"表示，通常用砂浆稠度测定仪测定。

砂浆流动性的选择与砌体种类、施工方法及天气情况有关。流动性过大，砂浆太稀，过稀的砂浆不仅铺砌困难，而且硬化后强度降低；流动性过小，砂浆太稠，难于铺平。

新拌砂浆能够保持内部水分不泌出流失的能力，称为砂浆保水性。保水性良好的砂浆水分不易流失，易于摊铺成均匀密实的砂浆层；反之，保水性差的砂浆，在施工过程中容易泌水、分层离析，使流动性变差；同时由于水分易被砌体吸收，影响胶凝材料的正常硬化，从而降低砂浆的粘结强度。砂浆的保水性用保水率（％）表示。

2) 硬化砂浆的强度

砂浆的强度是以 3 个 70.7mm×70.7mm×70.7mm 的立方体试块，在标准条件下养护 28d 后，用标准方法测得的抗压强度（MPa）算术平均值来评定的。

砂浆的强度等级分为 M5、M7.5、M10、M15、M20、M25、M30 七个等级。

3. 砌筑砂浆的组成材料及其技术要求

(1) 胶凝材料

砌筑砂浆主要的胶凝材料是水泥，常用的水泥种类有普通水泥、矿渣水泥、火山灰水泥、粉煤灰水泥和砌筑水泥等。砌筑砂浆用水泥的强度等级应根据砂浆品种及强度等级的要求进行选择。M15 及以下强度等级的砌筑砂浆宜选用 32.5 级通用硅酸盐水泥或砌筑水泥；M15 以上强度等级的砌筑砂浆宜选用 42.5 级通用硅酸盐水泥。

(2) 细骨料

砌筑砂浆常用的细骨料为普通砂。除毛石砌体宜选用粗砂外，其他一般宜选用中砂。砂的含泥量不应超过 5％。

(3) 水

拌合砂浆用水应符合现行行业标准《混凝土用水标准》JGJ 63—2006 的规定。应选用不含有害杂质的洁净水来拌制砂浆。

(4) 掺加料

为了改善砂浆的和易性和节约水泥，可在砂浆中加入一些无机掺加料，如石灰膏、电石膏、粉煤灰等。

生石灰熟化成石灰膏时，应用孔径不大于 3mm×3mm 的网过滤，熟化时间不得少于 7d；磨细生石灰粉的熟化时间不得少于 2d。沉淀池中贮存的石灰膏，应采取防止干燥、冻结和污染的措施。严禁使用脱水硬化的石灰膏。

制作电石膏的电石渣应用孔径不大于 3mm×3mm 的网过滤，检验时应加热至 70℃并保持 20min，没有乙炔气味后，方可使用。

消石灰粉不得直接用于砌筑砂浆中。

石灰膏和电石膏试配时的稠度，应为 120±5mm。

粉煤灰的品质指标应符合《用于水泥和混凝土中的粉煤灰》GB/T 1596—2017 的规定。

(5) 外加剂

为了使砂浆具有良好的和易性及其他施工性能，可在砂浆中掺入某些外加剂，如有机塑化剂、引气剂、早强剂、缓凝剂、防冻剂等。

（四）石材、砖和砌块

1. 石材的分类及应用

天然石材是由采自地壳的岩石经加工或不加工而制成的材料。

按岩石的成因，石材可以分为三类。由地球内部的岩浆上升到地表附近或喷出地表，冷却凝结而成的岩石称为岩浆岩，如花岗岩、玄武岩。由岩石风化后再沉积、胶结而成的岩石称为沉积岩，如石灰岩、页岩、砂岩。岩浆岩或沉积岩经过地质上的变质作用而形成的岩石称为变质岩，如大理岩、石英岩。

按岩石强度，石材可以分为硬石、次硬石和软石三类。花岗岩、安山岩、大理岩等属硬石，软质安山岩、硬质砂岩等属于次硬岩，凝灰岩等属于软石。

按岩石形状，石材可分为砌筑用石材和装饰用石材。装饰用石材主要为板材。砌筑用石材按加工后的外形规则程度分为料石和毛石两类。而料石又可分为细料石、粗料石和毛料石。

细料石通过细加工，外形规则，叠砌面凹入深度不应大于10mm，截面的宽度、高度不应小于200mm，且不应小于长度的1/4。

粗料石规格尺寸同细料石，但叠砌面凹入深度不应大于20mm。

毛料石外形大致方正，一般不加工或稍加修整，高度不应小于200mm，叠砌面凹入深度不应大于25mm。

毛石指形状不规则，中部厚度不小于200mm的石材。

砌筑用石材主要用于建筑物基础、挡土墙等，也可用于建筑物墙体。

装饰用石材主要用于公共建筑或装饰等级要求较高的室内外装饰工程。

2. 砖的分类、主要技术要求及应用

砌墙砖按规格、孔洞率及孔的大小，分为普通砖、多孔砖和空心砖；按工艺不同又分为烧结砖和非烧结砖。

（1）烧结砖

1）烧结普通砖

以煤矸石、页岩、粉煤灰或黏土为主要原料，经成型、焙烧而成的实心砖，称为烧结普通砖。

① 主要技术要求

A. 尺寸规格。烧结普通砖的标准尺寸是 240mm×115mm×53mm。

B. 强度等级。烧结普通砖按抗压强度分为 MU30、MU25、MU20、MU15、MU10 五个强度等级。

C. 质量等级。强度、抗风化性能和放射性物质合格的砖，根据尺寸偏差、外观质量、

泛霜和石灰爆裂等指标，分为优等品（A）、一等品（B）、合格品（C）3个等级。烧结普通砖的质量等级见表2-6。

烧结普通砖的质量等级 表2-6

项目	优等品		一等品		合格品	
	样本平均偏差	样本极差≤	样本平均偏差	样本极差≤	样本平均偏差	样本极差≤
(1) 尺寸偏差/mm						
公称尺寸240	±2.0	6	±2.5	7	±3.0	8
115	±1.5	5	±2.0	6	±2.5	7
53	±1.5	4	±1.6	5	±2.0	6
(2) 外观质量						
两条面高度差≤	2		3		4	
弯曲≤	2		3		4	
杂质凸出高度≤	2		3		4	
缺棱掉角的3个破坏尺寸，不得同时大于裂纹长度≤	5		20		30	
a. 大面上宽度方向及其延伸至条面的长度	30		60		80	
b. 大面上长度方向及其延伸至顶面的长度或条顶面上水平裂纹的长度	50		80		100	
完整面不得少于	两条面和两顶面		一条面和一顶面		—	
颜色	基本一致					
(3) 泛霜	无泛霜		不允许出现中等泛霜		不允许出现严重泛霜	
(4) 石灰爆裂	不允许出现最大破坏尺寸大于2mm的爆裂区域		a. 最大破坏尺寸大于2mm且小于等于10mm的爆裂区域，每组砖样不得多于15处 b. 不允许出现最大破坏尺寸大于10mm的爆裂区域		a. 最大破坏尺寸大于2mm且小于等于15mm的爆裂区域，每组砖样不得多于15处，其中大于10mm的不得多于7处 b. 不允许出现最大破坏尺寸大于15mm的爆裂区域	

注：① 为装饰而施加的色差、凹凸纹、拉毛、压花等不算缺陷。
② 凡有下列缺陷之一者，不得称为完整面。
　a. 缺损在条面或顶面上造成的破坏面尺寸同时大于10mm×10mm。
　b. 条面或顶面上裂纹宽度大于1mm，其长度超过30mm。
　c. 压陷、黏底、焦花在条面或顶面上的凹陷或凸出超过2mm，区域尺寸同时大于10mm×10mm。
③ 泛霜是指可溶性盐类（如硫酸盐等）在砖或砌块表面的析出现象，一般呈白色粉末、絮团或絮片状。
④ 石灰爆裂是指烧结砖的砂质黏土原料中夹杂着石灰石，焙烧时被烧成生石灰块，在使用过程中吸水消化成熟石灰，体积膨胀，导致砖块裂缝，严重时甚至使砌体强度降低，直至破坏。

② 烧结普通砖的应用

烧结普通砖是传统墙体材料。烧结普通砖主要用于砌筑建筑物的内墙、外墙、柱、烟囱和窑炉。目前，我国正大力推广墙体材料改革，禁止使用黏土实心砖。

2）烧结多孔砖

烧结多孔砖是以煤矸石、页岩、粉煤灰或黏土为主要原料，经成型、焙烧而成的，空洞率不大于35%的砖。

① 主要技术要求

A. 规格。砖的外形为直角六面体，其长度、宽度、高度尺寸应符合下列要求：290、240、190、180、175、140、115、90mm。其他规格尺寸由供需双方协商确定。典型烧结多孔砖规格有 190mm×190mm×90mm（M 型）和 240mm×115mm×90mm（P 型）两种，如图 2-2 所示。

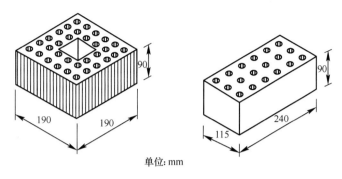

图 2-2 典型规格烧结多孔砖

B. 强度等级。烧结多孔砖根据抗压强度分为 MU30、MU25、MU20、MU15、MU10 五个强度等级，评定方法与烧结普通砖的评定方法相同。

C. 质量等级。强度和抗风化性能合格的砖，根据尺寸偏差、外观质量、孔型及孔洞排列、泛霜、石灰爆裂分为优等品（A）、一等品（B）和合格品（C）三个质量等级。烧结多孔砖的外观质量和尺寸偏差，见表 2-7、表 2-8。

烧结多孔砖的外观质量　　　　　　　　　　　　　　　　　表 2-7

项目		优等品	一等品	合格品
颜色（一条面和一顶面）		一致	基本一致	—
缺棱掉角的 3 个最大尺寸/不得同时大于		15	20	30
裂纹长度/mm≤	大面上深入孔壁 15mm 以上，宽度方向及其延伸到条面的长度	60	60	60
	大面上深入孔壁 15mm 以上，宽度方向及其延伸到顶面的长度	60	80	100
	条、顶面上的水平裂纹	80	100	120
杂质在砖面上造成的突出高度/mm≤		3	4	5

注：① 所有孔宽应相等，孔长≤50mm，孔洞排列上下左右应对称，分布均匀。
② 手抓孔长度方向必须平行于条面。
③ 矩形孔的孔长大于或等于 3 倍的孔宽。
④ 不允许出现欠火砖、酥砖及螺纹砖。

烧结多孔砖的尺寸偏差　　　　　　　　　　　　　　　　　表 2-8

公称尺寸/mm	优等品		一等品		合格品	
	偏差平均值/mm	极值/mm≤	偏差平均值/mm	极值/mm≤	偏差平均值/mm	极值/mm≤
290、240	±2.0	8	±2.5	7	±3.0	8
190、180、175、140、115	±1.5	5	±2.0	6	±2.5	7
90	±1.5	4	±1.7	5	±2.0	6
孔型	矩形孔或矩形条孔				矩形孔或其他孔型	
孔洞率	大于或等于 25%					
孔洞排列	交错排列				—	

② 烧结多孔砖的应用

烧结多孔砖可以用于承重墙体。优等品可用于墙体装饰和清水墙砌筑,一等品和合格品可用于混水墙,中等泛霜的砖不得用于潮湿部位。

3) 烧结空心砖

烧结空心砖是以黏土、页岩、煤矸石等为主要原料,经焙烧制成的空洞率≥35%的砖。

① 主要技术要求

烧结空心砖的长、宽、高应符合以下系列:290、190(140)、90mm;240、180(175)、115mm。

根据孔洞及排数、尺寸偏差、外观质量、强度等级和物理性能分为优等品(A)、一等品(B)、合格品(C)三个等级。

烧结空心砖的强度等级分为MU5.0、MU3.0、MU2.5。

② 烧结空心砖的应用

烧结空心砖主要用作非承重墙,如多层建筑内隔墙或框架结构的填充墙等。使用空心砖强度等级不低于MU3.5,最好在MU5以上,孔洞率应大于45%,以横孔方向砌筑。

(2) 非烧结砖

不经焙烧而制成的砖均为非烧结砖。目前非烧结砖主要有蒸养砖、蒸压砖、碳化砖等,根据生产原材料区分主要有灰砂砖、粉煤灰砖、炉渣砖、混凝土砖等。

1) 蒸压灰砂砖

蒸压灰砂砖简称灰砂砖,是指以石灰等钙质材料和砂等硅质材料为主要原料,经坯料制备、压制排气成型、高压蒸汽养护而成的实心砖。

蒸压灰砂砖的尺寸规格为240mm×115mm×53mm,其表观密度为1800~1900kg/m³,根据产品的尺寸偏差和外观分为优等品(A)、一等品(B)、合格品(C)三个等级。

根据浸水24h后的抗压和抗折强度,蒸压灰砂砖的强度等级分为MU25、MU20、MU15、MU10。

蒸压灰砂砖主要用于工业与民用建筑的墙体和基础。蒸压灰砂砖不得用于长期受热200℃以上、受急冷、受急热或有酸性介质侵蚀的环境,也不宜用于受流水冲刷的部位。

2) 蒸压粉煤灰砖

蒸压粉煤灰砖简称粉煤灰砖,是以石灰、消石灰(如电石渣)或水泥等钙质材料与粉煤灰等硅质材料及集料(砂等)为主要原料,掺加适量石膏,经坯料制备、压制排气成型、高压蒸汽养护而成的实心砖。

粉煤灰砖的尺寸规格为240mm×115mm×53mm,表观密度为1500kg/m³。按抗压强度和抗折强度,粉煤灰砖的强度等级分为MU20、MU15、MU10、MU7.5。按外观质量、强度、抗冻性和干燥收缩分为优等品(A)、一等品(B)、合格品(C)三个产品等级。

粉煤灰砖可用于工业与民用建筑的基础和墙体,但在易受冻融和干湿交替的部位必须使用优等品或一等品砖。用于易受冻融作用的部位时要进行抗冻性检验,并采取适当措施以提高其耐久性。长期受高于200℃作用，或受冷热交替作用，或有酸性侵蚀的建筑部位不得使用粉煤灰砖。

3) 蒸压炉渣砖

蒸压炉渣砖简称炉渣砖，是以煤燃烧后的残渣为主要原料，配以一定数量的石灰和少量石膏，经加水搅拌混合、压制成型、蒸养或蒸压养护而制成的实心砖。

炉渣砖的外形尺寸同普通黏土砖240mm×115mm×53mm。根据抗压强度和抗折强度，蒸压炉渣砖的强度等级分为MU25、MU20、MU15和MU10。质量等级分为优等品（A）、一等品（B）、合格品（C）三个等级。

炉渣砖可用于一般工业与民用建筑的墙体和基础。但用于基础或易受冻融和干湿交替作用的建筑部位必须使用MU15及以上强度等级的砖；炉渣砖不得用于长期受热在200℃以上或受急冷急热或有侵蚀性介质的部位。

4) 混凝土砖

混凝土普通砖是以水泥和普通骨料或轻骨料为主要原料，经原料制备、加压或振动加压、养护而制成。其规格与黏土实心砖相同，用于工业与民用建筑基础和承重墙体。混凝土普通砖的强度等级分为MU30、MU25、MU20和MU15。

混凝土多孔砖是以水泥为胶结材料，与砂、石（轻骨料）等经加水搅拌、成型和养护而制成的一种具有多排小孔的混凝土制品（图2-3）。产品主规格尺寸为240mm×115mm×90mm，砌筑时可配合使用半砖（120mm×115mm×90mm）、七分砖（180mm×115mm×90mm）或与主规格尺寸相同的实心砖等。强度等级分为MU30、MU25、MU20、MU15。

图2-3 混凝土多孔砖（240mm×115mm×90mm）

3. 砌块的分类、主要技术要求及应用

砌块按产品主规格的尺寸，可分为大型砌块（高度大于980mm）、中型砌块（高度为380~980mm）和小型砌块（高度大于115mm、小于380mm）。按有无孔洞可分为实心砌块和空心砌块。空心砌块的空心率≥25%。

目前在国内推广应用较为普遍的砌块有蒸压加气混凝土砌块、混凝土小型空心砌块、粉煤灰砌块、石膏砌块等。

（1）蒸压加气混凝土砌块

蒸压加气混凝土砌块是钙质材料（水泥、石灰等）和硅质材料（矿渣和粉煤灰）加入铝粉（作加气剂），经蒸压养护而成的多孔轻质块体材料，简称加气混凝土砌块。

1) 技术要求

蒸压加气混凝土砌块的尺寸规格为：长度600mm，高度200、240、250、300mm，宽度100、120、125、150、180、200、240、250、300mm。

蒸压加气混凝土砌块的强度级别分为A1.0、A2.0、A2.5、A3.5、A5.0、A7.5、A10.0七个等级。

按尺寸偏差与外观质量、干密度、抗压强度和抗冻性，蒸压加气混凝土砌块的质量等级分为优等品、合格品。

2) 应用

蒸压加气混凝土砌块适用于低层建筑的承重墙，多层建筑和高层建筑的隔离墙、填充墙及工业建筑物的围护墙体和绝热墙体。

(2) 普通混凝土小型空心砌块

混凝土小型空心砌块是以水泥为胶凝材料，砂、碎石或卵石、煤矸石、炉渣为骨料，经加水搅拌、振动加压或冲压成型、养护而成的小型砌块。混凝土小型空心砌块如图 2-4 所示。

混凝土小型空心砌块主规格尺寸为 390mm×190mm×190mm、390mm×240mm×190mm，最小外壁厚不应小于 30mm，最小肋厚不应小于 25mm。

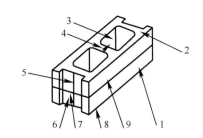

图 2-4 混凝土小型空心砌块

1—条面；2—坐浆面（肋厚较小的面）；3—壁；4—肋；5—高度；6—顶面；7—宽度；8—铺浆面（肋厚较大的面）；9—长度

混凝土小型空心砌块的强度等级分为 MU3.5、MU5.0、MU7.5、MU10.0、MU15.0、MU20.0 六级，质量等级分为优等品（A）、一等品（B）、合格品（C）。

混凝土小型空心砌块建筑体系比较灵活，砌筑方便，主要用于建筑的内外墙体。

（五）金属材料

1. 钢材的主要技术性能

钢材的技术性能主要包括力学性能（抗拉性能、冲击韧性、耐疲劳和硬度等）和工艺性能（冷弯和焊接）。

(1) 力学性能

力学性能又称机械性能，是钢材最重要的使用性能。

① 抗拉性能

抗拉性能是建筑钢材最重要的技术性质。其技术指标为由拉力试验测定的屈服强度、抗拉强度和伸长率。

低碳钢受拉时的应力-应变关系曲线如图 2-5 所示。从图中可以看出，低碳钢从受拉至拉断，经历了四个阶段：弹性阶段（O—A）、屈服阶段（A—B）、强化阶段（B—C）和颈缩阶段（C—D）。

A. 屈服强度。当试件拉力在 OB 范围内时，如卸去拉力，试件能恢复原状，应力与应变的比值为常数，因此，该阶段被称为弹性阶段。当对试件的拉伸进入塑性变形的屈服阶段 AB 时，称屈服下限 B 点所对应的应力为屈服

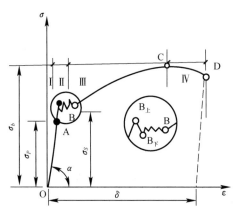

图 2-5 低碳钢受拉时的应力-应变图

强度或屈服点，记作 σ_s。

中碳钢与高碳钢（硬钢）的拉伸曲线与低碳钢不同，屈服现象不明显，难以测定屈服点，则规定产生残余变形为原标距长度的 0.2% 时所对应的应力值，作为硬钢的屈服强度，也称条件屈服点，用 $\sigma_{0.2}$ 表示，如图 2-6 所示。

B. 抗拉强度。从图 2-6 中 BC 曲线逐步上升可以看出：试件在屈服阶段以后，其抵抗塑性变形的能力又重新提高，称为强化阶段。对应于最高点 C 的应力称为抗拉强度，用 σ_b 表示。

C. 伸长率。图 2-6 中当曲线到达 C 点后，试件薄弱处急剧缩小，塑性变形迅速增加，产生"颈缩现象"而断裂。将拉断后的试件拼合起来，测定出标距范围内的长度 l_1（mm），其与试件原标距 l_0（mm）之差为塑性变形值，塑性变形值与之比 l_0 称为伸长率，用 δ 表示，如图 2-7 所示。

$$\delta = \frac{l_1 - l_0}{l_0} \times 100\% \tag{2-1}$$

伸长率是衡量钢材塑性的一个重要指标，δ 越大说明钢材的塑性越好。

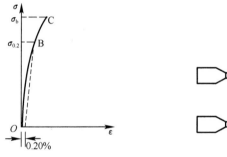

图 2-6　中、高碳钢的应力-应变图

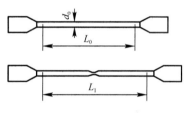

图 2-7　钢材的伸长率

② 冲击韧性

冲击韧性是指钢材抵抗冲击荷载的能力。冲击韧性指标是通过标准试件的弯曲冲击韧性试验确定的。

③ 硬度

钢材的硬度是指其表面局部体积内抵抗外物压入产生塑性变形的能力。常用的测定硬度的方法有布氏法和洛氏法。

布氏硬度试验是利用直径为 D（mm）的淬火钢球，以一定荷载 F（N）将其压入试件表面，经规定的持续时间后卸除荷载，即得到直径为 d（mm）的压痕。以压痕表面积除荷载 F，所得的应力值即为试件的布氏硬度值。布氏硬度的代号为 HB。

洛氏硬度试验是将金刚石圆锥体或钢球等压头，按一定压力压入试件表面，以压头压入试件的深度来表示硬度值。洛氏硬度的代号为 HR。

④ 耐疲劳性

在反复荷载作用下的结构构件，钢材往往在应力远小于抗拉强度时发生断裂，这种现象称为钢材的疲劳破坏。钢材抵抗疲劳破坏的能力称为耐疲劳性。

（2）工艺性能

良好的工艺性能，可以保证钢材顺利通过各种加工，而使钢材制品的质量不受影响。钢材的工艺性能主要包括冷弯性能、焊接性能、冷拉性能、冷拔性能等，下面仅介绍冷弯性能和焊接性能。

1) 冷弯性能

冷弯性能是指钢材在常温下承受弯曲变形的能力。钢材的冷弯性能通过冷弯试验确定。钢材的冷弯性能指标是以试件弯曲的角度（α）和弯心直径对试件厚度（或直径）的比值（d/α）来表示。

2) 焊接性能

钢材的可焊性是指钢材是否适应通常的焊接方法与工艺的性能。可焊性好的钢材指易于用一般焊接方法和工艺施焊，焊口处不易形成裂纹、气孔、夹渣等缺陷；焊接后钢材的力学性能，特别是强度不低于原有钢材，硬脆倾向小。钢材可焊性能的好坏，主要取决于钢的化学成分。含碳量高将增加焊接接头的硬脆性，含碳量小于 0.25% 的碳素钢具有良好的可焊性。

2. 钢结构用钢材的品种

建筑用钢主要有碳素结构钢和低合金结构钢两种。

(1) 钢材的牌号及其表示方法

1) 碳素结构钢

碳素结构钢的牌号由字母 Q、屈服点数值、质量等级代号、脱氧方法代号四个部分组成。其中 Q 是"屈"字汉语拼音的首位字母；屈服点数值（以 N/mm^2 为单位）分为 195、215、235、275；质量等级代号有 A、B、C、D，表示质量由低到高；脱氧方法代号有 F、Z、TZ，分别表示沸腾钢、镇静钢、特殊镇静钢，其中代号 Z、TZ 可以省略不写。钢结构一般采用 Q235 钢，分为 A、B、C、D 四级，A、B 两级有沸腾钢和镇静钢，C 级全部为镇静钢，D 级全部为特殊镇静钢。例如 Q235A 代表屈服强度为 $235N/mm^2$，A 级，镇静钢。

2) 低合金高强度结构钢

低合金高强度结构钢均为镇静钢或特殊镇静钢，所以它的牌号只有 Q、屈服点数值、质量等级三部分。屈服点数值（以 N/mm^2 为单位）分为 295、345、390、420、460。质量等级有 A～E 五个级别。A 级无冲击功要求，B、C、D、E 级均有冲击功要求。不同质量等级对碳、硫、磷、铝等含量的要求也有区别。低合金高强度结构钢的 A、B 级属于镇静钢，C、D、E 级属于特殊镇静钢。例如 Q345E 代表屈服点为 $345N/mm^2$ 的 E 级低合金高强度结构钢。

(2) 钢结构用钢材

钢结构所用钢材主要是型钢和钢板。型钢和钢板的成型有热轧和冷轧两种。

1) 热轧型钢

热轧型钢主要采用碳素结构钢 Q235A，低合金高强度结构钢 Q345 和 Q390 热轧成型。

常用的热轧型钢有角钢、工字钢、槽钢、H 型钢等，如图 2-8 所示。

① 热轧角钢

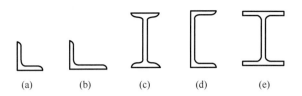

图 2-8 热轧型钢
(a) 等边角钢；(b) 不等边角钢；(c) 工字钢；(d) 槽钢；(e) H 型钢

角钢可分为等边角钢和不等边角钢。

等边角钢的规格以"L"与"边宽度值×边宽度值×厚度值"（mm）表示。如 L200×200×24（简记为 L200×24），表示边宽为 200mm，厚度为 24mm 的等边角钢。

不等边角钢的规格以"L"与"长边宽度值×短边宽度值×厚度值"表示。如 L160×100×16，表示长边宽为 160mm，短边宽为 100mm，厚度为 16mm 的不等边角钢。

② 热轧普通工字钢

工字钢的规格以"I"与腰高度值×腿宽度值×腰厚度值（mm）表示。如 I450×150×11.5（简记为 I45a），表示腰高为 450mm，腿宽为 150mm、腰厚为 11.5mm 的工字钢。

工字钢广泛应用于各种建筑结构和桥梁，主要用于承受横向弯曲（腹板平面内受弯）的杆件，但不易单独用作轴心受压构件或双向弯曲的构件。

③ 热轧普通槽钢

槽钢规格以"["与腰高度值×腿宽度值×腰厚度值（mm）表示。如：[200×75×9（简记为[20b)。

槽钢主要用于承受轴向力的杆件、承受横向弯曲的梁以及联系杆件，主要用于建筑钢结构、车辆制造等。

④ 热轧 H 型钢

H 型钢由工字型钢发展而来。H 型钢的规格型号以"代号腹板高度×翼板宽度×腹板厚度×翼板厚度"（mm）表示，也可用"代号腹板高度×翼板宽度"表示。

与工字型钢相比，H 型钢优化了截面的分布，具有翼缘宽，侧向刚度大，抗弯能力强，翼缘两表面相互平行，连接构造方便，重量轻，节省钢材等优点。

H 型钢分为宽翼缘（代号为 HW）、中翼缘（代号为 HM）和窄翼缘 H 型钢（HN）以及 H 型钢桩（HP）。宽翼缘和中翼缘 H 型钢适用于钢柱等轴心受压构件，窄翼缘 H 型钢适用于钢梁等受弯构件。

2）冷弯薄壁型钢

冷弯薄壁型钢指用钢板或带钢在常温下弯曲成的各种断面形状的成品钢材。

冷弯薄壁型钢的类型有 C 型钢、U 型钢、Z 型钢、带钢、镀锌带钢、镀锌卷板、镀锌 C 型钢、镀锌 U 型钢、镀锌 Z 型钢。图 2-9 所示为常见形式的冷弯薄壁型钢。冷弯薄壁型钢的表示方法与热轧型钢相同。

在房屋建筑中，冷弯型钢可用作钢架、桁架、梁、柱等主要承重构件，也被用作屋面檩条、墙架梁柱、龙骨、门窗、屋面板、墙面板、楼板等次要构件和围护

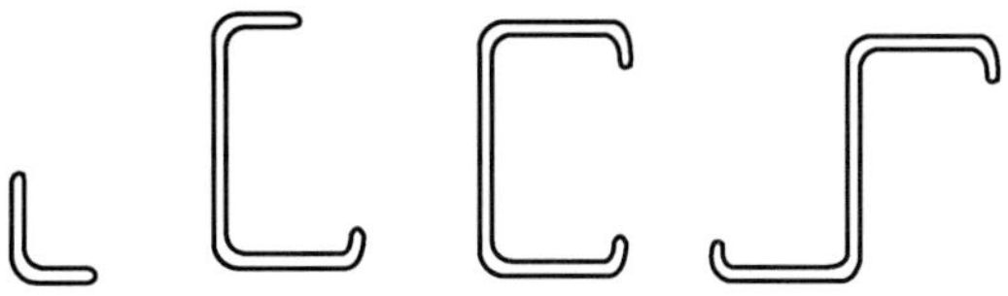

图 2-9 冷弯薄壁型钢

结构。

3) 板材

① 钢板

钢板是用碳素结构钢和低合金高强度结构钢经热轧或冷轧生产的扁平钢材。按轧制方式可分为热轧钢板和冷轧钢板。

表示方法：宽度×厚度×长度（mm）。

厚度大于 4mm 的为厚板；厚度小于或等于 4mm 的为薄板。

热轧碳素结构钢厚板，是钢结构的主要用钢材。低合金高强度结构钢厚板，用于重型结构、大跨度桥梁和高压容器等。薄板用于屋面、墙面或轧型板原料等。

② 压型钢板

压型钢板是用薄板经冷轧成波形、U 形、V 形等形状，如图 2-10 所示。压型钢板有涂层、镀锌、防腐等薄板。压型钢板具有单位质量轻、强度高、抗振性能好、施工快、外形美观等优点，主要用于护结构、楼板、屋面板和装饰板等。

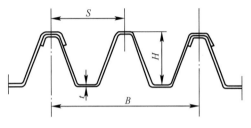

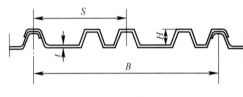

图 2-10 压型钢板

③ 花纹钢板

花纹钢板是指表面压有防滑凸纹的钢板，主要用于平台、过道及楼梯等的铺板。钢板的基本厚度为 2.5～8.0mm，宽度为 600～1800mm，长度为 2000～12000mm。

④ 彩色涂层钢板

彩色涂层钢板是以冷轧钢板、电镀锌钢板、热镀锌钢板或镀铝锌钢板为基板经过表面脱脂、磷化、络酸盐处理后，涂上有机涂料经烘烤而制成的产品。

彩色涂层钢板的标记方式为：钢板用途代号—表面状态代号—涂料代号—基材代号—板厚×板宽×板长。

3. 钢筋混凝土结构用钢材的品种

钢筋混凝土结构用钢材主要是由碳素结构钢和低合金结构钢轧制而成的各种钢筋，其主要品种有热轧钢筋、冷加工钢筋、热处理钢筋、预应力混凝土用钢丝和钢绞线等。

（1）热轧钢筋

经热轧成型并自然冷却的成品钢筋，称为热轧钢筋。根据表面特征不同，热轧钢筋分为光圆钢筋和带肋钢筋两大类。

① 热轧光圆钢筋

热轧光圆钢筋，横截面为圆形，表面光圆。其牌号由 HPB＋屈服强度特征值构成。其中 HPB 为热轧光圆钢筋的英文（Hot rolled Plain Bars）缩写，屈服强度值分为 235、300 两个级别。

热轧光圆钢筋的塑性及焊接性能很好，但强度较低，故广泛用于钢筋混凝土结构的构造筋。

② 热轧带肋钢筋

热轧带肋钢筋通常为圆形横截面,且表面通常带有两条纵肋和沿长度方向均匀分布的横肋。

热轧带肋钢筋按屈服强度值分为335、400、500三个等级,其牌号的构成及其含义见表2-9。

热轧带肋钢筋牌号的构成及其含义(GB/T 1499.2—2018) 表2-9

类别	牌号	牌号构成	英文字母含义
普通热轧钢筋	HRB400 HRB500 HRB600	由HRB+屈服强度特征值构成	HRB—热轧带肋钢筋的英文(Hot rolled Ribbed Bars)缩写。 E——"地震"的英文(Earthquake)首位字母
	HRB400E HRB500E	由HRB+屈服强度特征值+E构成	
细晶粒热轧钢筋	HRBF400 HRBF500	由HRBF+屈服强度特征值构成	HRBF—在热轧带肋钢筋的英文缩写后加"细"的英文(Fine)首位字母。 E——"地震"的英文(Earthquake)首位字母
	HRBF400E HRBF500E	由HRBF+屈服强度特征值+E构成	

热轧带肋钢筋的延性、可焊性、机械连接性能和锚固性能均较好,且其400MPa、500MPa级钢筋的强度高,因此HRB400、HRBF400、HRB500、HRBF500钢筋是混凝土结构的主导钢筋,实际工程中主要用作结构构件中的受力主筋、箍筋等。

(2) 冷加工钢筋

① 冷轧带肋钢筋

冷轧带肋钢筋是采用由普通低碳钢或低合金钢热轧的圆盘条为母材,经冷轧减径后在其表面冷轧成二面或三面有肋的钢筋。

冷轧带肋钢筋的牌号由CRB和钢筋的抗拉强度最小值构成。C、R、B分别为冷轧(Cold rolled)、带肋(Ribbed)、钢筋(Bar)三个词的英文首位字母。冷轧带肋钢筋分为CRB550、CRB650、CRB800、CRB970和CRB1170五个牌号。CRB550冷轧带肋钢筋的公称直径范围为4~12mm,为普通钢筋混凝土用钢筋。其他牌号钢筋的公称直径为4、5、6mm,为预应力混凝土用钢筋。

② 冷拔低碳钢丝

冷拔低碳钢丝是用普通碳素钢热轧盘条钢筋在常温下冷拔加工而成,只有CDW550一个强度级别,其直径为3mm、4mm、5mm、6mm、7mm和8mm。

冷拔低碳钢丝用于预应力混凝土桩、钢筋混凝土排水管及环形混凝土电杆的钢筋骨架中的螺旋筋(环向钢筋)和焊接网、焊接骨架、箍筋和构造钢筋。冷拔低碳钢丝不得做预应力钢筋使用,做箍筋使用时直径不宜小于5mm。

(3) 热处理钢筋

热处理钢筋是普通热轧中碳低合金钢经淬火和回火等调质处理而成,有6mm、8.2mm、10mm三种规格的直径。

热处理钢筋强度高,锚固性好,不易打滑,预应力值稳定;施工简便,开盘后钢筋自然伸直,不需调直及焊接。主要用于预应力钢筋混凝土轨枕,也用于预应力梁、板结构及吊车梁等。

（4）预应力混凝土用钢丝

钢丝按加工状态分为冷拉钢丝和消除应力钢丝两类。

冷拉钢丝是用盘条通过拔丝模或轧辊经冷加工而成产品，以盘卷供货的钢丝。

消除应力钢丝，按松弛性能又分为低松弛级钢丝和普通松弛级钢丝。钢丝在塑性变形下（轴应变）进行短时热处理，得到的为低松弛钢丝，钢丝通过矫直工序后在适当温度下进行短时热处理，得到的为普通松弛钢丝。

钢丝按外形分为光圆钢丝、螺旋肋钢丝、刻痕钢丝三种。螺旋肋钢丝表面沿着长度方向具有规则间隔的肋条（图2-11）；刻痕钢丝表面沿着长度方向具有规则间隔的压痕（图2-12）。

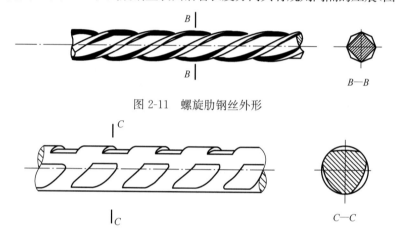

图 2-11　螺旋肋钢丝外形

图 2-12　三面刻痕钢丝外形

预应力钢丝的抗拉强度比钢筋混凝土用热轧光圆钢筋、热轧带肋钢筋高很多，在构件中采用预应力钢丝可节省钢材、减少构件截面和节省混凝土。预应力钢丝主要用于桥梁、吊车梁、大跨度屋架和管桩等预应力钢筋混凝土构件中。

（5）钢绞线

钢绞线是按严格的技术条件，绞捻起来的钢丝束。

预应力钢绞线按捻制结构分为五类：用两根钢丝捻制的钢绞线（代号为1×2）、用三根钢丝捻制的钢绞线（代号为1×3）、用三根刻痕钢丝捻制的钢绞线（代号为1×3I）、用七根钢丝捻制的标准型钢绞线（代号为1×7）、用七根钢丝捻制又经模拔的钢绞线［代号为（1×7）C］。钢绞线外形示意图如图2-13所示。

预应力钢丝和钢绞线具有强度高、柔度好，质量稳定，与混凝土黏结力强，易于锚固，成盘供应不需接头等诸多优点。其主要用于大跨度、大负荷的桥梁、电杆、轨枕、屋架、大跨度吊车梁等结构的预应力筋。

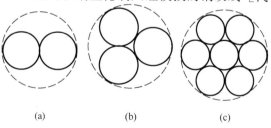

图 2-13　钢绞线外形示意图

(a) 1×2结构钢绞线；(b) 1×3结构钢绞线；
(c) 1×7结构钢绞线

4. 铝合金的分类及特性

在铝中添加镁、锰、铜、硅、锌等合金元素形成的铝基合金称为铝合金。铝合金可以按合金元素分为二元和三元合金。根据成分和工艺的特点，铝合金可分为形变铝合金（或称为压力加工铝合金）和铸造铝合金两大类。形变铝合金是通过冲压、弯曲、辊轧等压力加工使其组织、形状发生变化的铝合金。常用的形变铝合金有防锈铝合金、硬铝合金、超硬铝合金、锻铝合金等。用来制作铸件的铝合金称为铸造铝合金。建筑装饰工程中常用形变铝合金。

铝合金既保持了铝质量轻的特性，同时，机械性能明显提高，耐腐蚀性和低温变脆性得到较大改善。其主要缺点是弹性模量小、热膨胀系数大、耐热性低、焊接需采用惰性气体保护焊等焊接技术。

各种变形铝合金的牌号分别用汉语拼音字母和顺序号表示，顺序号不直接表示合金元素的含量。代表各种变形铝合金的汉语拼音字母如下：LF——防锈铝合金（简称防锈铝）；LY——硬铝合金（简称硬铝）；LC——超硬铝合金（简称超硬铝）；LD——锻铝合金（简称锻铝）；LT——特殊铝合金。

常用防锈铝合金的牌号为LF21、LF2、LF3、LF5、LF6、LF11等。常用的硬铝有11个牌号，LY12是硬铝的典型产品。常用的超硬铝有8个牌号，LC9是该合金应用较早、较广的产品。锻铝的典型牌号为LD30和LD31。

在现代建筑中，常用的铝合金制品有：铝合金门窗，铝合金装饰板及吊顶，铝及铝合金波纹板、压型板、冲孔平板，以及铝箔等，它们具有承重、耐用、装饰、保温、隔热等优良性能。

5. 不锈钢的分类及特性

普通钢材容易锈蚀。而当钢中含有铬（Cr）元素时，就能大大提高其耐腐蚀性。Cr含量越高，钢的抗腐蚀性越好。不锈钢就是以Cr元素为主加元素的合金钢。除铬外，不锈钢中还含有镍、锰、钛、硅等元素，这些元素都会影响不锈钢的强度、塑性、韧性和耐蚀性。

不锈钢板根据外表颜色可分为普通不锈钢板和彩色不锈钢板等；按表面形状分为平面板和浮雕花纹板等；根据表面的光泽度及其反光率大小可分为镜面板和哑光板。在建筑装饰工程中使用的多为普通不锈钢。

不锈钢耐腐蚀性强；经不同表面加工可形成不同的光洁度和反射能力，高级的抛光不锈钢具有镜面玻璃般的反射能力；安装方便；装饰效果好。

目前，建筑装饰工程中常用的钢材制品主要有不锈钢钢板与钢管、彩色不锈钢板、彩色涂层钢板和彩色压型钢板以及镀锌钢卷帘门板及轻钢龙骨等。

（六）沥青材料及沥青混合料

1. 沥青材料的分类、技术性质及应用

（1）沥青材料的分类及应用

沥青是由一些极为复杂的高分子碳氢化合物及其非金属（氮、氧、硫）衍生物所组成

的，在常温下呈固态、半固态或黏稠液体的混合物。我国对于沥青材料的命名和分类方法按沥青的产源不同划分如下：

$$\text{沥青}\begin{cases}\text{地沥青}\begin{cases}\text{天然沥青：石油在自然条件下，长时间经受地球物理因素作用形成的产物}\\\text{石油沥青：石油经各种炼油工艺加工而得的石油产品}\end{cases}\\\text{焦油沥青}\begin{cases}\text{煤沥青：煤经干馏所得的煤焦油，经再加工后得到的产品}\\\text{页岩沥青：页岩炼油工业的副产品}\end{cases}\end{cases}$$

沥青是憎水材料，有良好的防水性；具有较强的抗腐蚀性，能抵抗一般的酸、碱、盐类等侵蚀性液体和气体的侵蚀；能紧密粘附于无机矿物表面，有很强的粘结力；有良好的塑性，能适应基材的变形。因此，沥青及沥青混合料被广泛应用于防水、防腐、道路工程和水工建筑中。

（2）石油沥青的技术性质

1）黏滞性

石油沥青的黏滞性是指在外力作用下，沥青粒子产生相互位移时抵抗变形的性能。黏滞性是反映材料内部阻碍其相对流动的一种特性，也是我国现行标准划分沥青牌号的主要性能指标。

沥青的黏滞性与其组分及所处的温度有关。当沥青质含量较高，又有适量的胶质，且油分含量较少时，黏滞性较大。在一定的温度范围内，当温度升高，黏滞性随之降低，反之则增大。

石油沥青的黏滞性一般采用针入度来表示。针入度是在温度为 25℃ 时，以负重 100g 的标准针，经 5s 沉入沥青试样中的深度，每深 1/10mm，定为 1 度。针入度数值越小，表明黏度越大。

2）塑性和脆性

① 塑性

塑性是指石油沥青在受外力作用时产生变形而不破坏，除去外力后，仍保持变形后形状的性质。

沥青的延度决定于沥青的胶体结构、组分和试验温度。当石油沥青中胶质含量较多且其他组分含量又适当时，则塑性较大；温度升高，则延度增大；沥青膜层厚度越厚，则塑性越高。反之，膜层越薄，则塑性越差，当膜层薄至 1μm 时，塑性近于消失，即接近于弹性。

石油沥青的塑性用延度表示，延度越大，塑性越好。延度是将沥青试样制成"8"字形标准试件，在规定温度的水中，以 5cm/min 的速度拉伸至试件断裂时的伸长值，以 cm 为单位。

② 脆性

温度降低时沥青会表现出明显的塑性下降，在较低温度下甚至表现为脆性。特别是在冬季低温下，用于防水层或路面中的沥青由于温度降低时产生的体积收缩，很容易导致沥青材料的开裂。

低温脆性反映了沥青抗低温的能力。低温脆性主要取决于沥青的组分，当树脂含量较多、树脂成分的低温柔性较好时，其抗低温能力就较强；当沥青中含有较多石蜡时，其抗低温能力就较差。

不同沥青对抵抗这种低温变形时脆性开裂的能力有所差别。通常采用弗拉斯（Frass）脆点作为衡量沥青抗低温能力的条件脆性指标。沥青脆性指标是在特定条件下，涂于金属片上的沥青试样薄膜，因被冷却和弯曲而出现裂纹时的温度，以"℃"表示。

3）温度稳定性

温度稳定性是指石油沥青的黏滞性和塑性随温度升降而变化的性能。在工程上使用的沥青，要求有较好的温度稳定性，否则容易发生沥青材料夏季流淌或冬季变脆甚至开裂等现象。

通常用软化点来表示石油沥青的温度稳定性。软化点为沥青受热由固态转变为具有一定流动态时的温度。软化点越高，表明沥青的耐热性越好，即温度稳定性越好。沥青的软化点不能太低，否则夏季易融化发软；但也不能太高，否则不易施工，冬季易发生脆裂现象。

针入度、延度、软化点是评价黏稠沥青路用性能最常用的经验指标，也是划分沥青牌号的主要依据，所以统称为沥青的"三大指标"。

2. 沥青混合料的分类、组成材料及其技术要求

（1）沥青混合料的分类

沥青混合料是用适量的沥青与一定级配的矿质骨料经过充分拌合而形成的混合物。沥青混合料的种类很多，工程中常用的分类方法有以下几类：

按使用的结合料不同，沥青混合料可分为石油沥青混合料、煤沥青混合料、改性沥青混合料和乳化沥青混合料。

按沥青混合料中剩余空隙率大小的不同分类，压实后剩余空隙率大于15%的沥青混合料称为开式沥青混合料；剩余空隙率为10%~15%的混合料称为半开式沥青混合料；剩余空隙率小于10%的沥青混合料称为密实式沥青混合料。密实式沥青混合料中，剩余空隙率为3%~6%时称为Ⅰ型密实式沥青混合料，剩余空隙率为4%~10%时称为Ⅱ型半密实式沥青混合料。

按矿质混合料的级配类型可分为连续级配沥青混合料和间断级配沥青混合料。前者是用连续级配的矿质混合料所配制的沥青混合料。后者是用间断级配的矿质混合料所配制的沥青混合料。

按沥青混合料所用骨料的最大粒径可分为：①粗粒式沥青混合料，即骨料最大粒径为26.5mm或31.5mm的沥青混合料。②中粒式沥青混合料，即骨料最大粒径为16mm或19mm的沥青混合料。③细粒式沥青混合料，即骨料最大粒径为9.5mm或13.2mm的沥青混合料。④砂粒式沥青混合料，即骨料最大粒径等于或小于4.75mm的沥青混合料。沥青碎石混合料中除上述4类外，尚有骨料最大粒径大于37.5mm的特粗式沥青碎石混合料。

按沥青混合料施工温度，可分为热拌沥青混合料和常温沥青混合料。

（2）沥青混合料的组成材料及其技术要求

1）沥青

沥青是沥青混合料中唯一的连续相材料，而且还起着胶结的关键作用。沥青的质量必须符合有关规范的要求。

2) 粗骨料

沥青混合料中所用粗骨料是指粒径大于 2.36mm 的碎石、破碎砾石和矿渣等。粗骨料应该洁净、干燥、无风化、无杂质，其质量指标应符合有关规范的要求。

3) 细骨料

沥青混合料用细骨料是指粒径小于 2.36mm 的天然砂、人工砂及石屑等。天然砂可采用河砂或海砂，通常宜采用粗砂和中砂。细骨料应洁净、干燥、无风化、无杂质，并有适当的颗粒级配，其质量应符合有关规范要求。

4) 矿粉等填料

矿粉是粒径小于 0.075mm 的无机质细粒材料，它在沥青混合料中起填充与改善沥青性能的作用。矿粉宜采用石灰岩或岩浆岩中的强基性岩石经磨细得到的矿粉，原石料中的泥土质量分数要小于 3%，其他杂质应除净，并且要求矿粉干燥、洁净，级配合理，其质量符合有关规范。

（七）防水材料及保温材料

1. 防水材料的分类、技术性质及应用

防水材料是指应用于建筑物中起着防潮、防漏、防渗作用的材料。土木工程的防水材料分为刚性防水材料和柔性防水材料两大类。刚性防水材料包括防水砂浆、防水混凝土以及各种瓦防水材料，柔性防水材料包括防水卷材、防水涂料和密封材料，下面介绍防水卷材、防水涂料：

（1）防水卷材

防水卷材是一种具有一定宽度和厚度的能够卷曲成卷状的带状定型防水材料。防水卷材的品种很多，根据构成防水膜层的主要原料，防水卷材可以分为沥青防水卷材、高聚物改性沥青防水卷材和合成高分子防水卷材三类，后两类防水卷材的综合性能优越，是目前国内大力推广使用的新型防水卷材。

1）沥青防水卷材

沥青防水卷材是以原纸、织物、纤维毡、塑料膜等材料为胎基，浸涂石油沥青、矿物粉料或塑料膜为隔离材料制成的防水卷材。

沥青防水卷材由于质量轻、价格低廉、防水性能良好、施工方便、能适应一定的温度变化和基层伸缩变形，故多年来在工业与民用建筑的防水工程中得到了广泛应用。

① 石油沥青纸胎防水卷材

凡用低软化点热熔沥青浸渍原纸而制成的防水卷材称油纸；在油纸两面再浸涂软化点较高的沥青，再撒上隔离材料即成油毡。油纸以原纸 $1m^2$ 质量克数划分标号。石油沥青油纸分为 200、350 两个标号。

油纸主要用于建筑防潮和包装。200 号油毡适用于简易防水、临时性建筑防水、建筑防潮及包装等；350 号和 500 号油毡用于屋面、地下、水利等工程的多层防水。

油毡按卷重分为Ⅰ型、Ⅱ型和Ⅲ型，其卷重分别≥17.5kg/卷、22.5kg/卷、28.5kg/卷。

② 沥青玻璃纤维布油毡

沥青玻璃纤维布油毡采用玻璃纤维布为胎基，浸涂石油沥青并在两面涂撒隔离材料所制成的防水卷材。玻璃布油毡幅宽为 1000mm。玻璃布油毡按物理性能分为一等品（B）和合格品（C）两个等级。

沥青玻璃纤维布油毡适用于铺设地下防水、防腐层，并用于屋面做防水层及金属管道（热管道除外）的防腐保护层。

③ 沥青玻璃纤维胎油毡

沥青玻璃纤维胎油毡（简称玻纤胎油毡）是以无纺玻璃纤维薄毡为胎基，用石油沥青浸涂薄毡两面，并涂撒隔离材料所制成的防水卷材。玻纤胎油毡按上表面材料分为膜面、粉面和砂面三个品种。按每 $10m^2$ 油毡的标称质量（kg）数分为 15 号、25 号及 35 号三种标号和优等品（A）、一等品（B）和合格品（C）三个等级。

15 号玻纤胎油毡适用于一般工业与民用建筑的多层防水，并用于包扎管道（热管道除外），作防腐保护层；25 号和 35 号玻纤胎油毡适用于屋面、地下、水利等工程的多层防水，其中 35 号玻纤胎油毡可采用热熔法的多层（或单层）防水。

2) 高聚物改性沥青防水卷材

高聚物改性沥青防水卷材是以高分子聚合物改性石油沥青为涂盖层，聚酯毡、玻纤毡或聚酯玻纤复合为胎基，细砂、矿物粉料或塑料膜为隔离材料制成的防水卷材。

常见的有 SBS 改性沥青防水卷材、APP 改性沥青防水卷材等。

① SBS 改性沥青防水卷材

SBS 改性沥青防水卷材属弹性体改性沥青防水卷材的一种，采用玻纤毡、聚酯毡为胎体，苯乙烯-丁二烯-苯乙烯（SBS）热塑性弹性体做改性剂，涂盖在经沥青浸渍后的胎体两面，上表面撒布矿物质粒、片料或覆盖聚乙烯膜，下表面撒布细砂或覆盖聚乙烯膜所制成的防水卷材。按胎基分为聚酯胎（PY）、玻纤胎（G）和玻纤增强聚酯毡（PYZ）三类。按上表面隔离材料分为聚乙烯膜（PE）、细砂（S）与矿物粒（片）（M）三种。按物理力学性能分为Ⅰ型和Ⅱ型。

SBS 改性沥青防水卷材主要用于屋面及地下室防水，尤其适用于寒冷地区。可以冷法施工或热熔铺贴，适于单层铺设或复合使用。

② APP 改性沥青防水卷材

APP 改性沥青防水卷材属塑性体改性沥青防水卷材的一种，采用无规聚丙烯（APP）改性沥青浸渍胎基（玻纤或聚氨酯），以砂粒或聚乙烯薄膜为防黏隔离层的防水卷材。按胎基分为聚酯胎（PY）、玻纤胎（G）和玻纤增强聚酯毡（PYZ）三类。按上表面隔离材料分为聚乙烯膜（PE）、细砂（S）与矿物粒（片）（M）三种。按物理力学性能分为Ⅰ型和Ⅱ型。

APP 改性沥青防水卷材适用于工业与民用建筑的屋面和地下防水工程及道路、桥梁等建筑物的防水，尤其是适用于较高气温环境的建筑防水。

③ 铝箔塑胶改性沥青防水卷材

铝箔塑胶改性沥青防水卷材是以橡胶和聚氯乙烯复合改性石油沥青作为浸渍涂盖材料，聚酯毡、麻布或玻纤维毡为胎体，聚乙烯膜为底面隔离材料，软质银白色铝箔为表面保护层的防水卷材。

铝箔塑胶改性沥青防水卷材适用于外露防水面层。

其他常见的高聚物改性沥青防水卷材还有再生橡胶改性沥青防水卷材、聚氯乙烯（PVC）改性煤焦油防水卷材等。

3）合成高分子防水卷材

合成高分子防水卷材以合成橡胶、合成树脂或两者共混为基料，加入适量的助剂和填料，经混炼压延或挤出等工序加工而成的防水卷材。

常用的合成高分子防水卷材有三元乙丙橡胶防水卷材、聚氯乙烯（PVC）防水卷材、氯化聚乙烯-橡胶共混防水卷材等。

三元乙丙橡胶防水卷材是以三元乙丙橡胶为主体，掺入适量的丁基橡胶、硫化剂、促进剂、软化剂、补强剂和填充剂等，经配料、密炼、拉片、过滤、挤出（或压延）成型、硫化等工序加工制成的一种高弹性防水材料，用于防水要求高、耐用年限长的防水工程的屋面、地下建筑、桥梁、隧道等的防水。

聚氯乙烯防水卷材是以聚氯乙烯为主要原料，掺加填充料及适量的改性剂、增塑剂、抗氧化剂和紫外线吸收剂等，经过混炼、压延、冷却、分卷包装等工序制成的防水卷材，适用屋面、地下防水工程和防腐工程，单层或复合使用，可用冷粘法或热风焊接法施工。

氯化聚乙烯-橡胶共混防水卷材是以含氯量为30%～40%的热塑性弹性体氯化聚乙烯与合成橡胶为主体，加入适量的交联剂、稳定剂、填充料等，经混炼、压延或挤出、硫化等工序制成的高弹性防水卷材，可用于各种建筑、道路、桥梁、水利工程的防水，尤其适用寒冷地区或变形较大的屋面。

（2）防水涂料

防水涂料按成膜物质的主要成分可分为沥青基防水涂料、高聚物改性沥青基防水涂料、合成高分子防水涂料；按液态类型可分为溶剂型、水乳型和反应型三种；按涂层厚度又可分为薄质防水涂料和厚质防水涂料。

沥青基防水涂料是以沥青为基料配制而成的水乳型或溶剂型防水涂料。水乳型沥青防水涂料是将石油沥青分散于水中所形成的水分散体。溶剂型沥青涂料是将石油沥青直接溶解于汽油等有机溶剂后制得的溶液。沥青基防水涂料适用于Ⅲ、Ⅳ级防水等级的工业与民用建筑屋面、混凝土地下室和卫生间等的防水工程。

高聚物改性沥青防水涂料是以沥青为基料，用合成高分子聚合物进行改性而制成的水乳型或溶剂型防水涂料。常用品种有再生橡胶沥青防水涂料、氯丁橡胶沥青防水涂料、丁基橡胶沥青防水涂料等。高聚物改性沥青防水涂料适用于Ⅱ、Ⅲ、Ⅳ级防水等级的屋面、地面、混凝土地下室和卫生间等的防水工程。

合成高分子防水涂料是以合成橡胶或合成树脂为主要成膜物质，加入其他辅料而配成的单组分或多组分的防水涂料。常用品种有聚氨酯防水涂料、硅橡胶防水涂料、氯磺化聚乙烯橡胶防水涂料和丙烯酸酯防水涂料等。合成高分子防水涂料适用于Ⅰ、Ⅱ、Ⅲ级防水等级的屋面、地下室、水池和卫生间等的防水工程。

2. 保温材料的分类、特性及应用

为了防止建筑物和热工设备（如锅炉系统、供热通风管道等）的热量损失或隔绝外界热量的传入，所使用的热导率不大于 $0.23W/(m·K)$，表观密度不大于 $600kg/m^3$ 的围护材料，称为保温材料。我国常用保温材料主要有以下几类：

(1) 纤维状保温隔热材料

纤维状保温隔热材料是以玻璃棉、矿棉、石棉及植物纤维等为主要材料，制成板、筒、毡等形状的制品。常用的有以下几种：

① 玻璃棉及其制品　玻璃原料经熔融后制成纤维状材料，其表观密度为 40～150kg/m³，热导率小。在玻璃棉中，加入沥青、合成树脂等胶粘剂，可制成相应的沥青玻璃棉毡、板及树脂玻璃棉板、管等制品。这种材料主要用于温度较低的热力设备和房屋建筑中的保温隔热。

② 石棉、矿棉及其制品　石棉是一种天然矿物纤维。石棉经加工可制成保温的框架板、复合板等制品。矿渣棉的主要原料是高炉硬矿渣、铜矿渣和其他矿渣，加入适当的调整原料（钙质和硅质原料）而组成。上述原料经熔融后吹制而成纤维棉。矿棉通过胶粘材料（有机的或无机的）制成相应的毡、管和板，用于建筑物的墙壁、屋面、顶棚等处的保温隔热。

③ 植物纤维复合板　以植物纤维为增强材料，加入水泥、气凝性材料和填料制成的保温、装饰材料，突出的特点是既可制得轻质材料，又能有较高的强度，有着较好的实用性。

(2) 松散粒状保温隔热材料

松散粒状保温隔热材料的品种很多，主要介绍膨胀蛭石、膨胀珍珠岩和硅藻土类产品。

① 膨胀蛭石及其制品　蛭石是一种天然矿物，具有层状结构。煅烧后的膨胀蛭石表观密度可降至 87～900kg/m³，热导率 0.046～0.070W/(m·K)，最高使用温度为 1000～1100℃。膨胀蛭石除了直接用于填充料外，主要以松散状铺设墙壁、楼板、屋面等夹层，作为隔热、隔声之用，还可用胶结材料（如水泥、水玻璃、合成树脂等）将膨胀蛭石胶结在一起制成制品，广泛用于高温炉、工业窑炉的保温。

② 膨胀珍珠岩及其制品　天然珍珠岩经煅烧而得蜂窝泡沫状的白色（或灰白色）颗粒状，称为膨胀珍珠岩，其表观密度为 40～500kg/m³，热导率 0.047～0.070W/(m·K)，最高使用温度为 800℃，最低使用温度为 -200℃。膨胀珍珠岩除了用作填充材料外，还可与水泥、水玻璃、沥青、黏土等结合制成的绝热制品，具有低温隔热、吸声强、吸湿性小、无味、无毒、不燃、耐腐蚀等性能，是一种高效能的多功能隔热材料。其制品被广泛用于围护结构，低温及超低温保冷设备，热工设备的隔热保温，以及制作吸声制品。

③ 硅藻土　硅藻土热导率 0.060W/(m·K)、孔隙率为 50%～80%，有很好的保温绝热性能，最高使用温度约为 900℃，常用作填充料或用其制作硅藻砖等。

(3) 无机多孔保温材料

其主要包括加气混凝土、泡沫混凝土、泡沫玻璃及微孔硅酸钙保温材料。

① 加气混凝土　加气混凝土由水泥、石灰、粉煤粉和发泡剂（铝粉）配制而成，表观密度为 400～700kg/m³，热导率约为 0.093～0.164W/(m·K)，比黏土砖小。24cm 厚的加气混凝土墙体保温隔热效果优于 37cm 厚的砖墙，并且具有良好的耐火性。因此，在建筑上得到广泛的应用。

② 泡沫混凝土　其为由水泥、水和松香泡沫剂混合后，经搅拌、成型、养护而形成

的一种多孔、轻质、隔热、保温、吸声新材料，表观密度为 $300\sim500kg/m^3$，热导率 $0.082\sim0.186W/(m\cdot K)$。这类混凝土也可采用石膏、石灰和聚合物作为胶凝材料，选用适当表面活化剂（泡沫剂），制成不同性能的保温材料。

③ 泡沫玻璃　玻璃粉和发泡剂配成的混合料，经煅烧而得到的多孔材料称为泡沫玻璃。泡沫玻璃的热导率为 $0.058\sim0.128W/(m\cdot K)$，表观密度为 $150\sim600kg/m^3$，抗压强度和抗冻性高，最高使用温度为 $300\sim400℃$（采用普通玻璃），无碱泡沫玻璃最高使用温度为 $800\sim1000℃$。泡沫玻璃可用来砌筑墙体，也可用于冷藏设备的保温或用作漂浮、过滤材料。

④ 微孔硅酸钙保温材料　一种用粉状二氧化硅质材料、石灰、纤维增强材料及水等经搅拌、凝胶化、成型、蒸压和干燥等工序，制成一定形状的保温材料。特点是表观密度小、强度高、热导率低、绝热保温性能好。

（4）有机隔热材料

这类材料主要包括以下几种：

① 泡沫塑料　大多聚合物均能通过发泡工艺制成多孔性保温材料。目前应用较多的聚合物有：聚苯乙烯（PS）、聚氨酯（PU 或 PUR）、酚醛（PF）、聚氯乙烯（PVC）、脲醛（UF）等树脂的气孔率不同的发泡制品。这类材料造价高，有可燃性，应用上受到一定限制。

② 蜂窝材料　用酚醛、聚酯浸渍过的牛皮纸，或者是玻璃布、碳纤布、铝片等，经加工黏合成六角形空腹块状芯材，然后用两块浸渍过聚酯树脂的牛皮纸或者是玻璃布、碳纤布、胶合板等较薄的面板，与较厚的蜂窝状芯材粘接而成的复合板材。蜂窝板材热导率小、强度高、抗振性能好，是良好的绝缘隔声材料和非结构板材。

③ 隔热薄膜　由经过蒸镀的薄膜，再在其表面压一层较薄的聚酯薄膜而构成的复合薄膜。应用于建筑门窗玻璃上，可以将通过窗户的太阳光反射出去，反射率达 80%，以减少紫外线的透过率，防止室内陈设褪色、老化，也可以减缓室内温度的急剧变化，隔热不隔景。

④ 胶粉聚苯颗粒　胶粉聚苯颗粒外墙外保温系统是由界面层、胶粉聚苯颗粒浆料保温层、抗裂防护层和饰面层构成。胶粉聚苯颗粒保温浆料就是将一定量的胶粉料与聚苯颗粒（占浆料体积的 80% 以上）混合得到的一种热导率较小的复合材料。

三、建筑工程识图

（一）施工图的基本知识

房屋建筑施工图是指利用正投影的方法把所设计房屋的大小、外部形状、内部布置和室内装修，以及各部分结构、构造、设备等的做法，按照建筑制图国家标准规定绘制的工程图样。它是工程设计阶段的最终成果，同时又是工程施工、监理和计算工程造价的主要依据。

1. 房屋建筑施工图的作用及组成

按照内容和作用不同，房屋建筑施工图分为建筑施工图（简称"建施"）、结构施工图（简称"结施"）和设备施工图（简称"设施"）。

（1）建筑施工图的组成及作用

建筑施工图一般包括建筑设计说明、建筑总平面图、平面图、立面图、剖面图及建筑详图等。其中，平面图、立面图和剖面图是建筑施工图中最重要、最基本的图样，称为基本建筑图。

建筑施工图表达的内容主要包括房屋的造型、层数、平面形状与尺寸以及房间的布局、形状、尺寸、装修做法，墙体与门窗等构配件的位置、类型、尺寸、做法以及室内外装修做法等。建造房屋时，建筑施工图主要作为定位放线、砌筑墙体、安装门窗、进行装修的依据。

（2）结构施工图的组成及作用

结构施工图一般包括结构设计说明、结构平面布置图和结构详图三部分，主要用以表示房屋骨架系统的结构类型、构件布置、构件种类、数量、构件的内部构造和外部形状、大小，以及构件间的连接构造。施工放线、开挖基坑（槽），施工承重构件（如梁、板、柱、墙、基础、楼梯等）主要依据结构施工图。

（3）设备施工图的组成及作用

设备施工图可按工种不同再分成给水排水施工图（简称水施图）、供暖通风与空调施工图（简称暖施图）、电气设备施工图（简称电施图）等。水施图、暖施图、电施图一般都包括设计说明、设备的布置平面图、剖面图、系统图、详图等内容。设备施工图主要表达房屋给水排水、供电照明、供暖通风、空调、燃气等设备的布置和施工要求等。

2. 房屋建筑施工图的图示特点

房屋建筑施工图的图示特点主要体现在以下几方面：

（1）施工图中的各图样用正投影法绘制。一般在 H 面上作平面图，在 V 面上作正、背立面图，在 W 面上作剖面图或侧立面图。

（2）由于房屋形体较大，施工图一般都用较小比例绘制，但对于其中需要表达清楚的节点、剖面等部位，则用较大比例的详图来表现。

（3）房屋建筑的构、配件和材料种类繁多，为作图简便，国家标准采用一系列图例来代表建筑构配件、卫生设备、建筑材料等。为方便读图，国家标准还规定了许多标注符号，构件的名称应用代号表示。

3. 制图标准相关规定

（1）常用建筑材料图例和常用构件代号

常用建筑材料图例见表3-1。

常用建筑材料图例　　　　　　　　　　表3-1

序号	名称	图例	备注
1	自然土壤		包括各种自然土
2	夯实土壤		
3	石材	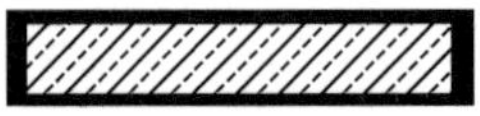	
4	毛石		
5	普通砖	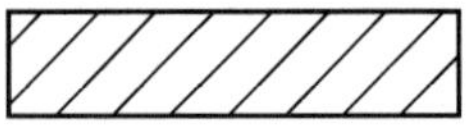	包括实心砖、多孔砖、砌块等砌体。断面较窄不易绘出图例线时，可涂红，并在图纸备注中加注说明，画出该材料图例
6	饰面砖		包括铺地砖、陶瓷锦砖、人造大理石等
7	焦渣、矿渣	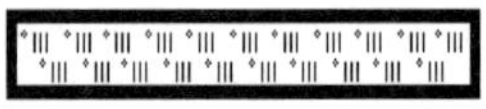	包括与水泥、石灰等混合而成的材料
8	混凝土	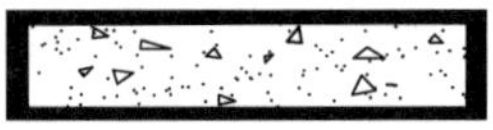	1. 本图例指能承重的混凝土及钢筋混凝土 2. 包括各种强度等级、骨料、添加剂的混凝土 3. 在剖面图上画出钢筋时，不画图例线 4. 断面图形小时，不易画出图例线时，可涂黑
9	钢筋混凝土		
10	粉刷材料		

构件代号以构件名称的汉语拼音的第一个字母表示，如B表示板，WB表示屋面板。对预应力混凝土构件，则在构件代号前加注"Y"，如YKB表示预应力混凝土空心板。

（2）尺寸标注

图样上的尺寸，应包括尺寸界线、尺寸线、尺寸起止符号和尺寸数字四个要素，如图3-1所示。

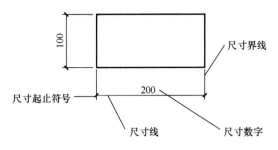

图 3-1 尺寸组成四要素

几种尺寸的标注形式见表 3-2。

尺寸的标注形式　　　　　　　　　　表 3-2

注写的内容	注法示例	说明
半径		半圆或小于半圆的圆弧应标注半径，如左下方的例图所示。标注半径的尺寸线应一端从圆心开始，另一端画箭头指向圆弧，半径数字前应加注符号"R"。较大圆弧的半径，可按上方两个例图的形式标注；较小圆弧的半径，可按右下方四个例图的形式标注
直径		圆及大于半圆的圆弧应标注直径，如左侧两个例图所示，并在直径数字前加注符号"φ"。在圆内标注的直径尺寸线应通过圆心，两端画箭头指至圆弧。较小圆的直径尺寸，可标注在圆外，如左侧六个例图所示
薄板厚度		应在厚度数字前加注符号"t"
正方形		在正方形的侧面标注该正方形的尺寸，可用"边长×边长"标注，也可在边长数字前加正方形符号"□"

续表

注写的内容	注法示例	说明
坡度		标注坡度时,在坡度数字下应加注坡度符号,坡度符号为单面箭头,一般指向下坡方向。 坡度也可用直角三角形形式标注,如右侧的例图所示。 图中在坡面高的一侧水平边上所画的垂直于水平边的长短相间的等距细实线,称为示坡线,也可用它来表示坡面
角度、弧长与弦长		如左方的例图所示,角度的尺寸线是圆弧,圆心是角顶,角边是尺寸界线。尺寸起止符号用箭头;如没有足够的位置画箭头,可用圆点代替。角度的数字应水平方向注写。 如中间例图所示,标注弧长时,尺寸线为同心圆弧,尺寸界线垂直于该圆弧的弦,起止符号用箭头,弧长数字上方加圆弧符号。 如右方的例图所示,圆弧的弦长的尺寸线应平行于弦,尺寸界线垂直于弦
连续排列的等长尺寸		可用"个数×等长尺寸=总长"的形式标注
相同要素		当构配件内的构造要素(如孔、槽等)相同时,可仅标注其中一个要素的尺寸及个数

(3) 标高

标高是表示建筑的地面或某一部位的高度。在房屋建筑中,建筑物的高度用标高表示。标高分为相对标高和绝对标高两种。一般以建筑物底层室内地面作为相对标高的零点;我国把青岛市外的黄海海平面作为零点所测定的高度尺寸称为绝对标高。

各类图上的标高符号如图 3-2 所示。标高符号的尖端应指至被标注的高度,尖端可向下也可向上。在施工图中一般注写到小数点后三位即可;在总平面图中则注写到小数点后两位。零点标高注写成±0.000,负标高数字前必须加注"一",正标高数字前不写"+"。标高单位除建筑总平面图以米为单位外,其余一律以毫米为单位。

在建施图中的标高数字表示其完成面的数值。

图 3-2 标高符号

（二）建筑施工图的图示方法及内容

1. 建筑总平面图

1) 建筑总平面图的图示方法

建筑总平面图是新建房屋所在地域的一定范围内的水平投影图。

建筑总平面图是将拟建工程四周一定范围内的新建、拟建、原有和将拆除的建筑物、构筑物连同其周围的地形地物状况，用水平投影方法画出的图样。由于总平面图绘图比例较小，图中的原有房屋、道路、绿化、桥梁、边坡、围墙及新建房屋等均用图例表示，几种常用图例见表 3-3。

总平面图的常用图例　　表 3-3

名称	图例	说明
新建的建筑物	6	1. 需要时，可在图形内右上角以点数或数字（高层宜用数字）表示层数； 2. 用粗实线表示
围墙及大门		1. 上图为砖石、混凝土或金属材料的围墙，下图为镀锌铁丝网、篱笆等围墙； 2. 如仅表示围墙时不画大门
新建的道路	6 101.00 R9 150.00	1. R9 表示道路转弯半径为 9m，150 为路面中心标高，6 表示 6% 纵向坡度，101.00 表示变坡点间距离 2. 图中斜线为道路断面示意，根据实际需要绘制

2) 总平面图的图示内容

① 新建建筑物的定位

新建建筑物的定位一般采用两种方法，一是按原有建筑物或原有道路定位；二是按坐标定位。采用坐标定位又分为采用测量坐标定位和采用建筑坐标定位两种（图 3-3）。

A. 测量坐标定位　在地形图上用细实线画成交叉十字线的坐标网，X 为南北方向的轴线，Y 为东西方向的轴线，这样的坐标网称为测量坐标网。

B. 建筑坐标定位　建筑坐标一般在新开发区，房屋朝向与测量坐标方向不一致时采用。

图 3-3　新建建筑物定位方法
(a) 测量坐标定位；(b) 建筑坐标定位

② 标高

在总平面图中，标高以米为单位，并保留至小数点后两位。

③ 指北针或风玫瑰图

指北针用来确定新建房屋的朝向，其符号如图 3-4 所示。

图 3-4 指北针

总平面图上有时绘制风向频率玫瑰图,简称风玫瑰图,是新建房屋所在地区风向的示意图,同时也表明房屋和地物的朝向。

④ 建筑红线

各地方国土管理部门提供给建设单位的地形图为蓝图,在蓝图上用红色笔画定的土地使用范围的线称为建筑红线。任何建筑物在设计和施工中均不能超过此线。

⑤ 管道布置与绿化规划

⑥ 附近的地形地物,如等高线、道路、围墙、河流、水沟和池塘等与工程有关的内容。

2. 建筑平面图

1) 建筑平面图的图示方法

假想用一个水平剖切平面沿房屋的门窗洞口的位置把房屋切开,移去上部之后,画出的水平剖面图称为建筑平面图,简称平面图。沿底层门窗洞口切开后得到的平面图,称为底层平面图,沿二层门窗洞口切开后得到的平面图,称为二层平面图,依次可以得到三层、四层的平面图。当某些楼层平面相同时,可以只画出其中一个平面图,称其为标准层平面图。房屋屋顶的水平投影图称为屋顶平面图。

凡是被剖切到的墙、柱断面轮廓线用粗实线画出,其余可见的轮廓线用中实线或细实线,尺寸标注和标高符号均用细实线,定位轴线用细单点长画线绘制。砖墙一般不画图例,钢筋混凝土的柱和墙的断面通常涂黑表示。

常用门、窗图例如图 3-5、图 3-6 所示。

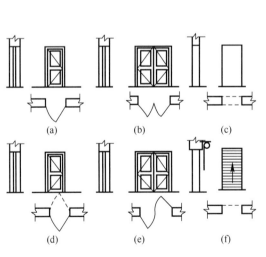

图 3-5 门图例

(a) 单扇门;(b) 双扇门;(c) 空门洞;(d) 单扇双面弹簧门;(e) 双扇双面弹簧门;(f) 卷帘门

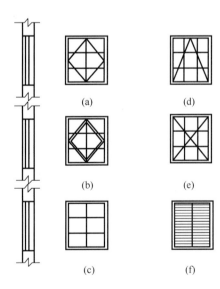

图 3-6 窗图例

(a) 单扇外开平开窗;(b) 双扇内外开平开窗;(c) 单扇固定窗;(d) 单扇外开上悬窗;(e) 单扇中悬窗;(f) 百叶窗

2) 建筑平面图的图示内容

① 表示墙、柱,内外门窗位置及编号,房间的名称或编号,轴线编号。

平面图上所用的门窗都应进行编号。门常用"M1"、"M2"或"M-1""M-2"等表示,窗常用"C1""C2"或"C-1""C-2"等表示。在建筑平面图中,定位轴线用来确定房屋的墙、柱、梁等的位置和作为标注定位尺寸的基线。定位轴线的编号宜标注在图样的下方与左侧,横向编号应用阿拉伯数字,从左至右顺序编写,竖向编号应用大写拉丁字母,从下至上顺序编写,拉丁字母中的I、O及Z三个字母不得作轴线编号,以免与数字1、0及2混淆(图3-7)。

② 注出室内外的有关尺寸及室内楼、地面的标高。

建筑平面图中的尺寸有外部尺寸和内部尺寸两种。

A. 外部尺寸。在水平方向和竖直方向各标注三道,最外一道尺寸标注房屋水平方向的总长、总宽,称为总尺寸;中间一道尺寸标注房屋的开间、进深,称为轴线尺寸(一般情况下两横墙之间的距离称为"开间";两纵墙之间的距离称为"进深")。最里边一道尺寸以轴线定位的标注房屋外墙的墙段及门窗洞口尺寸,称为细部尺寸。

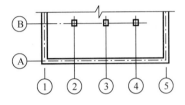

图 3-7 定位轴线的编号

B. 内部尺寸。应标注各房间长、宽方向的净空尺寸,墙厚及轴线的关系、柱子截面、房屋内部门窗洞口、门垛等细部尺寸。

在平面图中所标注的标高均为相对标高。底层室内地面的标高一般用±0.000表示。

③ 表示电梯、楼梯的位置及楼梯的上下行方向。

④ 表示阳台、雨篷、踏步、斜坡、通气竖道、管线竖井、烟囱、消防梯、雨水管、散水、排水沟、花池等位置及尺寸。

⑤ 画出卫生器具、水池、工作台、橱、柜、隔断及重要设备位置。

⑥ 表示地下室、地坑、地沟、各种平台、检查孔、墙上留洞、高窗等位置尺寸与标高。对于隐蔽的或者在剖切面以上部位的内容,应以虚线表示。

⑦ 画出剖面图的剖切符号及编号(一般只标注在底层平面图上)。

⑧ 标注有关部位上节点详图的索引符号。

⑨ 在底层平面图附近绘制出指北针。

⑩ 屋面平面图一般内容有:女儿墙、檐沟、屋面坡度、分水线与落水口、变形缝、楼梯间、水箱间、天窗、上人孔、消防梯以及其他构筑物、索引符号等。

图3-8为某住宅楼平面图。

3. 建筑立面图

1) 建筑立面图的图示方法

在与房屋的四个主要外墙面平行的投影面上所绘制的正投影图称为建筑立面图,简称立面图。反映建筑物正立面、背立面、侧立面特征的正投影图,分别称为正立面图、背立面图和侧立面图,侧立面图又分左侧立面图和右侧立面图。立面图也可以按房屋的朝向命名,如东立面图、西立面图、南立面图、北立面图。此外,立面图还可以用各立面图的两端轴线编号命名,如①-⑦立面图、Ⓑ-Ⓠ立面图等。

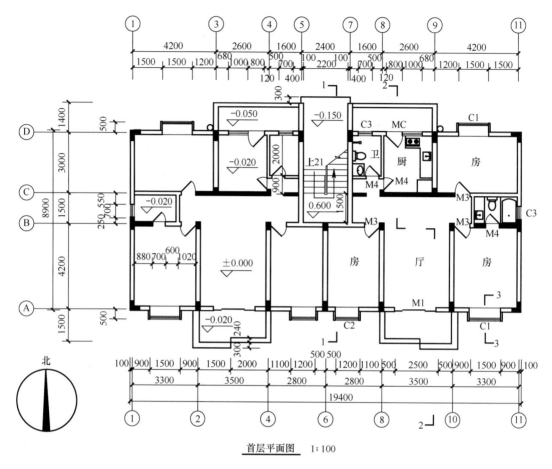

首层平面图 1:100

图 3-8 某住宅楼平面图

为使建筑立面图轮廓清晰、层次分明，通常用粗实线表示立面图的最外轮廓线。外形轮廓线以内的细部轮廓，如凸出墙面的雨篷、阳台、柱、窗台、台阶、屋檐的下檐线以及窗洞、门洞等用中粗线画出。其余轮廓如腰线、粉刷线、分格线、落水管以及引出线等均采用细实线画出。地平线用标准粗度的1.2～1.4倍的加粗线画出。

2）建筑立面图的图示内容

① 表明建筑物外貌形状、门窗和其他构配件的形状和位置，主要包括室外的地面线、房屋的勒脚、台阶、门窗、阳台、雨篷；室外的楼梯、墙和柱；外墙的预留孔洞、檐口、屋顶、雨水管、墙面修饰构件等。

② 外墙各个主要部位的标高和尺寸。

立面图中用标高表示出各主要部位的相对高度，如室内外地面标高、各层楼面标高及檐口标高。相邻两楼面的标高之差即为层高。

立面图中的尺寸是表示建筑物高度方向的尺寸，一般用三道尺寸线表示。最外面一道为建筑物的总高。建筑物的总高是从室外地面到檐口女儿墙的高度。中间一道尺寸线为层高，即下一层楼地面到上一层楼地面的高度。最里面一道为门窗洞口的高度及与楼地面的相对位置。

③ 建筑物两端或分段的轴线和编号。

在立面图中，一般只绘制两端的轴线及编号，以便和平面图对照确定立面图的观看方向。

④ 标出各个部分的构造、装饰节点详图的索引符号，外墙面的装饰材料和做法。

外墙面装修材料及颜色一般用索引符号表示具体做法。

图3-9为某住宅楼立面图。

图3-9　某住宅楼立面图

4. 建筑剖面图

1）建筑剖面图的图示方法

假想用一个或多个垂直于外墙轴线的铅垂剖切平面将房屋剖开，移去靠近观察者的部分，对留下部分所作的正投影图称为建筑剖面图，简称剖面图。

剖面图一般表示房屋在高度方向的结构形式。凡是被剖切到的墙、板、梁等构件的断面轮廓线用粗实线表示，而没有被剖切到的其他构件的轮廓线，则常用中实线或细实线表示。

2）建筑剖面图的图示内容

① 墙、柱及其定位轴线。与建筑立面图一样，剖面图中一般只需画出两端的定位轴线及编号，以便与平面图对照。需要时也可以注出中间轴线。

② 室内底层地面、地沟、各层的楼面、顶棚、屋顶、门窗、楼梯、阳台、雨篷、墙洞、防潮层、室外地面、散水、脚踢板等能看到的内容。

③ 各个部位完成面的标高，包括室内外地面、各层楼面、各层楼梯平台、檐口或女儿墙顶面、楼梯间顶面、电梯间顶面等部位。

④ 各部位的高度尺寸。建筑剖面图中高度方向的尺寸包括外部尺寸和内部尺寸。外

部尺寸的标注方法与立面图相同,包括三道尺寸:门、窗洞口的高度,层间高度,总高度。内部尺寸包括地坑深度、隔断、搁板、平台、室内门窗等的高度。

⑤ 楼面和地面的构造。一般采用引出线指向所说明的部位,按照构造的层次顺序,逐层加以文字说明。

⑥ 详图的索引符号。

建筑剖面图中不能详细表示清楚的部位应引出索引符号,另用详图表示。详图索引符号如图 3-10 所示。

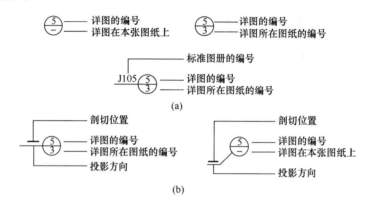

图 3-10 详图索引符号
(a) 详图索引符号;(b) 局部剖切索引符号

图 3-11 为某住宅楼剖面图。

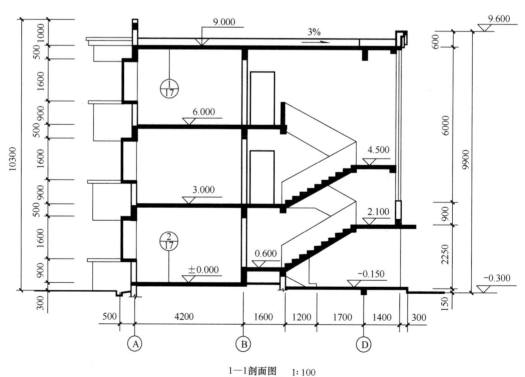

图 3-11 某住宅楼剖面图

5. 建筑详图

需要绘制详图或局部平面放大图的位置一般包括内外墙节点、楼梯、电梯、厨房、卫生间、门窗、室内外装饰等。

详图符号如图 3-12 所示。

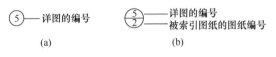

图 3-12　详图符号

(a) 详图与被索引图在同一张图纸上；(b) 详图与被索引图不在同一张图纸上

（三）房屋建筑施工图的识读

1. 施工图识读方法

（1）总揽全局。识读施工图前，先阅读建筑施工图，建立起建筑物的轮廓概念，了解和明确建筑施工图平面、立面、剖面的情况。在此基础上，阅读结构施工图目录，对图样数量和类型做到心中有数。阅读结构设计说明，了解工程概况及所采用的标准图等。粗读结构平面图，了解构件类型、数量和位置。

（2）循序渐进。根据投影关系、构造特点和图纸顺序，从前往后、从上往下、从左往右、由外向内、由大到小、由粗到细反复阅读。

（3）相互对照。识读施工图时，应当图样与说明对照看，建施图、结施图、设施图对照看，基本图与详图对照看。

（4）重点细读。以不同工种身份，有重点地细读施工图，掌握施工必需的重要信息。

2. 施工图识读步骤

识读施工图的一般顺序如下：

（1）阅读图纸目录。根据目录对照检查全套图纸是否齐全，标准图和重复利用的旧图是否配齐，图纸有无缺损。

（2）阅读设计总说明。了解本工程的名称、建筑规模、建筑面积、工程性质以及采用的材料和特殊要求等。对本工程有一个完整的概念。

（3）通读图纸。按建施图、结施图、设施图的顺序对图纸进行初步阅读，也可根据技术分工的不同进行分读。读图时，按照先整体后局部，先文字说明后图样，先图形后尺寸的顺序进行。

（4）精读图纸。在对图纸分类的基础上，对图纸及该图的剖面图、详图进行对照、精细阅读，对图样上的每个线面、每个尺寸都务必认清看懂，并掌握它与其他图的关系。

四、建筑施工技术

（一）地基与基础工程

1. 岩土的工程分类

岩土的分类方法很多。在建筑施工中，按照施工开挖的难易程度将岩土分为八类，见表4-1。其中，一～四类为土，五～八类为岩石。

岩土的工程分类　　　　　　　　　表4-1

类　别	土的名称	现场鉴别方法
第一类（松软土）	砂，粉土，冲积砂土层，种植土，泥炭（淤泥）	用锹挖掘
第二类（普通土）	粉质黏土，潮湿的黄土，夹有碎石、卵石的砂，种植土，填筑土和粉土	用锄头挖掘
第三类（坚土）	软及中等密实黏土，重粉质、粉质黏土，粗砾石，干黄土及含碎石、卵石的黄土、压实填土	用镐挖掘
第四类（砂砾坚土）	重黏土及含碎石、卵石的黏土，粗卵石，密实的黄土，天然级配砂石，软泥灰岩及蛋白石	用镐挖掘吃力，冒火星
第五类（软石）	硬石炭纪黏土，中等密实白垩土，胶结不紧的砾岩，软的石灰岩的页岩、泥灰岩	用风镐、大锤等
第六类（次坚石）	泥岩，砂岩，砾岩，坚实的页岩、泥灰岩，密实的石灰石，风化花岗石，片麻岩	用爆破，部分用风镐
第七类（坚石）	大理石，辉绿岩，玢岩，粗、中粒花岗石，坚实的白云岩、砂岩、砾岩、片麻岩、石灰石	用爆破方法
第八类（特坚石）	安山岩，玄武岩，花岗片麻岩，坚实细粒花岗石，闪长岩，石英岩，辉长岩、辉绿岩，玢岩	用爆破方法

2. 基坑（槽）开挖、支护及回填的主要方法

（1）基坑（槽）开挖

1）施工工艺流程

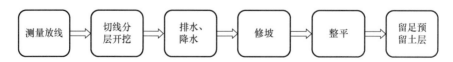

测量放线 → 切线分层开挖 → 排水、降水 → 修坡 → 整平 → 留足预留土层

2）施工要点

① 浅基坑（槽）开挖，应先进行测量定位，抄平放线，定出开挖长度。

② 按放线分块（段）分层挖土。根据土质和水文情况，采取在四侧或两侧直立开挖或放坡，以保证施工操作安全。

③ 在地下水位以下挖土。应在基坑（槽）四周挖好临时排水沟和集水井，或采用井点降水，将水位降低至坑（槽）底以下500mm，以利土方开挖。降水工作应持续到基础（包括地下水位下回填土）施工完成。雨期施工时，基坑（槽）应分段开挖，挖好一段浇筑一段垫层，并在基坑（槽）四周围做土堤或挖排水沟，以防地面雨水流入基坑（槽），同时应经常检查边坡和支撑情况，以防止坑壁受水浸泡造成塌方。

④ 基坑开挖应尽量防止对地基土的扰动。当基坑挖好后不能立即进行下道工序时，应预留15～30cm的土层不挖，待下道工序开始再挖至设计标高。采用机械开挖基坑时，为避免破坏基底土，应在基底标高以上预留15～30cm的土层由人工挖掘修整。

⑤ 基坑开挖时，应对平面控制桩、水准点、基坑平面位置、水平标高、边坡坡度等经常复测检查。

⑥ 基坑挖完后应进行验槽，做好记录，当发现地基土质与地质勘探报告、设计要求不符时，应及时与有关人员研究处理。

（2）基坑支护

1）钢板桩施工

钢板桩支护具有施工速度快、可重复使用的特点。常用的钢板桩有U形和Z形，还有直腹板式、H形和组合式钢板桩。常用的钢板桩施工机械有自由落锤、气动锤、柴油锤、振动锤，使用较多的是振动锤。

2）水泥土墙施工

深层搅拌水泥土桩墙，是采用水泥作为固化剂，通过特制的深层搅拌机械，在地基深处就地将软土和水泥强制搅拌形成水泥土，利用水泥和软土之间所产生的一系列物理-化学反应，使软土硬化成整体性的并有一定强度的挡土、防渗墙。

3）地下连续墙施工

用特制的挖槽机械，在泥浆护壁下开挖一个单元槽段的沟槽，清底后放入钢筋笼，用导管浇筑混凝土至设计标高，一个单元槽段即施工完毕。各单元槽段间由特制的接头连接，形成连续的钢筋混凝土墙体。工程开挖土方时，地下连续墙可用作支护结构，既挡土又挡水，地下连续墙还可同时用作建筑物的承重结构。

（3）土方回填压实

1）施工工艺流程

2）施工要点

① 土料要求与含水量控制

填方土料应符合设计要求，以保证填方的强度和稳定性。当设计无要求时，应符合以下规定：

A. 碎石类土、砂土和爆破石渣（粒径不大于每层铺土厚的2/3），可作为表层下的填料；

B. 含水量符合压实要求的黏性土，可作各层填料；

C. 淤泥和淤泥质土，一般不能用作填料。

土料含水量一般以手握成团，落地开花为适宜。含水量过大，应采取翻松、晾干、风干、换土回填、掺入干土或其他吸水性材料等措施；当含水量小时，则应预先洒水润湿。亦可采取增加压实遍数或使用大功率压实机械等措施。

② 基底处理

A. 场地回填应先清除基底上垃圾、草皮、树根，排除坑穴中积水、淤泥和杂物，并应采取措施防止地表清水流入填方区，浸泡地基，造成地基土下陷。

B. 当填方基底为耕植土或松土时，应将基底充分夯实和碾压密实。

③ 填土压实要求

铺土应分层进行，每次铺土厚度不大于 30~50cm（视所用压实机械的要求而定）。

④ 填土的压实密实度要求

填方的密实度要求和质量指标通常以压密系数 λ_c 表示，密实度要求一般由设计根据工程结构性质、使用要求以及土的性质确定，如未作规定，可参考表 4-2 确定。

压实填土的质量控制　　　　　表 4-2

结构类型	填土部位	压实系数 λ_c	控制含水量
砌体承重结构和框架结构	在地基主要受力层范围内	≥0.97	$w \pm 2$
	在地基主要受力层范围以外	≥0.95	
排架结构	在地基主要受力层范围内	≥0.96	$w_{op} \pm 2$
	在地基主要受力层范围以外	≥0.94	
地坪垫层以下及基础底面标高以上的压实填土，压实系数不应小于 0.94			

A. 人工填土要求

填土应从场地最低部分开始，由一端向另一端自下而上分层铺填。每层虚铺厚度，用人工打夯夯实时不大于 20cm，用打夯机械夯实时宜为 20~25cm。深浅坑（槽）相连时，应先填深坑（槽），填平后与浅坑全面分层填夯。如采取分段填筑，交接处应填成阶梯形。墙基及管道回填应在两侧用细土同时均匀回填、夯实，防止墙基及管道中心线位移。

夯填土应按次序进行，一夯压半夯。较大面积人工回填用打夯机夯实。两机平行时其间距不得小于 3m。在同一夯打路线上，前后间距不得小于 10m。

B. 机械填土要求

铺土应分层进行，每次铺土厚度不大于 30~40cm（视所用压实机械的要求而定）。每层铺土后，利用填土机械将地表面刮平。填土程序一般尽量采取横向或纵向分层卸土，以利行驶时初步压实。

3. 混凝土基础施工工艺

（1）钢筋混凝土扩展基础

钢筋混凝土扩展基础系指柱下钢筋混凝土独立基础和墙下钢筋混凝土条形基础。

1）施工工艺流程

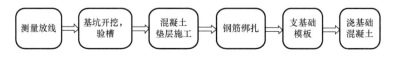

2) 施工要点

① 混凝土浇筑前应先行验槽，基坑尺寸及轴线定位应符合设计要求、对局部软弱土层应挖去，用灰土或砂砾回填夯实与基底相平。

② 在地基或基土上浇筑混凝土时，应清除淤泥和杂物，并应有排水和防水措施。对干燥的黏性土，应用水湿润；对未风化的岩石，应用水清洗，但其表面不得留有积水。

③ 垫层混凝土在验槽后应立即浇筑，以保护地基。

④ 钢筋绑扎时，钢筋上的泥土、油污。模板内的垃圾、杂物应清除干净。木模板应浇水湿润，缝隙应堵严，基坑积水应排除干净。

⑤ 当垫层素混凝土达到一定强度后，在其上弹线、支模，模板要求牢固，无缝隙。

⑥ 混凝土宜分段分层浇筑，每层厚度不超过 500mm。各段各层间应互相衔接，每段长 2～3m，使逐段逐层呈阶梯形推进，并注意先使混凝土充满模板边角，然后浇筑中间部分。混凝土应连续浇筑，以保证结构良好的整体性。混凝土自高处倾落时，其自由倾落高度不宜超过 2m。如高度超过 2m，应设料斗、漏斗、串筒、斜槽、溜管，以防止混凝土产生分层离析。

(2) 筏形基础

筏形基础分为梁板式和平板式，梁板式又分正向梁板式和反向梁板式。

1) 施工工艺流程

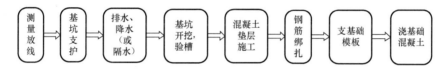

2) 施工要点

① 基坑支护结构应安全，当基坑开挖危及邻近建（构）筑物、道路及地下管线的安全与使用时，开挖也应采取支护措施。

② 当地下水位影响基坑施工时，应采取人工降低地下水位或隔水措施。

③ 当采用机械开挖时，应保留 200～300mm 土层由人工挖除。

④ 基坑开挖完成并经验收后，应立即进行基础施工，防止暴晒和雨水浸泡造成基土破坏。

⑤ 基础长度超过 40m 时，宜设置施工缝，缝宽不宜小于 80cm。在施工缝处，钢筋必须贯通；当主楼与裙房采用整体基础，且主楼基础与裙房基础之间采用后浇带时，后浇带的处理方法应与施工缝相同。

⑥ 基础混凝土应采用同一品种水泥、掺合料、外加剂和同一配合比。大体积混凝土可采用掺合料和外加剂改善混凝土和易性，减少水泥用量，降低水化热。

⑦ 基础施工完毕后，基坑应及时回填。回填前应清除基坑中的杂物；回填应在相对的两侧或四周同时均匀进行，并分层夯实。

(3) 箱形基础

箱形基础的施工工艺与筏形基础相同。

（二）砌体工程

1. 砌体工程的种类

根据砌筑主体的不同，砌体工程可分为砖砌体工程、石砌体工程、砌块砌体工程、配筋砌体工程。

（1）砖砌体

由砖和砂浆砌筑而成的砌体称为砖砌体。砖有烧结黏土砖、烧结多孔砖、蒸压灰砂砖、粉煤灰砖、混凝土砖等，并有实心砖与空心砖两种形式。

（2）石砌体

由石材和砂浆砌筑的砌体为石砌体。常用的石砌体有料石砌体、毛石砌体、毛石混凝土砌体。

（3）砌块砌体

由砌块和砂浆砌筑的砌体为砌块砌体。常用的砌块砌体有混凝土空心砌块砌体、加气混凝土砌块砌体、水泥炉渣空心砌块砌体、粉煤灰硅酸盐砌块砌体等。

（4）配筋砌体

为了提高砌体的受压承载力和减小构件的截面尺寸，可在砌体内配置适量的钢筋形成配筋砌体。

2. 砌体施工工艺

（1）砖砌体

1）施工工艺流程

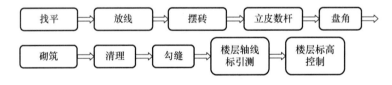

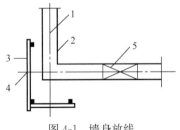

图 4-1 墙身放线
1—墙轴线；2—墙边线；3—龙门板；
4—墙轴线标志；5—门洞位置标志

2）施工要点

① 找平、放线：砌筑前，在基础防潮层或楼面上先用水泥砂浆或细石混凝土找平，然后在龙门板上以定位钉为标志，弹出墙的轴线、边线，定出门窗洞口位置，如图 4-1 所示。

② 摆砖：是指在放线的基面上按选定的组砌形式用于砖试摆。一般在房屋外纵墙方向摆顺砖，在山墙方向摆丁砖，摆砖由一个大角摆到另一个大角，砖与砖留 10mm 缝隙。摆砖的目的是校对放出的墨线在门窗洞口、附墙垛等处是否符合砖的模数，以尽可能减少砍砖，并使砌体灰缝均匀，组砌得当。

③ 立皮数杆：是指在其上划有每皮砖和灰缝厚度，以及门窗洞口、过梁、楼板、梁底、预埋件等标高位置的一种木制标杆，如图4-2所示。它是砌筑时控制每皮砖的竖向尺寸，并使铺灰、砌砖的厚度均匀，洞口及构件位置留设正确，同时还可以保证砌体的垂直度。

皮数杆一般立于房屋的四大角、内外墙交接处、楼梯间以及洞口多的地方。一般可每隔10～15m立一根。皮数杆的设立，应有两个方向斜撑或锚钉加以固定，以保证其固定和垂直。一般每次开始砌砖前应用水准仪校正标高，并检查一遍皮数杆的垂直度和牢固程度。

④ 盘角、砌筑：砌筑时应先盘角，盘角是确定墙身两面横平竖直的主要依据，盘角时主要大角不宜超过5皮砖，且应随砌随盘，做到"三皮一吊，五皮一靠"，对照皮数杆检查无误后，才能挂线砌筑中间墙体。为了保证灰缝平直，要挂线砌筑。一般一砖墙单面挂线，一砖半以上砖墙则宜双面挂线。

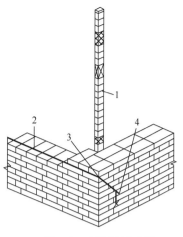

图4-2 皮数杆示意图
1—皮数杆；2—准线；
3—竹片；4—圆铁钉

⑤ 清理、勾缝：当该层该施工面墙体砌筑完成后，应及时对墙面和落地灰进行清理。

勾缝是清水砖墙的最后一道工序，具有保护墙面和增加墙面美观的作用。墙面勾缝有采用砌筑砂浆随砌随勾缝的原浆勾缝和加浆勾缝，加浆勾缝系指在砌筑几皮砖以后，先在灰缝处划出1cm深的灰槽。待砌完整个墙体以后，再用细砂拌制1:1.5水泥砂浆勾缝，勾缝完的墙面应及时清扫。

⑥ 楼层轴线引测：为了保证各层墙身轴线的重合和施工方便，在弹墙身线时，应根据龙门板上标注的轴线位置将轴线引测到房屋的外墙基上，二层以上各层墙的轴线，可用经纬仪或锤球引测到楼层上去，同时还须根据图上轴线尺寸用钢尺进行校核。

⑦ 楼层标高的控制：各层标高除立皮数杆控制外，还可弹出室内水平线进行控制。底层砌到一定高度后，在各层的里墙身，用水准仪根据龙门板上的±0.000标高，引出统一标高的测量点（一般比室内地坪高出200～500mm），然后在墙角两点弹出水平线，依次控制底层过梁、圈梁和楼板底标高。当楼层墙身砌到一定高度后，先从底层水平线用钢尺往上量各层水平控制线的第一个标志，然后以此标志为准，用水准仪引测再定出各层墙面的水平控制线，以此控制各层标高。

（2）砌块砌体

1）施工工艺流程

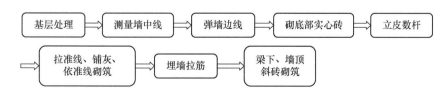

2）施工要点

① 基层处理：将砌筑加气砖墙体根部的混凝土梁、柱的表面清扫干净，用砂浆找平，

拉线,用水平尺检查其平整度。

② 砌底部实心砖:在墙体底部,在砌第一皮加气砖前,应用实心砖砌筑,其高度宜不小于200mm。

③ 拉准线、铺灰、依准线砌筑:为保证墙体垂直度、水平度,采取分段拉准线砌筑,铺浆要厚薄均匀,每一块砖全长上铺满砂浆,浆面平整,保证灰缝厚度,灰缝厚度宜为15mm,灰缝要求横平竖直,水平灰缝应饱满,竖缝采用挤浆和加浆方法,不得出现透明缝,严禁用水冲洗灌缝。铺浆后立即放置砌块,要求一次摆正找平。如铺浆后不立即放置砌块,砂浆凝固了,须铲去砂浆,重新砌筑。

④ 埋墙拉筋:与钢筋混凝土柱(墙)的连接,采取在混凝土柱(墙)上打入$2\phi6$@500的膨胀螺栓,然后在膨胀螺栓上焊接$\phi6$的钢筋,长可埋入加气砖墙体内1000mm。

⑤ 梁下、墙顶斜砖砌筑:与梁的接触处待加气砖砌完一星期后采用灰砂砖斜砌顶紧。

(3) 毛石砌体

1) 施工工艺流程

2) 施工要点

① 砂浆用水泥砂浆或水泥混合砂浆,一般用铺浆法砌筑,灰缝厚度应符合要求,且砂浆饱满。毛料石和粗料石砌体的灰缝厚度不宜大于20mm,细料石砌体的灰缝厚度不宜大于5mm。

② 毛石砌体宜分皮卧砌,且按内外搭接,上下错缝,拉结石、丁砌石交错设置的原则组砌,不得采用外面侧立石块,中间填心的砌筑方法。每日砌筑高度不宜超过1.2m,在转角处及交接处应同时砌筑,如不能同时砌筑时,应留斜槎。

③ 毛石墙一般灰缝不规则,对外观要求整齐的墙面,其外皮石材可适当加工。毛石墙的第一皮及转角、交接处和洞口处,应用料石或较大的平毛石砌筑,每个楼层砌体最上一皮应选用较大的毛石砌筑。墙角部分纵横宽度至少为0.8m。毛石墙在转角处,应采用有直角边的石料砌在墙角一面,据长短形状纵横搭接砌入墙内,丁字接头处,要选取较为平整的长方形石块,长短纵横砌入墙内,使其在纵横墙中上下皮能相互搭接;毛石墙的第一皮石块及最上一皮石块应选用较大。

④ 平毛石砌筑,第一皮大面向下,以后各皮上下错缝,内外搭接,墙中不应放铲口石和全部对合石,毛石墙必须设置拉结石,拉结石应均匀分布,相互错开,一般每0.7m²墙面至少设置一块,且同皮内的中距不大于2m。拉结石长度,如墙厚等于或小于400mm,应等于墙厚。墙厚大于400mm,可用两块拉结石内外搭接,搭接长度不小于150mm,且其中一块长度不小于墙厚的2/3。

⑤ 毛石挡土墙一般按3~4皮为一个分层高度砌筑,每砌一个分层高度应找平一次;毛石挡土墙外露面灰缝厚度不得大于40mm,两个分层高度间分层处的错缝不得小于80mm;对于中间毛石砌筑的料石挡土墙,丁砌料石应深入中间毛石部分的长度不应小于200mm;挡土墙的泄水孔应按设计施工,若无设计规定时,应按每米高度上间隔2m左右设置一个泄水孔。

（三）钢筋混凝土工程

1. 常见模板的种类

（1）组合式模板

组合式模板，在现代模板技术中具有通用性强、装拆方便、周转使用次数多的一种新型模板，用它进行现浇混凝土结构施工，可事先按设计要求组拼成梁、柱、墙、楼板的大型模板，整体吊装就位，也可采用散支散拆方法。

1）组合钢模板

组合钢模板由钢模板和配件两部分组成。配件又由连接件和支承件组成。钢模板主要包括平面模板、阴角模板、阳角模板、连接角模板等。

2）钢框木（竹）胶合板模板

钢框木（竹）胶合板模板，是以热轧异型钢为钢框架，以覆面胶合板作板面，并加焊若干钢筋承托面板的一种组合式模板。面板有木、竹胶合板，单片木面竹芯胶合板等。

（2）工具式模板

工具式模板，是针对工程结构构件的特点，研制开发的可持续周转使用的专用性模板，常用的有大模板、滑动模板、爬升模板、飞模等。

1）大模板

大模板是大型模板或大块模板的简称。它的单块模板面积大，通常是以一面现浇墙使用一块模板，区别于组合钢模板和钢框胶合板模板，故称大模板（图4-3、图4-4）。

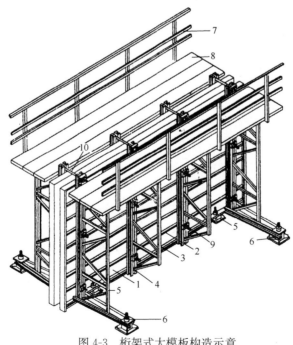

图4-3 桁架式大模板构造示意

1—面板；2—水平肋；3—支撑桁架；4—竖肋；5—水平调整装置；6—垂直调整装置；
7—栏杆；8—脚手板；9—穿墙螺栓；10—固定卡具

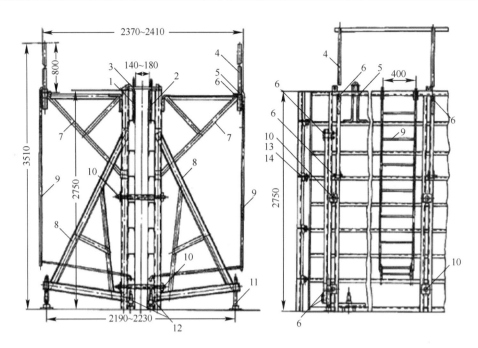

图 4-4 大模板构造

1—反向模板；2—正向模板；3—上口卡板；4—活动护身栏；5—爬梯横担；6—螺栓连接；7—操作平台斜撑；8—支撑架；9—爬梯；10—穿墙螺栓；11—地脚螺栓；12—地脚；13—反活动角模；14—正活动角模

大模板依其构造和组拼方式可以分为整体式大模板、组合式大模板、拼装式大模板和筒形模板，以及用于外墙面施工的装饰混凝土模板。

2）滑动模板

滑动模板（简称滑模）施工，是现浇混凝土工程的一项施工工艺，与常规施工方法相比，这种施工工艺具有施工速度快、机械化程度高、可节省支模和搭设脚手架所需的工料、能较方便地将模板进行拆散和灵活组装并可重复使用。

3）爬升模板

爬升模板是综合大模板与滑动模板工艺和特点的一种模板工艺，具有大模板和滑动模板共同的优点，尤其适用于超高层建筑施工。爬升模板（即爬模），是一种适用于现浇钢筋混凝土竖向（或倾斜）结构的模板工艺，如使用于墙体、电梯井、桥梁、塔柱等。

4）飞模

飞模是一种大型工具式模板。因其外形如桌，故又称桌模或台模。由于它可以借助起重机械从已浇筑完混凝土的楼板下吊运飞出转移到上层重复使用，故称飞模。

飞模主要由平台板、支撑系统（包括梁、支架、支撑、支腿等）和其他配件（如升降和行走机构等）组成。其适用于大开间、大柱网、大进深的现浇钢筋混凝土楼盖施工，尤其适用于现浇板柱结构（无柱帽）楼盖的施工。

(3) 永久性模板

永久性模板，亦称一次性消耗模板，在结构构件混凝土浇筑后模板不拆除，并构成构件受力或非受力的组成部分。

1）压型钢板模板

压型钢板模板，是采用镀锌或经防腐处理的薄钢板，经成型机冷轧成具有梯波形截面的槽型钢板或开口式方盒状钢壳的一种工程模板材料。

压型钢板模板具有加工容易，重量轻，安装速度快，操作简便和取消支、拆模板的烦琐工序等优点。

2）预应力混凝土薄板模板

预应力混凝土薄板模板，一般是在构件预制工厂的台座上生产，通过施加预应力配筋制作成的一种预应力混凝土薄板构件，这种薄板主要应用于现浇钢筋混凝土楼板工程，薄板本身既是现浇楼板的永久性模板；当与楼板的现浇混凝土叠合后，又是构成楼板的受力结构部分，与楼板组成组合板，或构成楼板的非受力结构部分，而只作永久性模板使用。

2. 钢筋工程施工

（1）钢筋加工

1）钢筋除锈

钢筋的表面应洁净。油渍、漆污和用锤敲击时能剥落的浮皮、铁锈等应在使用前清除干净。在焊接前，焊点处的水锈应清除干净。

钢筋的除锈，一般可通过以下两个途径：一是在钢筋冷拉或钢丝调直过程中除锈，对大量钢筋的除锈较为经济省力；二是用机械方法除锈。如采用电动除锈机除锈，对钢筋的局部除锈较为方便。还可采用手工除锈（用钢丝刷、砂盘）、喷砂和酸洗除锈等。

2）钢筋调直

钢筋的调直是在钢筋加工成型之前，对热轧钢筋进行矫正，使钢筋成为直线的一道工序。钢筋调直的方法分为机械调直和人工调直。以盘圆供应的钢筋在使用前需要进行调直，调直应优先采用机械方法调直，以保证调直钢筋的质量。

3）钢筋切断

断丝钳切断法：主要用于切断直径较小的钢筋，如钢丝网片、分布钢筋等。

手动切断机：主要用于切断直径在16mm以下的钢筋，其手柄长度可根据切断钢筋直径的大小来调，以达到切断时省力的目的。

液压切断器切断法：主要用于切断直径在16mm以上的钢筋。

4）钢筋弯曲成型

钢筋弯曲和弯折的有关规定：

① 受力钢筋

A. HPB300钢筋末端应做180°弯钩，其弯弧内直径不应小于钢筋直径的2.5倍，弯钩的弯后平直部分长度不应小于钢筋直径的3倍。

B. 当设计要求钢筋末端需做135°弯钩时，钢筋的弯弧内直径D不应小于钢筋直径的4倍，弯钩的弯后平直部分长度应符合设计要求。

C. 钢筋做不大于90°的弯折时，弯折处的弯弧内直径不应小于钢筋直径的5倍。

② 箍筋

除焊接封闭环式箍筋外，箍筋的末端应做弯钩。弯钩形式应符合设计要求。

（2）钢筋的连接

钢筋的连接可分为两类：绑扎搭接、机械连接或焊接。当受拉钢筋的直径$d>25$mm

及受压钢筋的直径 $d>28$mm 时，不宜采用绑扎搭接接头。

1) 钢筋搭接连接

同一构件中相邻纵向受力钢筋的绑扎搭接接头宜相互错开。

在任何情况下，纵向受拉钢筋绑扎搭接接头的搭接长度不应小于 300mm，纵向受压钢筋的搭接长度不应小于 200mm。

2) 钢筋焊接连接

① 钢筋电阻点焊

钢筋电阻点焊是将两根钢筋安放成交叉叠接形式，压紧于两电极之间，利用电阻热熔化母材金属，加压形成焊点的一种压焊方法。

② 钢筋电弧焊

钢筋电弧焊是以焊条作为一极、钢筋为另一极，利用焊接电流通过产生的电弧热进行焊接的一种熔焊方法。

③ 钢筋电渣压力焊

钢筋电渣压力焊是将两根钢筋安放成竖向对接形式，利用焊接电流通过两根钢筋端面间隙，在焊剂层下形成电弧过程和电渣过程，产生电弧热和电阻热，熔化钢筋，加压完成的一种压焊方法。

3) 钢筋机械连接

① 钢筋套筒挤压连接

带肋钢筋套筒挤压连接是将两根待接钢筋插入钢套筒，用挤压连接设备沿径向挤压钢套筒，使之产生塑性变形，依靠变形后的钢套筒与被连接钢筋纵、横肋产生的机械咬合成为整体的钢筋连接方法。

② 钢筋锥螺纹套筒连接

钢筋锥螺纹套筒连接是将两根待接钢筋端头用套丝机做出锥形外丝，然后用带锥形内丝的套筒将钢筋两端拧紧的钢筋连接方法。

③ 钢筋镦粗直螺纹套筒连接

钢筋镦粗直螺纹套筒连接是先将钢筋端头镦粗，再切削成直螺纹，然后用带直螺纹的套筒将钢筋两端拧紧的钢筋连接方法。

④ 钢筋滚压直螺纹套筒连接

钢筋滚压直螺纹套筒连接是利用金属材料塑性变形后冷作硬化增强金属材料强度的特性，使接头与母材等强的连接方法。根据滚压直螺纹成型方式，又可分为直接滚压螺纹、压肋滚压螺纹、剥肋滚压螺纹三种类型。

(3) 钢筋安装

1) 钢筋现场绑扎

① 核对成品钢筋的钢号、直径、形状、尺寸和数量等是否与料单料牌相符。如有错漏，应纠正增补。

② 准备绑扎用的钢丝、绑扎工具（如钢筋钩、带扳口的小撬棍）、绑扎架等。

钢筋绑扎用的钢丝，可采用 20～22 号钢丝，其中 22 号钢丝只用于绑扎直径 12mm 以下的钢筋。

③ 准备控制混凝土保护层用的水泥砂浆垫块或塑料卡。

水泥砂浆垫块的厚度,应等于保护层厚度。垫块的平面尺寸:当保护层厚度等于或小于 20mm 时为 30mm×30mm,大于 20mm 时为 50mm×50mm。当在垂直方向使用垫块时,可在垫块中埋入 20 号钢丝。

④ 划出钢筋位置线。平板或墙板的钢筋,在模板上画线;柱的箍筋,在两根对角线主筋上划点;梁的箍筋,则在架立筋上划点;基础的钢筋,在两向各取一根钢筋划点或在垫层上画线。

⑤ 绑扎形式复杂的结构部位时,应先研究逐根钢筋穿插就位的顺序,并与模板工联系讨论支模和绑扎钢筋的先后次序,以减少绑扎困难。

2) 基础钢筋绑扎

① 施工工艺流程

② 施工要点

A. 钢筋网的绑扎。四周两行钢筋交叉点应每点扎牢。中间部分交叉点可相隔交错扎牢,但必须保证受力钢筋不位移。双向主筋的钢筋网,则须将全部钢筋相交点扎牢。绑扎时应注意相邻绑扎点的钢丝扣要成八字形,以免网片歪斜变形。

B. 基础底板采用双层钢筋网时,在上层钢筋网下面应设置钢筋撑脚或混凝土撑脚。以保证钢筋位置正确。

钢筋撑脚每隔 1m 放置一个。其直径选用:当板厚 $h \leqslant 30cm$ 时为 8~10mm;当板厚 $h=30~50cm$ 时为 12~14mm;当板厚 $h>50cm$ 时为 16~18mm。

C. 钢筋的弯钩应朝上。不要倒向一边;但双层钢筋网的上层钢筋弯钩应朝下。

D. 独立柱基础为双向弯曲,其底面短边的钢筋应放在长边钢筋的上面。

E. 现浇柱与基础连接用的插筋,其箍筋应比柱的箍筋缩小一个柱筋直径,以便连接。插筋位置一定要固定牢靠,以免造成柱轴线偏移。

F. 对厚片筏上部钢筋网片,可采用钢管临时支撑体系。

3) 柱钢筋绑扎

① 施工工艺流程

② 施工要点

A. 柱中的竖向钢筋搭接时,角部钢筋的弯钩应与模板成 45°(多边形柱为模板内角的平分角,圆形柱应与模板切线垂直)。中间钢筋的弯钩应与模板成 90°。如果用插入式振捣器浇筑小型截面柱时,弯钩与模板的角度不得小于 15°。

B. 箍筋的接头(弯钩叠合处)应交错布置在四角纵向钢筋上;箍筋转角与纵向钢筋交叉点均应扎牢(箍筋平直部分与纵向钢筋交叉点可间隔扎牢)。绑扎箍筋时绑扣相互间应成八字形。

C. 下层柱的钢筋露出楼面部分，宜用工具式柱箍将其收进一个柱筋直径，以利上层柱的钢筋搭接。当柱截面有变化时，其下层柱钢筋的露出部分，必须在绑扎梁的钢筋之前，先行收缩准确。

D. 框架梁、牛腿及柱帽等钢筋，应放在柱的纵向钢筋内侧。

E. 柱钢筋的绑扎，应在模板安装前进行。

4) 板钢筋绑扎

① 施工工艺流程

② 施工要点

A. 现浇楼板钢筋的绑扎是在梁钢筋骨架放下之后进行的。在现浇楼板钢筋铺设时，对于单向受力板，应先铺设平行于短边方向的受力钢筋，后铺设平行于长边方向的分布钢筋；对于双向受力板，应先铺设平行于短边方向的受力钢筋，后铺设平行于长边方向的受力钢筋。且须特别注意，板上部的负筋、主筋与分布钢筋的相交点必须全部绑扎，并垫上保护层垫块。如楼板为双层钢筋时，两层钢筋之间应撑铁，以确保两层钢筋之间的有效高度，管线应在负筋没有绑扎前预埋好，以免施工人员施工时过多地踩倒负筋。

B. 板、次梁与主梁交叉处，板的钢筋在上，次梁的钢筋居中。主梁的钢筋在下；当有圈梁或垫梁时，主梁的钢筋在上。

C. 板的钢筋网绑扎与基础相同，但应注意板上部的负筋。要防止被踩下，特别是雨篷、挑檐、阳台等悬臂板。要严格控制负筋位置，以免拆模后断裂。

(4) 植筋施工

在钢筋混凝土结构上钻出孔洞，注入胶粘剂，植入钢筋，待其固化后即完成植筋施工。用此植筋犹如原有结构中的预埋筋，能使所植钢筋的技术性能得以充分利用。

3. 混凝土工程施工

混凝土工程施工包括混凝土拌合料的制备、运输、浇筑、振捣、养护等工艺过程，传统的混凝土拌合料是在混凝土配合比确定后在施工现场进行配料和拌制，近年来，混凝土拌合料的制备实现了工业化生产，大多数城市实现了混凝土集中预拌，商品化供应混凝土拌合料，施工现场的混凝土工程施工工艺减少了制备过程。

(1) 混凝土拌合料的运输

1) 运输要求

混凝土拌合料自商品混凝土厂装车后，应及时运至浇筑地点。混凝土拌合料运输过程中一般要求：

① 保持其均匀性，不离析、不漏浆。

② 运到浇筑地点时应具有设计配合比所规定的坍落度。

③ 应在混凝土初凝前浇入模板并捣实完毕。

④ 保证混凝土浇筑能连续进行。

2) 运输时间

混凝土从搅拌机卸出到浇筑进模后时间间隔不得超过表 4-3 中所列的数值。若使用快硬水泥或掺有促凝剂的混凝土，其运输时间由试验确定，轻骨料混凝土的运输、浇筑延续时间应适当缩短。

混凝土从搅拌机中卸出到浇筑完毕的延续时间（min）　　　表 4-3

混凝土强度等级	气温低于 25℃	气温高于 25℃
C30 及 C30 以下	120	90
高于 C30	90	60

3) 运输方案及运输设备

混凝土拌合料自搅拌站运至工地，多采用混凝土搅拌运输车，在工地内，混凝土运输目前可以选择的组合方案有：

① "泵送"方案；

② "塔式起重机＋料斗"方案。

(2) 混凝土浇筑

混凝土浇筑就是将混凝土放入已安装好的模板内并振捣密实以形成符合要求的结构或构件的施工过程，包括布料、振捣、抹平等工序。

1) 混凝土浇筑的基本要求

① 混凝土应分层浇筑，分层捣实，但两层混凝土浇捣时间间隔不超过规范规定。

② 浇筑应连续作业，在竖向结构中如浇灌高度超过 3m 时，应采用溜槽或串筒下料。

③ 在浇筑竖向结构混凝土前，应先在浇筑处底部填入 50～100mm 厚与混凝土内砂浆成分相同的水泥浆或水泥砂浆（接浆处理）。

④ 浇筑过程应经常观察模板及其支架、钢筋、埋设件和预留孔洞的情况，当发现有变形或位移时，应立即快速处理。

2) 施工缝的留设和处理

施工缝是新浇筑混凝土与已凝结或已硬化混凝土的结合面。由于新旧混凝土的结合力较差，故施工缝处是构件中的薄弱环节。为保证结构的整体性，混凝土的浇筑应连续进行，尽量缩短间歇时间。如因施工组织或技术上的原因不能连续浇筑，混凝土运输、浇筑及中间的间歇时间超过混凝土的凝结时间，则应留置施工缝。

留置施工缝的位置应事先确定，施工缝应留在结构受剪力较小且便于施工的部位。柱子应留水平缝，梁、板和墙应留垂直缝。

施工缝的处理：在施工缝处继续浇筑混凝土时，应待浇筑的混凝土抗压强度不小于 1.2MPa 后方可进行，以抵抗继续浇筑混凝土的扰动，而且应对施工缝进行处理。一般是将混凝土表面凿毛、清洗、清除水泥浆膜和松动石子或软弱混凝土层，再满铺一层厚 10～15mm 的水泥浆或与混凝土同水灰比的水泥砂浆，方可继续浇筑混凝土。施工缝处混凝土应细致捣实，使新旧混凝土紧密结合。

3) 混凝土振捣

在浇筑过程中，必须使用振捣工具振捣混凝土，尽快将拌合物中的空气振出，将混凝土拌合料中的空气赶出来，因为空气含量太多的混凝土会降低其强度。用于振捣密实混凝土拌合物的机械，按其作业方式可分为：内部振动器、表面振动器、外部振动器和振动台。

（3）混凝土养护

养护方法有自然养护、蒸汽养护、蓄热养护等。

对混凝土进行自然养护，是指在平均气温高于+5℃的条件下于一定时间内使混凝土保持湿润状态。自然养护又可分为洒水养护和喷洒塑料薄膜养生液养护等。

洒水养护是用吸水保温能力较强的材料（如草帘、芦席、麻袋、锯末等）将混凝土覆盖，经常洒水使其保持湿润。养护时间长短取决于水泥品种，硅酸盐水泥、普通硅酸盐水泥和矿渣硅酸盐水泥拌制的混凝土，不少于7d；火山灰质硅酸盐水泥和粉煤灰硅酸盐水泥拌制的混凝土不少于14d；有抗渗要求的混凝土不少于14d。洒水次数以能保持混凝土具有足够的润湿状态为宜。养护初期和气温较高时应增加洒水次数。

喷洒塑料薄膜养生液养护适用于不易洒水养护的高耸构筑物和大面积混凝土结构及缺水地区。

对于表面积大的构件（如地坪、楼板、屋面、路面等），也可用湿土、湿砂覆盖，或沿构件周边用黏土等围住，在构件中间蓄水进行养护。

混凝土必须养护至其强度达到1.2MPa以上，才准在上面行人和架设支架、安装模板，且不得冲击混凝土，以免振动和破坏正在硬化过程中的混凝土的内部结构。

（四）钢结构工程

1. 钢结构的连接方法

（1）焊接

钢结构工程常用的焊接方法有：药皮焊条手工电弧焊、自动（半自动）埋弧焊、气体保护焊。

1）药皮焊条手工电弧焊：原理是在涂有药皮的金属电极与焊件之间施加电压，由于电极强烈放电导致气体电离，产生焊接电弧，高温下致使焊条和焊件局部熔化，形成气体、熔渣、熔池，气体和熔渣对熔池起保护作用，同时，熔渣与熔池金属产生冶炼反应后凝固成焊渣，冷却凝成焊缝，固态焊渣覆盖于焊缝金属表面后成形。

2）埋弧焊：是当今生产效率较高的机械化焊接方法之一，又称焊剂层下自动电弧焊；焊丝与母材之间施加电压并相互接触放弧后使焊丝端部及电弧区周围的焊剂及母材熔化，形成金属熔滴、熔池及熔渣。金属熔池受到浮于表面的熔渣和焊剂蒸气的保护，不与空气接触，避免有害气体侵入。埋弧焊焊接质量稳定、焊接生产率高、无弧光烟尘少等优点，是压力容器、管段制造，焊接H型钢、十字形、箱形截面梁柱制作的主要方法。

3）气体保护焊：包括钨极氩弧焊（TIG）、熔化极气体保护焊（GMAW）等，目前应用较多的是CO_2气体保护焊。CO_2气体保护焊是采用喷枪喷出CO_2气体作为电弧焊的保护介质，使熔化金属与空气隔绝，保护焊接过程的稳定。用于钢结构的CO_2气体保护焊按焊丝分为：实芯焊丝CO_2气体保护焊（GMAW）和药芯焊丝CO_2气体保护焊（FCAW）。按熔滴过渡形式分为：短路过渡、滴状过渡、射滴过渡。按保护气体性质分为：纯CO_2气体保护焊和 Ar+CO_2 气体保护焊。

（2）螺栓连接

1）普通螺栓连接

建筑钢结构中常用的普通螺栓牌号为 Q235。普通螺栓强度等级要低，一般为 4.4S、4.8S、5.6S 和 8.8S。例如 4.8S，"S"表示级，"4"表示栓杆抗拉强度为 400MPa，0.8 表示屈强比，则屈服强度为 400×0.8＝320MPa。

建筑钢结构中使用的普通螺栓，一般为六角头螺栓，常用规格有 M8、M10、M12、M16、M20、M24、M30、M36、M42、M48、M56、M64 等。普通螺栓质量等级按加工制作质量及精度分为 A、B、C 三个等级，A 级加工精度最高，C 级最差，A 级螺栓为精制螺栓，B 级螺栓为半精制螺栓，A、B 级适用于拆装式结构或连接部位需传递较大剪力的重要结构中，C 级螺栓为粗制螺栓，由圆钢压制而成，适用于钢结构安装中的临时固定，或用于承受静载的次要连接。普通螺栓可重复使用，建筑结构主结构螺栓连接，一般应选用高强度螺栓，高强度螺栓不可重复使用，属于永久连接的预应力螺栓。

2）高强度螺栓连接

高强度螺栓连接按受力机理分为：摩擦型高强度螺栓和承压型高强度螺栓。摩擦型高强度螺栓靠连接板叠间的摩擦阻力传递剪力，以摩擦力刚好被克服作为连接承载力的极限状态；承压型高强度螺栓是当剪力大于摩擦阻力后，以栓杆被剪断或连接板被挤坏作为承载力极限。

高强度螺栓按形状不同分为：大六角头型高强度螺栓和扭剪型高强度螺栓。大六角头型高强度螺栓一般采用指针式扭力（测力）扳手或预置式扭力（定力）扳手施加预应力，目前使用较多的是电动扭矩扳手，按拧紧力矩的 50% 进行初拧，然后按 100% 拧紧力矩进行终拧，大型节点初拧后，按初拧力矩进行复拧，最后终拧。扭剪型高强度螺栓的螺栓头为盘头，栓杆端部有一个承受拧紧反力矩的十二角体（梅花头），和一个能在规定力矩下剪断的断颈槽。扭剪型高强度螺栓通过特制的电动扳手，拧紧时对螺母施加顺时针力矩，对梅花头施加逆时针力矩，终拧至栓杆端部断颈拧掉梅花头为止。

大六角头螺栓常用 8.8S 和 10.9S 两个强度等级，扭剪型螺栓只有 10.9S，目前扭剪型 10.9S 使用较为广泛。10.9S 中的 10 表示抗拉强度为 1000MPa，9 表示屈服强度比为 0.9，屈服强度为 900MPa。国标扭剪型高强度螺栓为 M16、M20、M22、M24 四种，非国标有 M27、M30 两种；国标大六角高强度螺栓有 M12、M16、M20、M22、M24、M27、M30 等型号。

（3）自攻螺钉连接

自攻螺钉多用于薄金属板间的连接，连接时先对被连接板制出螺纹底孔，再将自攻螺钉拧入被连接件螺纹底孔中，由于自攻螺钉螺纹表面具有较高硬度（≥HRC45），其螺纹具有弧形三角截面普通螺纹，螺纹表面也具有较高硬度，可在被连接板的螺纹底孔中攻出内螺纹，从而形成连接。

自攻螺钉分为自钻自攻螺钉与普通自攻螺钉。不同之处在于普通自攻螺钉在连接时，须经过钻孔（钻螺纹底孔）和攻丝（包括紧固连接）两道工序；而自钻自攻螺钉在连接时，是将钻孔和攻丝两道工序合并后一次完成，先用螺钉前面的钻头进行钻孔，接着就用螺钉进行攻丝和紧固连接，可节约施工时间，提高工效。

自攻螺钉具有低拧入力矩和高锁紧性能的特点，在轻型钢结构中广泛应用。

（4）铆钉连接

铆钉连接按照铆接应用情况，可以分为活动铆接、固定铆接、密缝铆接，在建筑工程中一般不使用。

2. 钢结构安装施工工艺

钢结构施工包括制作与安装两部分。

（1）钢结构安装工艺流程

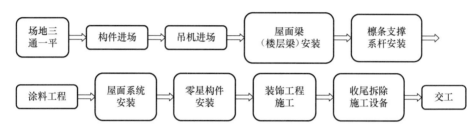

（2）钢结构安装施工要点

1）吊装前准备工作

① 安装前应对基础轴线和标高、预埋板位置、预埋与混凝土紧贴性进行检查、检测和办理交接手续。

② 超出规定的偏差，在吊装之前应设法消除，构件制作允许偏差应符合规范要求。

③ 准备好所需的吊具、吊索、钢丝绳、电焊机及劳保用品，为调整构件的标高，准备好各种规格的铁垫片、钢楔。

2）吊装工作

① 吊点采用四点绑扎，绑扎点应用软材料垫至其中以防钢构件受损。

② 起吊时先将钢构件吊离地面50cm左右，使钢构件中心对准安装位置中心，然后徐徐升钩，将钢构件吊至需连接位置即刹车对准预留螺栓孔，并将螺栓穿入孔内，初拧作临时固定，同时进行垂直度校正和最后固定，经校正后，并终拧螺栓作最后固定。

3）钢构件连接要点

① 钢构件螺栓连接要点

A. 钢构件拼装前应检查清除飞边、毛刺、焊接飞溅物等，摩擦面应保持干燥、整洁，不得在雨中作业。

B. 高强度螺栓在大六角头上部有规格和螺栓号，安装时其规格和螺栓号要与设计图上要求相同，螺栓应能自由穿入孔内，不得强行敲打，并不得气割扩孔，穿放方向符合设计图纸的要求。

C. 从构件组装到螺栓拧紧，一般要经过一段时间，为防止高强度螺栓连接副的扭矩系数、标高偏差、预拉力和变异系数发生变化，高强度螺栓不得兼作安装螺栓。

D. 为使被连接板叠密贴，应从螺栓群中央顺序向外施拧，即从节点中刚变大的中央按顺序向下受约束的边缘施拧。为防止高强度螺栓连接副的表面处理涂层发生变化影响预拉力，应在当天终拧完毕，为了减少先拧与后拧的高强度螺栓预拉力的差别，其拧紧必须分为初拧和终拧两步进行，对于大型节点，螺栓数量较多，则需要增加一道复拧工序，复拧扭矩仍等于初拧扭矩，以保证螺栓均达到初拧值。

E. 高强度六角头螺栓施拧采用的扭矩扳手和检查采用的扭矩扳手在扳前和扳后均应进行扭矩校正。其扭矩误差应分别为使用扭矩的±5%和±3%。

对于高强度螺栓终拧后的检查，可用"小锤击法"逐个进行检查，此外应进行扭矩抽查，如果发现欠拧漏拧者，应及时补拧到规定扭矩，如果发现超拧的螺栓应更换。

对于高强度大六角螺栓扭矩检查采用"松扣、回扣法"，即先在累平杆的相对应位置划一组直线，然后将螺母退回30°～50°，再拧到与细直线重合时测定扭矩，该扭矩与检查扭矩的偏差在检查扭矩的±10%范围内为合格，扭矩检查应在终拧1h后进行，并在终拧后24h之内完成检查。

F. 高强度螺栓上、下接触面处加有1/20以上斜度时应采用垫圈垫平。高强度螺栓孔必须是钻成的，孔边应无飞边、毛刺，中心线倾斜度不得大于2mm。

② 钢构件焊接连接要点

A. 焊接区表面及其周围20mm范围内，应用钢丝刷、砂轮、氧乙炔火焰等工具，彻底清除待焊处表面的氧化皮、锈、油污、水等污物。施焊前，焊工应复核焊接件的接头质量和焊接区域的坡口、间隙、钝边等的处理情况。当发现有不符合要求时，应修整合格后方可施焊。

B. 厚度12mm以下板材，可不开坡口，采用双面焊，正面焊电流稍大，熔深达65%～70%，反面达40%～55%。厚度大于12～20mm的板材，单面焊后，背面清根，再进行焊接。厚度较大板，开坡口焊，一般采用手工打底焊。

C. 多层焊时，一般每层焊高为4～5mm，多道焊时，焊丝离坡口面3～4mm处焊。

D. 填充层总厚度低于母材表面1～2mm，稍凹，不得熔化坡口边。

E. 盖面层应使焊缝对坡口熔宽每边3±1mm，调整焊速，使余高为0～3mm。

F. 焊道两端加引弧板和熄弧板，引弧和熄弧焊缝长度应大于或等于80mm。引弧和熄弧板长度应大于或等于150mm。引弧和熄弧板应采用气割方法切除，并修磨平整，不得用锤击落。

G. 埋弧焊每道焊缝熔敷金属横截面的成型系数（宽度：深度）应大于1。

H. 不应在焊缝以外的母材上打火引弧。

（五）防水工程

1. 防水工程的主要种类

根据所用材料的不同，防水工程可分为柔性防水和刚性防水两大类。柔性防水用的是各类卷材和沥青胶结料等柔性材料；刚性防水采用的主要是砂浆和混凝土类的刚性材料。防水砂浆防水通过增加防水层厚度和提高砂浆层的密实性来达到防水要求。防水混凝土是通过采用较小的水灰比，适当增加水泥用量和砂率，提高灰砂比，采用较小的骨料粒径，严格控制施工质量等措施，从材料和施工两方面抑制和减少混凝土内部孔隙的形成，特别是抑制孔隙间的连通，堵塞渗透水通道，靠混凝土本身的密实性和抗渗性来达到防水要求的混凝土。为了提高混凝土的防水要求，还可通过在混凝土中加入一定量的外加剂，如减水剂、加气剂、防水剂及膨胀剂等，以改善混凝土性能和结构的组成，提高其密实性和抗渗性，达到防水要求。一般有加气剂防水混凝土、减水剂防水混凝土、三乙醇胺防水混凝土、氯化铁防水混凝土等。

按工程部位和用途，防水工程又可分为屋面防水工程、地下防水工程、楼地面防水工程三大类。

2. 防水工程施工工艺

（1）防水砂浆施工工艺

水泥砂浆防水是依靠增加防水层厚度和提高砂浆层的密实性来达到防水要求。

1）防水砂浆防水施工

防水砂浆防水工程是利用不同配合比的水泥浆和水泥砂浆分层分次施工，相互交替抹压密实，充分切断各层次毛细孔网，形成一多层防渗的封闭防水整体。

① 施工工艺流程

② 施工要点

A. 防水砂浆防水层的背水面基层的防水层采用四层做法（"二素二浆"），迎水面基层的防水层采用五层做法（"三素二浆"）。素浆和水泥砂浆的配合比按表4-4选用。

普通水泥砂浆防水层的配合比　　　　表4-4

名　称	配合比（质量比）		水灰比	适用范围
	水泥	砂		
素浆	1	—	0.55～0.60	水泥砂浆防水层的第一层
素浆	1	—	0.37～0.40	水泥砂浆防水层的第三、五层
砂浆	1	1.5～2.0	0.40～0.50	水泥砂浆防水层的第二、四层

B. 施工前要进行基层处理，清理干净表面、浇水湿润、补平表面蜂窝孔洞，使基层表面平整、坚实、粗糙，以增加防水层与基层间的粘结力。

C. 防水层每层应连续施工，素灰层与砂浆层应在同一天内施工完毕。为了保证防水层抹压密实，防水层各层间及防水层与基层间粘结牢固，必须做好素灰抹面、水泥砂浆揉浆和收压等施工关键工序。素灰层要求薄而均匀，抹面后不易干撒水泥粉。揉浆是使水泥砂浆素灰相互渗透结合牢固，既保护素灰层又起防水作用，揉浆时严禁加水，以免引起防水层开裂、起粉、起砂。

2）掺防水剂水泥砂浆防水施工

掺防水剂的水泥砂浆又称防水砂浆，是在水泥砂浆中掺入占水泥重量的3%～5%各种防水剂配制而成，常用的防水剂有氯化物金属盐类防水剂和金属皂类防水剂。

防水层施工时的环境温度为5～35℃，必须在结构变形或沉降趋于稳定后进行。为防止裂缝产生，可在防水层内增设金属网片。其施工方法有：

① 抹压法。先在基层涂刷一层1∶0.4的水泥浆（重量比），随后分层铺抹防水砂浆，

每层厚度为5～10mm，总厚度不小于20mm。每层应抹压密实，待下一层养护凝固后再铺抹上一层。

② 扫浆法。施工先在基层薄涂一层防水净浆，随后分层铺刷防水砂浆，第一层防水砂浆经养护凝固后铺刷第二层，每层厚度为10mm，相邻两层防水砂浆铺刷方向互相垂相，最后将防水砂浆表面扫出条纹。

③ 氯化铁防水砂浆施工。先在基层涂刷一层防水净浆，然后抹底层防水砂浆，其厚12mm分两遍抹压，第一遍砂浆阴干后，抹压第二遍砂浆；底层防水砂浆抹完12h后，抹压面层防水砂浆，其厚13mm分两遍抹压，操作要求同底层防水砂浆。

3) 聚合物水泥砂浆施工

掺入各种树脂乳液的防水砂浆，其抗渗能力，可单独用于防水工程或作防渗漏水工程的修补，获得较好的防水效果。因其价格较高，聚合物掺量比例要求较严。

(2) 防水混凝土施工工艺

1) 施工工艺流程

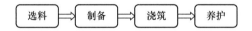

2) 施工要点

① 选料：水泥选用强度等级不低于42.5MPa，水化热低，抗水（软水）性好，泌水性小（即保水性好），有一定的抗侵蚀性的水泥。粗骨料选用级配良好、粒径5～30mm的碎石。细骨料选用级配良好、平均粒径0.4mm的中砂。

② 制备：在保证能振捣密实的前提下水灰比尽可能小，一般不大于0.6，坍落度不大于50mm，水泥用量在320～400kg/m³之间，砂率取35%～40%。

③ 防水混凝土施工

A. 模板

防水混凝土所用模板，除满足一般要求外，应特别注意模板拼缝严密，保证不漏浆。对于贯穿墙体的对拉螺栓，要加止水片，做法是在对拉螺栓中部焊一块2～3mm厚、80mm×80mm的钢板，止水片与螺栓必须满焊严密，拆模后沿混凝土结构边缘将螺栓割断。也可以使用膨胀橡胶止水片，做法是将膨胀橡胶止水片紧套于对拉螺栓中部即可。

B. 钢筋

为了有效地保护钢筋和阻止钢筋的引水作用，迎水面防水混凝土的钢筋保护层厚度，不得小于50mm。留设保护层，应以相同配合比的细石混凝土或水泥砂浆制成垫块，将钢筋垫起，严禁以钢筋垫钢筋。钢筋以及绑扎钢丝均不得接触模板。若采用铁马凳架设钢筋时，在不能取掉的情况下，应在铁马凳上加焊止水环，防止水沿铁马凳渗入混凝土结构。

C. 混凝土

在浇筑过程中，应严格分层连续浇筑，每层厚度不宜超过300～400mm，机械振捣密实。浇筑防水混凝土的自由落下高度不得超过1.5m。在常温下，混凝土终凝后（一般浇筑后4～6h），应在其表面覆盖草袋，并经常浇水养护，保持湿润，由于抗渗等级发展慢，养护时间比普通混凝土要长，故防水混凝土养护时间不少于14d。防水混凝土结构拆模时，必须注意结构表面与周围气温的温差不应过大（一般不大于15℃），否则会由于混凝土结构表面局部产生温度应力而出现裂缝，影响混凝土的抗渗性。拆模后应及时进行填土，以避免混凝土因干缩和温差产生裂缝，也有利于混凝土后期强度的增长和抗渗性提高。

D. 施工缝

底板混凝土应连续浇灌，不得留施工缝。墙体一般只允许留水平施工缝，其位置一般宜留在高出底板上表面不小于500mm的墙身上，如必须留设垂直施工缝时，则应留在结构的变形缝处。

为了使接缝严密，继续浇筑混凝土前，应将施工缝处混凝土凿毛，清除浮粒和杂物，用水清洗干净并保持湿润，在铺上一层厚20~50mm与混凝土成分相同的水泥砂浆，然后继续浇筑混凝土。

(3) 防水涂料防水工程施工工艺

防水涂料防水层属于柔性防水层。

涂料防水层是用防水涂料涂刷于结构表面所形成的表面防水层。一般采用外防外涂和外防内涂施工方法。常用的防水涂料有橡胶沥青类防水涂料、聚氨酯防水涂料、硅橡胶防水涂料、丙烯酸酯防水涂料、沥青类防水涂料等。

1) 施工工艺流程

2) 施工要点

① 找平层施工（表4-5）

找平层的种类及施工要求　　　　表4-5

找平层类别	施工要点	施工注意事项
水泥砂浆找平层	(1) 砂浆配合比要称量准确，搅拌均匀，砂浆铺设应按由远到近、由高到低的程序进行，在每一分格内最好一次连续抹成，并用2m左右的直尺找平，严格把握坡度。 (2) 待砂浆稍收水后，用抹子抹平压实压光。终凝前，轻轻取出嵌缝木条。 (3) 铺设找平层12h后，需洒水养护或喷冷底子油养护。 (4) 找平层硬化后，应用密封材料嵌填分格缝	(1) 注意气候变化，如气温在0℃以下，或终凝前可能下雨时，不宜施工。 (2) 底层为塑料薄膜隔离层防水层或不吸水保温层时，宜在砂浆中加减水剂并严格控制稠度。 (3) 完工后表面少踩踏。砂浆表面不允许撒干水泥或水泥压光。 (4) 屋面结构为装配式钢筋混凝土屋面板时，应用细石混凝土嵌缝，嵌缝的细石混凝土宜掺微膨胀剂，强度等级不应小于C20。当板缝宽度大于40mm或上窄下宽时，板缝内应设置构造钢筋。灌缝高度应与板平齐，板端应用密封材料嵌缝
沥青砂浆找平层	(1) 基层必须干燥，然后满涂冷底子油1~2道，涂刷要薄而均匀，不得有气泡和空白，涂刷后表面保持清洁。 (2) 待冷底子油干燥后可铺设沥青砂浆，其虚铺厚度约为压实后厚度的1.30~1.40倍。 (3) 待砂浆刮平后，即用火滚进行滚压（夏天温度较高时，筒内可不生火）。滚压至平整、密实、表面没有蜂窝、不出现压痕为止。滚筒应保持清洁，表面可涂刷柴油。滚压不到之处可用烙铁烫压平整，施工完毕后避免在上面踩踏。 (4) 施工缝应留成斜槎，继续施工时接槎处应清理干净并刷热沥青一遍，然后铺沥青砂浆，用火滚或烙铁烫烫平	(1) 检查屋面板等基层安装牢固程度。不得有松动之处。屋面应平整、找好坡度并清扫干净。 (2) 雾、雨、雾天不得施工。一般不宜在气温0℃以下施工。如在严寒地区必须在气温0℃以下施工时应采取相应的技术措施（如分层分段流水施工及采取保温措施等）

续表

找平层类别	施工要点	施工注意事项
细石混凝土找平层	(1) 细石混凝土宜采用机械搅拌和机械振捣。浇筑时混凝土的坍落度应控制在10mm，浇捣密实，灌缝高度应低于板面10~20mm。表面不宜压光。 (2) 浇筑完板缝混凝土后，应及时覆盖并浇水养护7d，待混凝土强度等级达到C15时，方可继续施工	施工前用细石混凝土对管壁四周处稳固堵严并进行密封处理，施工时节点处应清洗干净予以湿润，吊模后振捣密实。沿管的周边划出8~10mm沟槽，采用防水类卷材、涂料或油膏裹住立管、套管和地漏的沟槽内，以防止楼面的水有可能顺管道接缝处出现渗漏现象

② 防水层施工

A. 涂刷基层处理剂

基层处理剂涂刷时应用刷子用力薄涂，使涂料尽量刷进基层表面的毛细孔，并将基层可能留下来的少量灰尘等无机杂质，像填充料一样混入基层处理剂中，使之与基层牢固结合。这样即使屋面上灰尘不能完全清扫干净，也不会影响涂层与基层的牢固粘结。特别在较为干燥的屋面上进行溶剂型防水涂料施工时，使用基层处理剂打底后再进行防水涂料涂刷，效果相当明显。

B. 涂布防水涂料

厚质涂料宜采用铁抹子或胶皮板刮涂施工；薄质涂料可采用棕刷、长柄刷、圆滚刷等进行人工涂布，也可采用机械喷涂。涂料涂布应分条或按顺序进行，分条进行时，每条宽度应与胎体增强材料宽度相一致，以避免操作人员踩踏刚涂好的涂层。流平性差的涂料，为便于抹压，加快施工进度，可以采用分条间隔施工的方法，条带宽800~1000mm。

C. 铺设胎体增强材料

在涂刷第2遍涂料时，或第3遍涂料涂刷前，即可加铺胎体增强材料。胎体增强材料可采用湿铺法或干铺法铺贴。

湿铺法是在第2遍涂料涂刷时，边倒料、边涂布、边铺贴的操作方法。

干铺法是在上道涂层干燥后，边干铺胎体增强材料，边在已展平的表面上用刮板均匀满刮一道涂料。也可将胎体增强材料按要求在已干燥的涂层上展平后，用涂料将边缘部位点粘固定。然后再在上面满刮一道涂料，使涂料浸入网眼渗透到已固化的涂膜上。

胎体增强材料可以是单一品种的，也可以采用玻璃纤维布和聚酯纤维布混合使用。混合使用时，一般下层采用聚酯纤维布，上层采用玻璃纤维布。

D. 收头处理

为了防止收头部位出现翘边现象，所有收头均应用密封材料压边，压边宽度不得小于10mm，收头处的胎体增强材料应裁剪整齐，如有凹槽时应压入凹槽内，不得出现翘边、皱折、露白等现象，否则应进行处理后再涂封密封材料。

③ 保护层施工（表4-6）

(4) 卷材防水工程施工工艺

保护层的种类及施工要求 表4-6

保护层类别	施工要点	施工注意事项
细石混凝土保护层	适宜顶板和底板使用。先以氯丁系胶粘剂（如404胶等）花粘虚铺一层石油沥青纸胎油毡作保护隔离层，再在油毡隔离层上浇筑细石混凝土，用于顶板保护层时厚度不应小于70mm。用于底板时厚度不应小于50mm	浇筑混凝土时不得损坏油毡隔离层和卷材防水层，如有损坏应及时用卷材接缝胶粘剂补粘一块卷材修补牢固。再继续浇筑细石混凝土
水泥砂浆保护层	适宜立面使用。在三元乙丙等高分子卷材防水层表面涂刷胶粘剂，以胶粘剂撒粘一层细砂，并用压辊轻轻滚压使细砂粘牢在防水层表面，然后再抹水泥砂浆保护层。使之与防水层能粘结牢固，起到保护立面卷材防水层的作用	
泡沫塑料保护层	适用于立面。在立面卷材防水层外侧用氯丁系胶粘剂直接粘贴5~6mm厚的聚乙烯泡沫塑料板做保护层。也可用聚醋酸乙烯乳液粘贴40mm厚的聚苯泡沫塑料做保护层	这种保护层为轻质材料，故在施工及使用过程中不会损坏卷材防水层
砖墙保护层	适用于立面。在卷材防水层外侧砌筑永久保护墙，并在转角处及每隔5~6m处断开，断开的缝中填以卷材条或沥青麻丝；保护墙与卷材防水层之间的空隙应随时以砌筑砂浆填实	要注意在砌砖保护墙时，切勿损坏已完工的卷材防水层

1）施工工艺流程

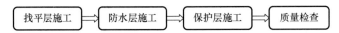

2）施工要点

① 地面防水可采用在水泥类找平层上铺设沥青类防水卷材、防水涂料或水泥类材料防水层，以涂膜防水最佳。

② 水泥类找平层表面应坚固、洁净、干燥。铺设防水卷材或涂刷涂料前应涂刷基层处理剂，基层处理剂应采用与卷材性能配套（相容）的材料，或采用同类涂料的底子油。

③ 当采用掺有防水剂的水泥类找平层作为防水隔离层时，防水剂的掺入量和水泥强度等级（或配合比）应符合设计要求。

④ 地面防水层应做在面层以下，四周卷起，高出地面不小100mm。

⑤ 地面向地漏处的排水坡度一般为2‰~3‰，地漏周围50mm范围内的排水坡度为3‰~5‰。地漏标高应根据门口至地漏的坡度确定，地漏上口标高应低于周围20mm以上，以利排水畅通。地面排水坡度和坡向应正确，不可出现倒坡和低洼。

⑥ 所有穿过防水层的预埋件、紧固件注意连接可靠（空心砌体，必要时应将局部用C10混凝土填实），其周围均应采用高性能密封材料密封。洁具、配件等设备沿墙周边及地漏口周围、穿墙、地管道周围均应嵌填密封材料，地漏离墙面净距离宜≥80mm。

⑦ 轻质隔墙离地100~150mm以下应做成C15混凝土；混凝土空心砌块砌筑的隔墙，最下一层砌块之空心应用C10混凝土填实；卫生间防水层宜从地面向上一直做到楼板底；公共浴室还应在平顶粉刷中加做聚合物水泥基防水涂膜，厚度≥0.5mm。

⑧ 卷材防水应采用沥青防水卷材或高聚物改性沥青防水卷材，所选用的基层处理剂、胶粘剂应与卷材配套。防水卷材及配套材料应有产品合格证书和性能检测报告，材料的品种、规格、性能等应符合现行国家产品标准和设计要求。

五、施工项目管理

施工项目管理是指建筑企业运用系统的观点、理论和方法对施工项目进行的决策、计划、组织、控制、协调等全过程的全面管理。

施工项目管理具有以下特点：

(1) 施工项目管理的主体是建筑企业。其他单位都不进行施工项目管理，例如建设单位对项目的管理称为建设项目管理，设计单位对项目的管理称为设计项目管理。

(2) 施工项目管理的对象是施工项目。施工项目管理周期包括工程投标、签订施工合同、施工准备、施工、竣工验收、保修等。施工项目具有多样性、固定性和体型庞大等特点，因此施工项目管理具有先有交易活动，后有"生产成品"，生产活动和交易活动很难分开等特殊性。

(3) 施工项目管理的内容是按阶段变化的。由于施工项目各阶段管理内容差异大，因此要求管理者必须进行有针对性的动态管理，要使资源优化组合，以提高施工效率和效益。

(4) 施工项目管理要求强化组织协调工作。由于施工项目生产活动具有独特性（单件性）、流动性、露天作业、工期长、需要资源多，且施工活动涉及的经济关系、技术关系、法律关系、行政关系和人际关系复杂等特点，因此，必须通过强化组织协调工作才能保证施工活动的顺利进行。主要强化办法是优选项目经理，建立调度机构，配备称职的调度人员，努力使调度工作科学化、信息化，建立起动态的控制体系。

（一）施工项目管理的内容及组织

1. 施工项目管理的内容

施工项目管理包括以下八方面内容：

(1) 建立施工项目管理组织

根据施工项目管理组织原则，结合工程规模、特点，选择合适的组织形式，建立施工项目管理机构，明确各部门、各岗位的责任、权限和利益；在符合企业规章制度的前提下，根据施工项目管理的需要，制定施工项目经理部管理制度。

(2) 编制施工项目管理规划

在工程投标前，由企业管理层编制施工项目管理大纲，对施工项目管理从投标到保修期满进行全面的纲要性规划。施工项目管理大纲可以用施工组织设计替代。

在工程开工前，由项目经理组织编制施工项目管理实施规划，对施工项目管理从开工到交工验收进行全面的指导性规划。当承包人以施工组织设计代替项目管理规划时，施工组织设计应满足项目管理规划的要求。

(3) 施工项目的目标控制

在施工项目实施的全过程中，应对项目质量、进度、成本和安全目标进行控制，以实现项目的各项约束性目标。控制的基本过程是：确定各项目标控制标准；在实施过程中，通过检查、对比，衡量目标的完成情况；将衡量结果与标准进行比较，若有偏差，分析原因，采取相应的措施以保证目标的实现。

（4）施工项目的生产要素管理

施工项目的生产要素主要包括劳动力、材料、设备、技术和资金。管理生产要素的内容有：分析各生产要素的特点；按一定的原则、方法，对施工项目的生产要素进行优化配置并评价；对施工项目各生产要素进行动态管理。

（5）施工项目的合同管理

为了确保施工项目管理及工程施工的技术组织效果和目标实现，从工程投标开始，就要加强工程承包合同的策划、签订、履行和管理。同时，还应做好签证与索赔工作，讲究索赔的方法和技巧。

（6）施工项目的信息管理

进行施工项目管理和施工项目目标控制、动态管理，必须在项目实施的全过程中，充分利用计算机对项目有关的各类信息进行收集、整理、储存和使用，提高项目管理的科学性和有效性。

（7）施工现场的管理

在施工项目实施过程中，应对施工现场进行科学有效的管理，以达到文明施工、保护环境、塑造良好的企业形象、提高施工管理水平的目的。

（8）组织协调

协调和控制都是计划目标实现的保证。在施工项目实施过程中，应进行组织协调，沟通和处理好内部及外部的各种关系，排除各种干扰和障碍。

2. 施工项目管理的组织机构

（1）施工项目管理组织的主要形式

施工项目管理组织的形式是指在施工项目管理组织中处理管理层次、管理跨度、部门设置和上下级关系的组织结构的类型。主要的管理组织形式有直线式、职能式、矩阵式、事业部式等。

1）直线式

直线式组织是指为了完成某个特定项目，从企业各职能部门抽调专业人员组成项目经理部。项目经理部的成员与原来的职能部门暂时脱离管理关系，成为项目的全职人员。项目部各职能部门（或岗位）对工程的成本、进度、质量、安全等目标进行控制，并由项目经理组织和协调各职能部门的工作，其形式如图 5-1 所示。

直线式组织适用于大型项目，工期要求紧，要求多工种、多部门密切配合的项目。图 5-2 是某大型施工项目中采用的直线式组织结构。

2）职能式

职能式是指在各管理层之间设置职能部门，上下层次通过职能部门进行管理的一种组织结构形式。在这种组织形式中，由职能部门在所管辖的业务范围内指挥下级。这种组织形式加强了施工项目目标控制的职能化分工，能够发挥职能机构的专业化管理作用，但由于一个工作部门有多个指令源，可能使下级在工作中无所适从，其形式如图 5-3 所示。

五、施工项目管理

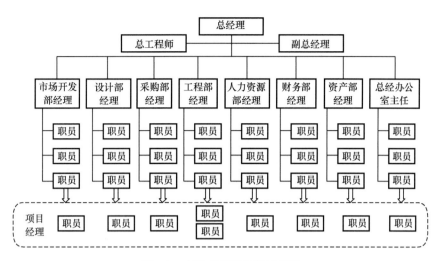

图 5-1　直线式项目组织示意图

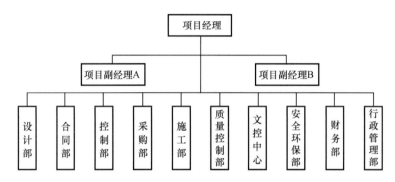

图 5-2　某大型施工项目采用的直线式组织结构

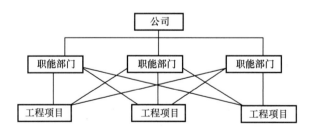

图 5-3　职能式项目组织示意图

3）矩阵式

矩阵式是指结构形式呈矩阵状的组织，其项目管理人员由企业有关职能部门派出并进行业务指导，接受项目经理的直接领导，其形式如图 5-4 所示。

矩阵式适用于同时承担多个需要进行项目管理工程的企业。在这种情况下，各项目对专业技术人才和管理人员都有需求，加在一起数量较大，采用矩阵式组织可以充分利用有限的人才对多个项目进行管理，特别有利于发挥优秀人才的作用；适用于大型、复杂的施工项目。因大型复杂的施工项目要求多部门、多技术、多工种配合实施，在不同阶段，对不同人员，在数量和搭配上有不同的需求。

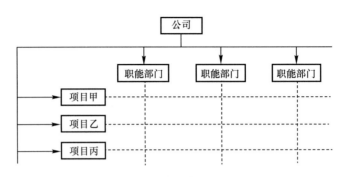

图 5-4 矩阵式项目组织形式示意图

4) 事业部式

企业成立事业部，事业部对企业来说是职能部门，对外界来说享有相对独立的经营权，是一个独立单位。事业部可以按地区设置，也可以按工程类型或经营内容设置，在事业部下边设置项目经理部。项目经理由事业部选派，一般对事业部负责，有的可以直接对业主负责，这是根据其授权程度决定的。

事业部式适用于大型经营性企业的工程承包，特别是适用于远离公司本部的工程承包。需要注意的是，一个地区只有一个项目，没有后续工程时，不宜设立地区事业部，也就是说它适用于在一个地区内有长期市场或一个企业有多种专业化施工力量时采用。在这种情况下，事业部与地区市场同寿命，地区没有项目时，该事业部应撤销。

(2) 施工项目经理部

施工项目经理部是由企业授权，在施工项目经理的领导下建立的项目管理组织机构，是施工项目的管理层，其职能是对施工项目实施阶段进行综合管理。

1) 项目经理部的性质

施工项目经理部的性质可以归纳为以下三方面：

① 相对独立性。施工项目经理部的相对独立性主要是指它与企业存在着双重关系。一方面，它作为企业的下属单位，同企业存在着行政隶属关系，要绝对服从企业的全面领导；另一方面，它又是一个施工项目独立利益的代表，存在着独立的利益，同企业形成一种经济承包或其他形式的经济责任关系。

② 综合性。施工项目经理部的综合性主要表现在以下几方面：

A. 施工项目经理部是企业所属的经济组织，主要职责是管理施工项目的各种经济活动。

B. 施工项目经理部的管理职能是综合的，包括计划、组织、控制、协调、指挥等多方面。

C. 施工项目经理部的管理业务是综合的，从横向看包括人、财、物、生产和经营活动，从纵向看包括施工项目寿命周期的主要过程。

③ 临时性。施工项目经理部是企业一个施工项目的责任单位，随着项目的开工而成立，随着项目的竣工而解体。

2) 项目经理部的作用

① 负责施工项目从开工到竣工的全过程施工生产经营的管理，对作业层负有管理与

服务的双重责任；

② 为项目经理决策提供信息依据，执行项目经理的决策意图，由项目经理全面负责；

③ 项目经理部作为项目团队，应具有团队精神，完成企业所赋予的基本任务——项目管理；凝聚管理人员的力量；协调部门之间、管理人员之间的关系；影响和改变管理人员的观念和行为，沟通部门之间、项目经理部与作业队之间、与公司之间、与环境之间的关系；

④ 项目经理部是代表企业履行工程承包合同的主体，对项目产品和建设单位负责。

3）建立施工项目经理部的基本原则

① 根据所设计的项目组织形式设置。因为项目组织形式与项目的管理方式有关，与企业对项目经理部的授权有关。不同的组织形式对项目经理部的管理力量和管理职责提出了不同要求，提供了不同的管理环境。

② 根据施工项目的规模、复杂程度和专业特点设置。例如，大型项目经理部可以设职能部、处；中型项目经理部可以设处、科；小型项目经理部一般只需设职能人员即可。如果项目的专业性强，便可设置专业性强的职能部门，如水电处、安装处、打桩处等。

③ 根据施工工程任务需要调整。项目经理部是一个具有弹性的一次性管理组织，随着工程项目的开工而组建，随着工程项目的竣工而解体，不应搞成一级固定性组织。在工程施工开始前建立，在工程竣工交付使用后解体。项目经理部不应有固定的作业队伍，而是根据施工的需要，由企业（或授权给项目经理部）在社会市场吸收人员，进行优化组合和动态管理。

④ 适应现场施工的需要。项目经理部的人员配置应面向现场，满足现场的计划与调度、技术与质量、成本与核算、劳务与物资、安全与文明施工的需要。而不应设置专营经营与咨询、研究与发展、政工与人事等与项目施工关系较少的非生产性管理部门。

4）项目经理部部门设置

不同企业的项目经理部，其部门的数量、名称和职责都有较大差异，但以下5个部门是基本的：

① 经营核算部门。主要负责工程预结算、合同与索赔、资金收支、成本核算、工资分配等工作。

② 技术管理部门。主要负责生产调度、文明施工、劳动管理、技术管理、施工组织设计、计划统计等工作。

③ 物资设备供应部门。主要负责材料的询价、采购、计划供应、管理、运输，工具管理，机械设备的租赁，保养维修等工作。

④ 质量安全部门。主要负责工程质量、安全管理、消防保卫、环境保护等工作。

⑤ 安全后勤部门。主要负责行政管理、后勤保险等工作。

5）项目部岗位设置及职责

① 岗位设置（图5-5）

根据项目大小不同，人员安排不同，项目部领导层从上往下设置项目经理、项目技术负责人等；项目部设置最基本的六大岗位：施工员、质量员、安全员、资料员、造价员、测量员，其他还有材料员、标准员、机械员、劳务员等。

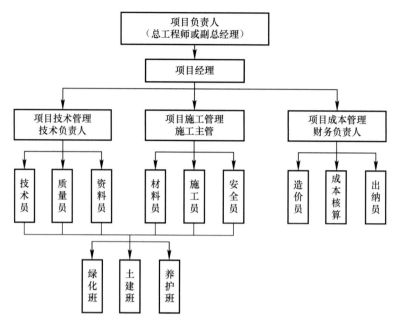

图 5-5 某项目部组织机构框图

② 岗位职责

在现代施工企业的项目管理中，施工项目经理是施工项目的最高责任人和组织者，是决定施工项目盈亏的关键性角色。一般说来，人们习惯于将项目经理定位于企业的中层管理者或中层干部，然而由于项目管理及项目环境的特殊性，在实践中的项目经理所行使的管理职权与企业职能部门的中层干部往往是有所不同的。前者体现在决策职能的增强上，着重于目标管理；而后者则主要表现为控制职能的强化，强调和讲究的是过程管理。实际上，项目经理应该是职业经理式的人物，是复合型人才，是通才。他应该懂法律、善管理、会经营、敢负责、能公关等，具有各方面的较为丰富的经验和知识，而职能部门的负责人则往往是专才，是某一技术专业领域的专家。对项目经理的素质和技能要求在实践中往往是同企业中的总经理完全相同的。

项目技术负责人是在项目部经理的领导下，负责项目部施工生产、工程质量、安全生产和机械设备管理工作。

施工员、质量员、安全员、资料员、造价员、测量员、材料员、标准员、机械员、劳务员都是项目的专业人员，是施工现场的管理者。

6) 项目经理部的解体

项目经理部是一次性具有弹性的施工现场生产组织机构，工程临近结尾时，业务管理人员乃至项目经理要陆续撤走，因此，必须重视项目经理部的解体和善后工作。企业工程管理部门是项目经理部解体善后工作的主管部门，主要负责项目经理部的解体后工程项目在保修期间问题的处理，包括因质量问题造成的返（维）修、工程剩余价款的结算以及回收等。

（二）施工项目目标控制

施工项目的目标控制主要包括：施工项目进度控制、施工项目质量控制、施工项目成本控制、施工项目安全控制四个方面。

1. 施工项目目标控制的任务

（1）施工项目进度控制的任务

施工项目进度控制的总目标是确保施工项目的合同工期的实现，或者在保证施工质量和不因此而增加施工实际成本的条件下，适当缩短工期。

施工项目进度控制的任务是：在既定的工期内，编制出最优的施工进度计划；在执行该计划的施工中，经常检查施工实际进度情况，并将其与计划进度相比较；若出现偏差，便分析产生的原因和对工期的影响程度，找出必要的调整措施，修改原计划，不断地如此循环，直至工程竣工验收。

（2）施工项目质量控制的任务

施工项目质量控制的任务是：在准备阶段编制施工技术文件，制定质量管理计划和质量控制措施、进行施工技术交底；在项目施工阶段对实施情况进行监督、检查和测量，并将项目实施结果与事先制定的质量标准进行比较，判断其是否符合质量标准，找出存在的质量问题，分析质量问题的形成原因，采取补救措施。

（3）施工项目成本控制的任务

施工项目成本控制的任务是：先预测目标成本，然后编制成本计划；在项目实施过程中，收集实际数据，进行成本核算；对实际成本和计划成本进行比较，如果发生偏差，应及时进行分析，查明原因，并及时采取有效措施，不断降低成本。将各项生产费用控制在原来所规定的标准和预算之内，以保证实现规定的成本目标。

（4）施工项目安全控制的任务

施工项目安全管理的内容包括职业健康、安全生产和环境管理。

职业健康管理的主要任务是制定并落实职业病、传染病的预防措施；为员工配备必要的劳动保护用品，按要求购买保险；组织员工进行健康体检，建立员工健康档案等。

安全生产管理的主要任务是制定安全管理制度、编制安全管理计划和安全事故应急预案；识别现场的危险源，采取措施预防安全事故；重视安全教育培训、安全检查，提高员工的安全意识和安全生产素质。

环境管理的主要任务是规范现场的场容环境，保持作业环境的整洁卫生；预防环境污染事件，减少施工对周围居民和环境的影响等。

2. 施工项目目标控制的措施

（1）施工项目进度控制的措施

施工项目进度控制的措施主要有组织措施、技术措施、合同措施、经济措施和信息管理措施等。

组织措施主要是指落实各级进度控制的人员及其具体任务和工作责任，建立进度控制的组织系统；按照施工项目的结构、施工阶段或合同结构的层次进行项目分解，确定各分项进度控制的工期目标，建立进度控制的工期目标体系；建立进度控制的工作制度，如定期检查的时间、方法，召开协调会议的时间、参加人员等，并对影响施工实际进度的主要因素进行分析和预测，制订调整施工实际进度的组织措施。

技术措施主要是指应尽可能采用先进的施工技术、施工方法和新材料、新工艺、新技术，保证进度目标实现；落实施工方案，在发生问题时，能适时调整工作之间的逻辑关系，加快施工进度。

合同措施是指通过合同的跟踪控制保证工期进度的实现，即保持总进度控制目标与合同总工期相一致；分包合同的工期符合总包合同要求；供货、供电、运输、构件加工等合同规定的提供服务时间与有关的进度控制目标相一致。

经济措施是指要制订切实可行的实现施工计划进度所必需的资金保证措施，包括落实实现进度目标的保证资金；签订并实施关于工期和进度的经济承包责任制；建立并实施关于工期和进度的奖惩制度。

信息管理措施是指建立完善的工程统计管理体系和统计制度，详细、准确、定时地收集有关工程实际进度情况的资料和信息，并进行整理统计，得出工程施工实际进度完成情况的各项指标，将其与施工计划进度的各项指标进行比较，定期地向建设单位提供施工进度比较报告。

(2) 施工项目质量控制的措施

1) 提高管理、施工及操作人员自身素质

管理、施工及操作人员素质的高低对工程质量起决定性的作用。首先，应提高所有参与工程施工人员的质量意识，让他们树立五大观念，即质量第一的观念、预控为主的观念、为用户服务的观念、用数据说话的观念以及社会效益与企业效益相结合的综合效益观念。其次，要搞好人员培训，提高员工素质。要对现场施工人员进行质量知识、施工技术、安全知识等方面的教育和培训，提高施工人员的综合素质。

2) 建立完善的质量保证体系

工程项目质量保证体系是指现场施工管理组织的施工质量自控系统或管理系统，即施工单位为保证工程项目的质量管理和目标控制，以现场施工管理组织机构为基础，通过质量目标的确定和分解，管理人员和资源的配置，质量管理制度的建立和完善，形成具有质量控制和质量保证能力的工作系统。

施工项目质量保证体系的内容应根据施工管理的需要并结合工程特点进行设置，具体如下：

① 施工项目质量控制的目标体系；
② 施工项目质量控制的工作分工；
③ 施工项目质量控制的基本制度；
④ 施工项目质量控制的工作流程；
⑤ 施工项目质量计划或施工组织设计；
⑥ 施工项目质量控制点的设置和控制措施的制订；
⑦ 施工项目质量控制关系网络设置及运行措施。

3) 加强原材料质量控制

一是提高采购人员的政治素质和质量鉴定水平,使那些有一定专业知识又忠于事业的人担任该项工作。二是采购材料要广开门路,综合比较,择优进货。三是施工现场材料人员要会同工地负责人、甲方等有关人员对现场设备及进场材料进行检查验收。特殊材料要有说明书和试验报告、生产许可证,对钢材、水泥、防水材料、混凝土外加剂等必须进行复试和见证取样试验。

4)提高施工的质量管理水平

每项工程有总体施工方案,每一分项工程施工之前也要做到方案先行,并且施工方案必须实行分级审批制度,方案审完后还要做出样板,反复对样板中存在的问题进行修改,直至达到设计要求方可执行。在工程实施过程中,根据出现的新问题、新情况,及时对施工方案进行修改。

5)确保施工工序的质量

工程项目的施工过程,是由一系列相互关联、相互制约的工序所构成,工序质量是构成工程质量的最基本的单元,上道工序存在质量缺陷或隐患,不仅使本工序质量达不到标准的要求,而且直接影响下道工序及后续工程的质量与安全,进而影响最终成品的质量。因此,在施工中要建立严格的交接班检查制度,在每一道工序进行中,必须坚持自检、互检。如监理人员在检查时发现质量问题,应分析产生问题的原因,要求承包人采取合适的措施进行修整或返工。处理完毕,合格后方可进行下一道工序施工。

6)加强施工项目的过程控制

施工人员的控制。施工项目管理人员由项目经理统一指挥,各自按照岗位标准进行工作,公司随时对项目管理人员的工作状态进行考核并如实记录考察结果存入工程档案之中,依据考核结果,奖优罚劣。

施工材料的控制。施工材料的选购,必须是经过考察后合格的、信誉好的材料供应商,在材料进场前必须先报验,经检测部门合格后的材料方能使用,从而保证质量,又能节约成本。

施工工艺的控制。施工工艺的控制是决定工程质量好坏的关键。为了保证工艺的先进性、合理性,公司工程部针对分项分部工程编制作业指导书,并下发各基层项目部技术人员,合理安排创造良好的施工环境,保证工程质量。

加强专项检查,开展自检、专检、互检活动,及时解决问题。各工序完工后由班组长组织质量员对本工序进行自检、互检。自检时,严格执行技术交底及现行规程、规范,在自检中发现问题由班组自行处理并填写自检记录,班组自检记录填写完善,自检的问题已确实修正后,方可由项目专职质量员进行验收。

(3)施工项目安全控制的措施

1)安全制度措施

项目经理部必须执行国家、行业、地区安全法规、标准,并以此制定本项目的安全管理制度,主要包括:

① 行政管理方面:安全生产责任制度;安全生产例会制度;安全生产教育制度;安全生产检查制度;伤亡事故管理制度;劳保用品发放及使用管理制度;安全生产奖惩制度;工程开竣工的安全制度;施工现场安全管理制度;安全技术措施计划管理制度;特殊作业安全管理制度;环境保护、工业卫生工作管理制度;锅炉、压力容器安全管理制度;

场区交通安全管理制度；防火安全管理制度；意外伤害保险制度；安全检举和控告制度等。

② 技术管理方面：关于施工现场安全技术要求的规定；各专业工种安全技术操作规程；设备维护检修制度等。

2）安全组织措施

① 建立施工项目安全管理组织系统。

② 建立与项目安全组织系统相配套的各专业、各部门、各生产岗位的安全责任系统。

③ 建立项目经理的安全生产职责及项目班子成员的安全生产职责。

④ 作业人员安全纪律。现场作业人员与施工安全生产关系最为密切，他们遵守安全生产纪律和操作规程是安全控制的关键。

3）安全技术措施

施工准备阶段的安全技术措施见表5-1，施工阶段的安全技术措施见表5-2。

施工准备阶段的安全技术措施　　　　　表 5-1

施工准备阶段	内容
技术准备	① 了解工程设计对安全施工的要求； ② 调查工程的自然环境（水文、地质、气候、洪水、雷击等）和施工环境（地下设施、管道及电缆的分布与走向、粉尘、噪声等）对施工安全的影响，以及施工时对周围环境安全的影响； ③ 当改扩建工程施工与建设单位使用或生产发生交叉可能造成双方伤害时，双方应签订安全施工协议，搞好施工与生产的协议，以明确双方责任，共同遵守安全事项； ④ 在施工组织设计中，编制切实可行、行之有效的安全技术措施，并严格履行审批手续，送安全部门备案
物资准备	① 及时供应质量合格的安全防护用品（安全帽、安全带、安全网等）满足施工需要； ② 保证特殊工种（电工、焊工、爆破工、起重工等）使用的工具器械质量合格，技术性能良好； ③ 施工机具、设备（起重机、卷扬机、电锯、平面刨、电气设备）、车辆等需经安全技术性能检测、鉴定合格、防护装置齐全、制动装置可靠，方可进场使用； ④ 施工周转材料（脚手杆、扣件、跳板等）须经认真挑选，不符合安全要求的禁止使用
施工现场准备	① 按施工总平面图要求做好现场施工准备； ② 现场各种临时设施和库房的布置，特别是炸药库、油库的布置，易燃易爆品的存放都必须符合安全规定和消防要求，并经公安消防部门批准； ③ 电气线路、配电设备应符合安全要求，有安全用电防护措施； ④ 场内道路应通畅，设交通标志，危险地带设危险信号及禁止通行标志，以保证行人和车辆通行安全； ⑤ 现场周围和陡坡及沟坑处设好围栏、防护板，现场入口处设"无关人员禁止入内"的标志及警示标志； ⑥ 塔式起重机等起重设备安置应与输电线路、永久的或临设的工程间要有足够的安全距离，避免碰撞，以保证搭设脚手架、安全网的施工距离； ⑦ 现场设消火栓，应有足够有效的灭火器材
施工队伍准备	① 新工人、特殊工种工人须经岗位技术培训与安全教育后，持合格证上岗； ② 高险难作业工人须经身体检查合格后，方可施工作业； ③ 开工前，项目经理应对全体人员进行安全教育、安全技术交底、形成由相关人员签字的三级安全教育卡和安全技术交底记录

施工阶段的安全技术措施　　　　　　　　　　　　　　　　　表 5-2

施工阶段	内容
一般施工	① 单项工程、单位工程均有安全技术措施，分部分项工程有安全技术具体措施，施工前由技术负责人向有关人员进行安全技术交底； ② 安全技术应与施工生产技术相统一，必须在相应的工序施工前做好各项安全技术措施； ③ 操作者严格遵守相应的操作规程，实行标准化作业； ④ 施工现场的危险地段应设有防护、保险、信号装置及危险警示标志； ⑤ 针对采用的新工艺、新技术、新设备、新结构制定专门的施工安全技术措施； ⑥ 有预防自然灾害（防台风、雷击、防洪排水、防暑降温、防寒、防冻、防滑等）的专门安全技术措施； ⑦ 在明火作业（焊接、切割、熬沥青等）现场应有防火、防爆安全技术措施； ⑧ 有特殊工程、特殊作业的专业安全技术措施，如土石方施工安全技术、爆破安全技术、脚手架安全技术、起重吊装安全技术、电气安全技术、高处作业及主体交叉作业安全技术、焊割安全技术、防火安全技术、交通运输安全技术、安装工程安全技术、烟囱及筒仓安全技术等
拆除工程	① 详细调查拆除工程结构特点和强度，电线线路，管道设施等现状，制定可靠的安全技术方案； ② 拆除建筑物之前，在建筑物周围划定危险警戒区域，设立安全围栏，禁止无关人员进入作业区； ③ 拆除工作开始前，先切断被拆除建筑物的电线、供水、供热、供煤气的通道； ④ 拆除工作应按自上而下顺序进行，禁止数层同时拆除，必要时要对底层或下部结构进行加固； ⑤ 栏杆、楼梯、平台应与主体拆除程度配合进行，不能先行拆除； ⑥ 拆除作业工人应站在脚手架上或稳固的结构部分操作，拆除承重梁和柱之间应先拆除其承重的全部结构、并防止其他部分坍塌； ⑦ 拆下的材料要及时清理运走，不得在旧楼板上集中堆放，以免超负荷； ⑧ 被拆除的建筑物内需要保留的部分或需保留的设备事先搭好防护棚； ⑨ 一般不采用推倒方法拆除建筑物，必须采用推倒方法的应采取特殊安全措施

（4）施工项目成本控制的措施

1）组织措施

组织措施是从施工成本控制的组织方面采取的措施。组织措施是其他各类措施的前提和保障，而且一般不需要增加什么费用，运用得当可以收到良好的效果。组织措施的一方面，要使施工成本控制成为全员的活动。施工成本管理不仅是专业成本管理人员的工作，各级项目管理人员都负有成本控制责任，如实行项目经理责任制，落实施工成本管理的组织机构和人员，明确各级施工成本管理人员的任务和职能分工、权利和责任。另一方面，编制施工成本控制工作计划，确定合理详细的工作流程。要做好施工采购规划，通过生产要素的优化配置、合理使用、动态管理，有效控制实际成本；加强施工定额管理和施工任务管理，控制活劳动和物化劳动的消耗；加强施工调度，避免因施工计划不周和盲目调度造成窝工损失、机械利用率降低、物料积压等而使施工成本增加。

2）技术措施

采取先进的技术措施，走技术与经济相结合的道路，确定科学合理的施工方案和工艺技术，以技术优势来取得经济效益是降低项目成本的关键。首先，制定先进合理的施工方案和施工工艺，合理布置施工现场，不断提高工程施工工业化、现代化水平，以达到缩短工期、提高质量、降低成本的目的。其次，在施工过程中大力推广各种降低消耗、提高工效的新工艺、新技术、新材料、新设备和其他能降低成本的技术革新措施，提高经济效益。最后，加强施工过程中的技术质量检验制度和力度，严把质量关，提高工程质量，杜绝返工现象和损失，减少浪费。

3）经济措施

① 控制人工费用。控制人工费的根本途径是提高劳动生产率，改善劳动组织结构，减少窝工浪费；实行合理的奖惩制度和激励办法，提高员工的劳动积极性和工作效率；加强劳动纪律，加强技术教育和培训工作；压缩非生产用工和辅助用工，严格控制非生产人员比例。

② 控制材料费。材料费用占工程成本的比例很大，因此，降低成本的潜力最大。降低材料费用的主要措施是制订好材料采购的计划，包括品种、数量和采购时间，减少仓储量，避免出现完料不尽，垃圾堆里有黄金的现象，节约采购费用；改进材料的采购、运输、收发、保管等方面的工作，减少各个环节的损耗；合理堆放现场材料，避免和减少二次搬运和摊销损耗；严格材料进场验收和限额领料控制制度，减少浪费；建立结构材料消耗台账，时时监控材料的使用和消耗情况，制定并贯彻节约材料的各种相应措施，合理使用材料，建立材料回收台账，注意工地余料的回收和再利用。另外，在施工过程中，要随时注意发现新产品、新材料的出现，及时向建设单位和设计院提出采用代用材料的合理建议，在保证工程质量的同时，最大限度地做好增收节支。

③ 控制机械费用。在控制机械使用费方面，最主要的是加强机械设备的使用和管理力度，正确选配和合理利用机械设备，提高机械使用率和机械效率。要提高机械效率必须提高机械设备的完好率和利用率。机械利用率的提高靠人，完好率的提高在于保养和维护。因此，在机械设备的使用和维护方面要尽量做到人机固定，落实机械使用、保养责任制，实行操作员、驾驶员经培训持证上岗，保证机械设备被合理规范的使用，并保证机械设备的使用安全，同时应建立机械设备档案制度，定期对机械设备进行保养维护。另外，要注意机械设备的综合利用，尽量做到一机多用，提高利用率，从而加快施工进度、增加产量、降低机械设备的综合使用费。

④ 控制间接费及其他直接费。间接费是项目管理人员和企业的其他职能部门为该工程项目所发生的全部费用。这一项费用的控制主要应通过精简管理机构，合理确定管理幅度与管理层次，业务管理部门的费用通过实行节约承包来落实，同时对涉及管理部门的多个项目实行清晰分账，落实谁受益谁负担，多受益多负担，少受益少负担，不受益不负担的原则。其他直接费包括临时设施费、工地二次搬运费、生产工具用具使用费、检验试验费和场地清理费等，应本着合理计划、节约为主的原则进行严格监控。

4）合同措施

采用合同措施控制施工成本，应贯穿整个合同周期，包括从合同谈判开始到合同终结的全过程。由于现在的施工合同通常是一种格式合同，合同条款是发包人制定的，所以承包人的合同管理首先是分析承包合同中的潜在风险，通过对引起成本变动的风险因素的识别和分析，制定必要的风险对策，如风险回避、风险转移、风险分散、风险控制和风险自留等。其次，在合同履行期间，承包人要重视工程签证和进度款的结算工作。最后，要密切关注对方合同履行的情况，以及不同合同之间的履约衔接，寻求索赔机会；同时也要密切关注自己履行合同的情况，以防止被对方索赔。

（三）施工资源与现场管理

1. 施工资源管理的任务和内容

施工项目资源，也称施工项目生产要素，是指投入施工项目的劳动力、材料、机械设备、技术和资金等要素。施工项目生产要素是施工项目管理的基本要素，施工项目管理实际上就是根据施工项目的目标、特点和施工条件，通过对生产要素的有效和有序地组织和管理项目，并实现最终目标。施工项目的计划和控制的各项工作最终都要落实到生产要素管理上。生产要素的管理对施工项目的质量、成本、进度和安全都有重要影响。

（1）施工项目资源管理的内容

1）劳动力。当前，我国在建筑业企业中设置专业作业企业序列，施工综合企业、施工总承包企业和专业承包企业的作业人员按合同由专业作业企业提供。劳动力管理主要依靠专业作业企业，项目经理部协助管理。施工项目中的劳动力，关键在使用，使用的关键在提高效率，提高效率的关键是如何调动作业人员的积极性，调动积极性的最好办法是加强思想政治工作和利用行为科学，从劳动力个人的需要与行为的关系的观点出发，进行恰当的激励。

2）材料。建筑材料按在生产中的作用可分为主要材料、辅助材料和其他材料。其中主要材料指在施工中被直接加工，构成工程实体的各种材料，如钢材、水泥、木材、砂、石等。辅助材料指在施工中有助于产品的形成，但不构成实体的材料，如促凝剂、隔离剂、润滑物等。其他材料指不构成工程实体，但又是施工中必需的材料，如燃料、油料、砂纸、棉纱等。另外，还有周转材料（如脚手架材、模板材等）、工具、预制构配件、机械零配件等。建筑材料还可以按其自然属性分类，包括金属材料、硅酸盐材料、电器材料、化工材料等。施工项目材料管理的重点在现场、在使用、在节约和核算。

3）机械设备。施工项目的机械设备，主要是指作为大型工具使用的大、中、小型机械，既是固定资产，又是劳动手段。施工项目机械设备管理的环节包括选择、使用、保养、维修、改造、更新等。其关键在使用，使用的关键是提高机械效率，提高机械效率必须提高利用率和完好率。利用率的提高靠人，完好率的提高在于保养与维修。

4）技术。施工项目技术管理，是对各项技术工作要素和技术活动过程的管理。技术工作要素包括技术人才、技术装备、技术规程、技术资料等。技术活动过程指技术计划、技术运用、技术评价等。技术作用的发挥，除决定于技术本身的水平外，极大程度上还依赖于技术管理水平。没有完善的技术管理，先进的技术是难以发挥作用的。施工项目技术管理的任务有四项：①正确贯彻国家和行政主管部门的技术政策，贯彻上级对技术工作的指示与决定；②研究、认识和利用技术规律，科学地组织各项技术工作，充分发挥技术的作用；③确立正常的生产技术秩序，进行文明施工，以技术保证工程质量；④努力提高技术工作的经济效果，使技术与经济有机地结合。

5）资金。施工项目的资金，是一种特殊的资源，是获取其他资源的基础，是所有项目活动的基础。资金管理主要有以下环节：编制资金计划，筹集资金，投入资金（施工项目经理部收入），资金使用（支出），资金核算与分析。施工项目资金管理的重点是收入与支出问题，收支之差涉及核算、筹资、贷款、利息、利润、税收等问题。

(2) 施工资源管理的任务

1) 确定资源类型及数量。具体包括：①确定项目施工所需的各层次管理人员和各工种工人的数量；②确定项目施工所需的各种物资资源的品种、类型、规格和相应的数量；③确定项目施工所需的各种施工设施的定量需求；④确定项目施工所需的各种来源的资金的数量。

2) 确定资源的分配计划。包括编制人员需求分配计划、编制物资需求分配计划、编制施工设备和设施需求分配计划、编制资金需求分配计划。在各项计划中，明确各种施工资源的需求在时间上的分配，以及在相应的子项目或工程部位上的分配。

3) 编制资源进度计划。资源进度计划是资源按时间的供应计划，应视项目对施工资源的需用情况和施工资源的供应条件而确定编制哪种资源进度计划。编制资源进度计划能合理地考虑施工资源的运用，这将有利于提高施工质量，降低施工成本和加快施工进度。

4) 施工资源进度计划的执行和动态调整。施工项目施工资源管理不能仅停留于确定和编制上述计划，在施工开始前和在施工过程中应落实和执行所编的有关资源管理的计划，并视需要对其进行动态的调整。

2. 施工现场管理的任务和内容

施工现场是指从事工程施工活动经批准占用的施工场地。它既包括红线以内占用的建筑用地和施工用地，又包括红线以外现场附近经批准占用的临时施工用地。施工现场管理就是运用科学的思想、组织、方法和手段，对施工现场的人、设备、材料、工艺、资金等生产要素，进行有计划地组织、控制、协调、激励，来保证预定目标的实现。

(1) 施工现场管理的任务

建筑施工现场管理的任务，具体可以归纳为以下几点：

1) 全面完成生产计划规定的任务，含产量、产值、质量、工期、资金、成本、利润和安全等。

2) 按施工规律组织生产，优化生产要素的配置，实现高效率和高效益。

3) 搞好劳动组织和班组建设，不断提高施工现场人员的思想和技术素质。

4) 加强定额管理，降低物料和能源的消耗，减少生产储备和资金占用，不断降低生产成本。

5) 优化专业管理，建立完善管理体系，有效地控制施工现场的投入和产出。

6) 加强施工现场的标准化管理，使人流、物流高效有序。

7) 治理施工现场环境，改变"脏、乱、差"的状况，注意保护施工环境，做到施工不扰民。

(2) 施工项目现场管理的内容

1) 规划及报批施工用地。根据施工项目及建筑用地的特点科学规划，充分、合理使用施工现场场内占地；当场内空间不足时，应同发包人按规定向城市规划部门、公安交通部门申请，经批准后，方可使用场外施工临时用地。

2) 设计施工现场平面图。根据建筑总平面图、单位工程施工图、拟定的施工方案、现场地理位置和环境及政府部门的管理标准，充分考虑现场布置的科学性、合理性、可行性，设计施工总平面图、单位工程施工平面图；单位工程施工平面图应根据施工内容和分包单位的变化，设计出阶段性施工平面图，并在阶段性进度目标开始实施前，通过施工协调会议确认后实施。

3）建立施工现场管理组织。一是项目经理全面负责施工过程中的现场管理，并建立施工项目经理部体系。二是项目经理部应由主管生产的副经理、项目技术负责人、生产、技术、质量、安全、保卫、消防、材料、环保、卫生等管理人员组成。三是建立施工项目现场管理规章制度、管理标准、实施措施、监督办法和奖惩制度。四是根据工程规模、技术复杂程度和施工现场的具体情况，遵循"谁生产、谁负责"的原则，建立按专业、岗位、区片划分的施工现场管理责任制，并组织实施。五是建立现场管理例会和协调制度，通过调度工作实施的动态管理，做到经常化、制度化。

4）建立文明施工现场。一是按照国务院及地方建设行政主管部门颁布的施工现场管理法规和规章，认真管理施工现场。二是按审核批准的施工总平面图布置管理施工现场，规范场容。三是项目经理部应对施工现场场容、文明形象管理作出总体策划和部署，分包人应在项目经理部指导和协调下，按照分区划块原则做好分包人施工用地场容、文明形象管理的规划。四是经常检查施工项目现场管理的落实情况，听取社会公众、近邻单位的意见，发现问题及时处理，不留隐患，避免再度发生，并实施奖惩。五是接受住房和城乡建设行政主管部门的考评和企业对建设工程施工现场管理的定期抽查、日常检查、考评和指导。六是加强施工现场文明建设，展示和宣传企业文化，塑造企业及项目经理部的良好形象。

5）及时清场转移。施工结束后，应及时组织清场，向新工地转移。同时，组织剩余物资退场，拆除临时设施，清除建筑垃圾，按市容管理要求恢复临时占用土地。

下篇 基础知识

六、建筑力学的基本知识

(一) 平面力系的基本概念

1. 力的基本概念和性质

要研究平面力系问题，首先要掌握以下基本概念。

(1) 刚体的概念

在任何外力作用下，大小和形状保持不变的物体，称为**刚体**。事实上，物体受力后都会产生不同程度的变形，但这些变形相对于物体的尺寸非常微小，对研究平衡问题没有影响，可以忽略不计。在静力学中所研究的物体都看作是刚体。

(2) 力的概念

力的概念是人们从劳动中产生的，并通过生产实践和日常生活不断加深认识。例如，在建筑工地人们拉车、弯钢筋时，肌肉紧张，就感受到用了"力"；吊车吊起构件时，构件同样受到吊车的拉力等。

总之，**力是物体间相互的机械作用**，这种相互作用会改变物体的运动状态，产生**外效应**；同时，使物体发生变形，产生**内效应**。

既然力是物体与物体之间的相互作用。力不可能脱离物体而存在，有受力体时必定有施力体。物体间相互接触时，可产生相互间的推、拉、挤、压等作用；物体间不接触时，也能产生力，如万有引力、电荷的引力、斥力等。

实践证明：力对物体的作用效果取决于**力的三要素**。即**力的大小、方向、作用点**。

1) 力的大小

力的大小表明物体间相互作用的强弱程度。

国际单位制中：力的单位是牛顿（N）或千牛顿（kN）。

$$1kN = 1000N$$

2) 力的方向

力的方向包含方位和指向两个含义。比如说重力的方向是"铅垂向下"，"铅垂"是方位，"向下"是指向。改变力的方向，当然会改变力的作用效果。

3) 力的作用点

力的作用都有一定的范围，当作用范围与物体相比很小时，可以近似地看作是一个点。这种力又可称为**集中力**。

力的三个要素中改变任何一个时，都会改变对物体作用的效果。因此，在描述一个力时，必须全面表明这个力的三要素。

力是矢量。通常用带箭头的线段来表示。线段的长度（按比例）表示力的大小；线段与某直线或坐标轴的夹角表示力的方位，箭头表示力的指向。

线段的起点和终点都可表示力的作用点。

图 6-1 所示的力 **F**，选定的基本长度为 10kN，按比例量出力 **F** 的大小是 20kN，力与水平线夹角成 30°，指向右上方，作用在物体的 O 点上。这样，一个力就描述清楚了。

注意，用字母表示力矢量时，需用黑体 **F**，普通体 F 只表示力矢的大小。

（3）静力学公理

静力学公理是人类在长期的生产和生活实践中，经过反复观察和实验，总结出来的普遍规律。它阐述了力的一些基本性质，是研究静力学的基础。

1) 作用与反作用公理

两物体间的作用力与反作用力，总是大小相等、方向相反，沿同一直线，并分别作用在这两个物体上。

这个公理概括了两个物体间相互作用的关系。力总是成对出现的，有作用力必定有反作用力，且总是同时产生又同时消失的。

如图 6-2 所示，物体 A 对物体 B 施作用力 **F**，同时，物体 A 也受到物体 B 对它的反作用力 **F′**，且这两个力大小相等、方向相反、沿同一作用线。

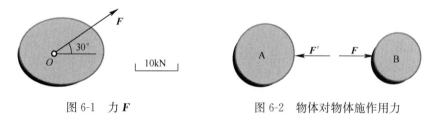

图 6-1　力 **F**　　　　　图 6-2　物体对物体施作用力

2) 二力平衡公理

作用在同一刚体上的两个力，使刚体平衡的充分与必要条件是：这两个力大小相等、方向相反，且作用在同一直线上。 如图 6-3 所示。

图 6-3　二力平衡

这个公理表明，一个刚体只受到两个力作用而平衡时应该满足的条件。这里必须强调对于刚体而言，平衡条件才是既充分又必要的；而对于非刚体，平衡条件是不充分的。如软绳受到一对拉力的作用可以平衡，而受到一对压力的作用就不能平衡了。

若一根不计自重的直杆只在两点受力作用而处于平衡，则此二力必共线，这种杆称为**二力杆**。如图 6-4 所示。

3) 加减平衡力系公理

在作用于刚体的力系中，加上或减去任意一个平衡力系，并不改变原力系对刚体的作用效果。

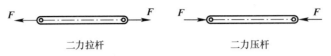

图 6-4 二力杆

平衡力系对刚体的作用效果为零,所以在刚体的原力系上加上或去掉一个平衡力系,不会改变刚体的运动状态。

推论一　力的可传性原理

作用于刚体上的力可沿其作用线移动到刚体内任意一点,而不改变原力对刚体的作用效果。

证明过程如图 6-5（a）、图 6-5（b）、图 6-5（c）（图中 $F_1=F_2=F_3$）所示。

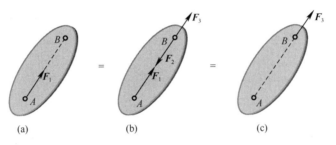

图 6-5　力的可传性

力的可传性原理,在我们日常生活中是常见的。例如,沿同一直线,以同样大小的力,拉车或推车,对车产生的运动效果相同。既然如此,对于刚体而言,力的三要素可改为:**力的大小、方向和作用线。**

应当指出:加减平衡力系公理和力的可传性原理都只适用于研究物体的外效应,而不适用于研究物体的内效应。例如,图 6-5 中的拉杆会伸长,压杆会缩短,直杆的变形显然是不同的。

4) 力的平行四边形公理

作用于物体上同一点的两个力,可以合成为一个合力,合力也作用于该点,合力的大小和方向,由这两个力为邻边构成的平行四边形的对角线来确定。如图 6-6（a）所示。

这个公理说明力的合成是遵循矢量加法的,这也是复杂力系合成（简化）的基础。当两个力共线时,便可用代数加法。

根据这一公理求出合力的方法称为力的**平行四边形法则**。实际上,求合力时,也可以不作出整个的平行四边形。如图 6-6（b）、图 6-6（c）所示,将各力首尾相接,作出三角形 ABC 或 ADC,合力即为 A 指向 C,这一方法称为力的**三角形法则**。需注意:图 6-6（b）中,F_2 的作用点仍为点 A；图 6-6（c）中的 F_1 亦然。显然,合力的大小和方向,与

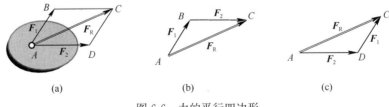

图 6-6　力的平行四边形

分力绘制的顺序无关。

两个共点力可以合成为一个合力，结果是唯一的。反过来，一个力也可以分解为两个分力，却有无数的答案。因为以一个力的线段为对角线，可以作出无数个平行四边形。如图 6-7 所示。

在工程实际问题中，常把一个力沿直角坐标轴方向分解，得出两个互相垂直的分力 F_x 和 F_y。如图 6-8 所示。F_x 和 F_y 的大小可由三角公式求得

$$\begin{cases} F_x = F_R \cos a \\ F_y = F_R \sin a \end{cases}$$

式中　　a——力 F_R 与 x 轴之间的夹角。

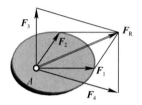

图 6-7　多个平行四边形

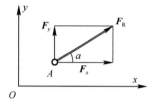

图 6-8　互相垂直的分力

推论二　三力平衡汇交定理

一刚体受共面且不平行的三个力作用而平衡时，这三个力的作用线必汇交于一点。

证明过程如图 6-9 所示。

（4）约束与约束反力的概念

物体受到的力一般可以分为两类：一类是使物体运动或有运动趋势的力，称为**主动力**。如构件的自重、人群的压力、水压力、土压力等。在工程中的荷载都是主动力，一般都是已知的；另一类就是未知的约束反力。物体欲运动，而约束体通过力的作用，阻碍了物体的运动或运动趋势，这个作用力就是**约束反力**，简称**反力**。

约束反力的方向总是与物体欲运动的方向相反。

约束反力的确定与约束类型及主动力有关，下面介绍工程中几种常见的约束，并讨论其反力的特征：

1）柔体约束

柔软的绳索、链条、皮带等用于阻碍物体的运动时，都称为**柔体约束**。柔体约束只能限制物体沿柔体中心线离开柔体的运动，而不能限制其他方向的运动。因此，柔体约束的反力是：**通过接触点，沿柔体中心线且背离物体的拉力**，常用 F_T 表示。如图 6-10 所示。

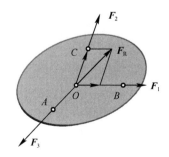

图 6-9　三力平衡汇交

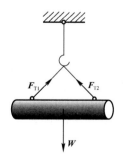

图 6-10　柔体约束

2）光滑接触面约束

一个物体与另一物体接触，当接触面之间的摩擦力很小可以忽略不计时，就是**光滑接触面约束**。这种约束只能阻碍物体沿接触表面公法线并指向物体方向的运动，不能限制沿接触面公切线方向的运动。因此，光滑接触面约束对物体的约束反力是：**通过接触点，沿接触面的公法线且指向物体的压力**，常用 F_N 表示。如图 6-11 所示。

例 6-1 杆 AB 自重为 W，靠于墙边，如图 6-12（a）。试画出杆 AB 的受力图。

解

（1）A 点处为光滑接触面约束，其约束反力 F_{NA}，通过点 A 垂直于杆，指向杆 AB；

（2）B 点处亦为光滑接触面约束，其约束反力 F_{NB}，通过点 B 垂直于支承面，指向杆 AB；

（3）水平绳为柔体约束，其约束反力 F_T，通过接触点，沿绳的方向背离杆 AB。

杆 AB 的受力图如图 6-12（b）。

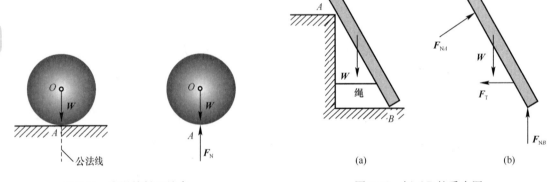

图 6-11　光滑接触面约束　　　　　　图 6-12　杆 AB 的受力图

3）圆柱铰链约束

圆柱铰链简称**铰链**、**铰**。它是由一个圆柱形销钉插入两个物体的圆孔中构成，且销钉和圆孔的表面都是光滑的，如图 6-13 所示。门窗用的合页即是铰链的实例。

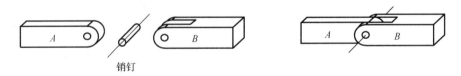

图 6-13　圆柱铰链约束

销钉只能限制物体在垂直于销钉平面内任意方向的相对移动，而不能限制物体绕销钉的转动。当物体相对于另一物体有运动趋势时，销钉与圆孔内壁便在某点接触，约束反力通过销钉中心和接触点，由于接触点的位置不能确定，故约束反力的方向未知，如图 6-14（a）所示。所以，圆柱铰链的约束反力是：**垂直于销钉轴线并通过销钉中心，而方向未定**。圆柱铰链的简图如图 6-14（b）所示。圆柱铰链的约束反力可用一个大小与方向均未知的力表示，也可用两个相互垂直的未知分力来表示，如图 6-14（c）、

图 6-14（d）所示。

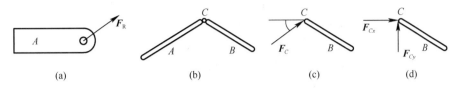

图 6-14　圆柱铰链简图

4) 链杆约束

两端用铰链与物体连接且中间不受其他力的直杆，称为**链杆约束**。如图 6-15 (a) 所示支架，斜杆 BC 即为横杆 AB 的链杆约束。链杆只能限制物体沿链杆轴向的运动，而不能限制其他方向的运动。所以，链杆约束的反力是：**沿链杆的中心线，而指向未定**。如图 6-15 (b) 所示。

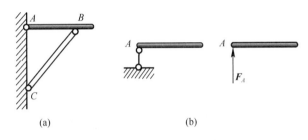

图 6-15　链杆约束

工程中将结构或构件支承在基础或另一静止构件上的装置称为**支座**，支座也是约束。支座对构件的约束反力称为**支座反力**。建筑工程中常见的三种支座分别为：**固定铰支座（铰链支座）、可动铰支座和固定端支座**。

5) 固定铰支座

图 6-16 是固定铰支座的结构简图。用圆柱铰链把结构或构件与支座底板连接，并将底板固定在基础或静止的结构物体上，就构成固定铰支座。其计算简图如图 6-17 (a) 所示。

这种支座可以限制构件在垂直于销钉平面内任意方向的移动，而不能限制构件绕销钉的转动。可见其约束性能与圆柱铰链相同。所以，固定铰支座对构件的支座反力也**通过铰链中心，而方向不定**。支座反力如图 6-17 (b)、图 6-17 (c) 所示。

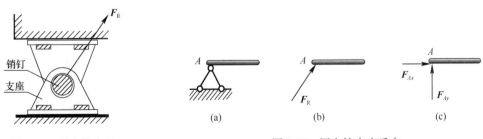

图 6-16　固定铰支座　　　　图 6-17　固定铰支座反力

6）可动铰支座

图 6-18（a）为可动铰支座的结构简图。在固定铰支座下面加几个辊轴支承于平面上，就构成**可动铰支座**。其计算简图如图 6-18（b）所示。

这种支座只能限制构件沿垂直于支承面方向的移动，而不能限制构件绕销钉转动和沿支承面方向的移动。其约束特性与链杆相近。所以，可动铰支座对构件的支座反力**通过铰链中心，且垂直于支承面，指向未定**。反力可能指向构件，也可能背离构件。支座反力如图 6-18（c）所示。

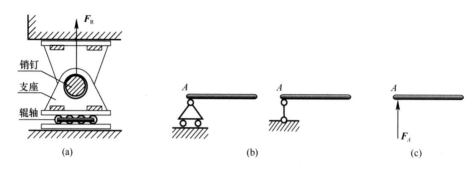

图 6-18 可动铰支座反力

7）固定端支座

将构件与支承物完全连接为一整体，构件既不能沿任意方向移动，也不能转动，这种支座称为固定端支座。其构造简图如图 6-19（a）所示，计算简图如图 6-19（b）所示。

由于这种支座既限制构件的移动，也限制构件的转动。所以，它的支座反力包括：**水平力、竖向力和一个阻止转动的约束反力偶**。其支座反力如图 6-19（c）所示。在工程实际中，插入地基中的电线杆，嵌固在墙壁内的阳台挑梁等，其根部的约束均可视为固定端支座。

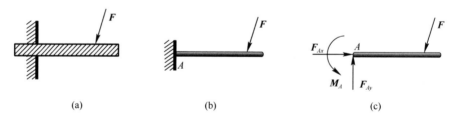

图 6-19 固定端支座反力

2. 平面汇交力系的平衡方程

平面力系中，各力的作用线都汇交于一点，即构成**平面汇交力系**。平面汇交力系是建筑力学中最简单、最基本的力系。研究平面汇交力系的方法有几何法和解析法两种。

（1）平面汇交力系合成的几何法

作用于物体上同一点的两个力，可以合成为一个合力，合力也作用于该点，合力的大小和方向，由这两个力为邻边构成的平行四边形的对角线来确定。如图 6-20（a）所示。

这一方法又称为力的平行四边形法则。求合力时，也可以运用力的三角形法，如图 6-20（b）、图 6-20（c）所示，作出三角形 ABC 或 ADC，合力为 A 指向 C。

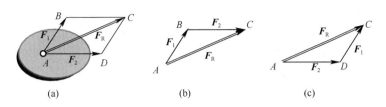

图 6-20 力的平行四边形

对于多个汇交力的合成，只是两力合成的简单重复。具体来讲，就是连续应用三角形法则，逐个合成每个力，从而求出多个汇交力的合力。

如图 6-21（a）所示，求 F_1、F_2、F_3 和 F_4 的合力时，先用三角形法则求出 F_1 和 F_2 的合力 F_{12}（AC），再求出 F_{12} 和 F_3 的合力 F_{123}（AD），最后求出 F_{123} 和 F_4 的合力 F_R（AE），就得到这四个力的合力了，如图 6-21（b）所示。这一过程可以概括为：连续使用三角形法则，将各力首尾相接，得到一条矢量折线，而合力就是从最初的起点指向最末的终点，这样多边形被合力闭合。**合力即力多边形的闭合边**。这种求合力的方法称为**力的多边形法则**。图 6-21（c）中的 F_R 与原力系（图 6-21a）等效。

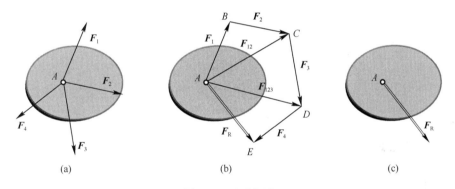

图 6-21 多力汇交

上述的求合力的多边形法则，是通过几何作图来完成的，又称为**几何法**。

应用力的多边形法则求合力时，按照不同的合成顺序，可以得到形状不同的力多边形，但力多边形的闭合边不变，即合力不变。作图时应将各力按照选定的比例、准确的角度绘制，以确保结果的精确度。

力的多边形法则推广到求平面中任意个力的合力时，可表示为

$$F_R = F_1 + F_2 + F_3 + \cdots\cdots + F_n \tag{6-1}$$

即平面汇交力系合成的结果是一个合力，合力的大小和方向等于原力系中各力的矢量和，其作用点是原力系各力的汇交点。

例 6-2 吊环上作用共面且共点的三个拉力，如图 6-22（a）所示。已知

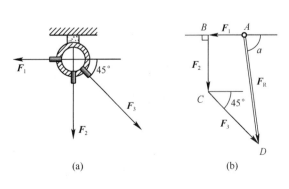

图 6-22 例 6-2 图

$F_1=100N$,$F_2=150N$,$F_3=200N$。试用几何法求吊环所受的合力。

解 三力汇交于吊环中心,构成平面汇交力系。选用单位长度1cm代表100N。

任选一点A,水平向左作线段$AB=1cm$,得到F_1;竖直向下作线段$BC=1.5cm$,得到F_2;右下斜45°线段$CD=2cm$,得到F_3。连接AD即得到合力F_R。按比例R量得:
$$F_R = 295N, \quad a = 82°$$

(2) 平面汇交力系平衡的几何条件

平面汇交力系可以合成为一个合力F_R,即F_R与原力系等效。如果力多边形中的最后一个力的终点与第一个力的起点重合,则意味着合力$F_R=0$,即力多边形自行封闭。如图6-23所示。

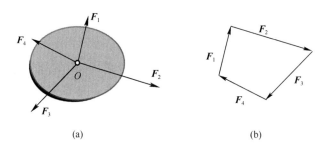

图 6-23 平面汇交力系平衡

此时的物体处于平衡状态,该力系为平衡力系。反过来,欲使平面汇交力系平衡,必使其合力等于零。所以,**平面汇交力系平衡的必要和充分条件是:该力系的合力等于零**。用公式表示为

$$F_R = \sum F = 0 \tag{6-2}$$

平面汇交力系平衡的几何条件为:**力多边形自行闭合**。利用这一几何条件,可以求解平面汇交力系中的两个未知量。

例 6-3 图6-24(a)中,已知$W=100N$。当构件匀速起吊时,求两钢丝绳的拉力。

解 先考虑整个起吊系统,如图6-24(a)所示,显然
$$F_T = W = 100N$$

再取吊钩C为研究对象,吊钩C受三个力F_T、F_{T1}、F_{T2}的作用,F_{T1}和F_{T2}的方向已知而大小未知,其受力图如图6-24(b)所示。

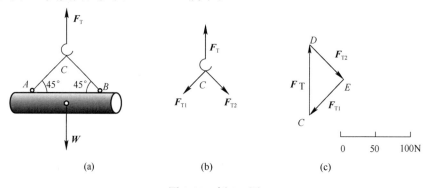

图 6-24 例 6-3 图

选定适当的单位长度，任取一点 C 作 CD 等于 F_T（F_T=100N）；按照 F_{T2} 的方位过 D 作 F_{T2}；按照 F_{T1} 的方位过 C 作 F_{T1}，两力交于点 E，得到封闭的力三角形 CDE，如图 6-24（c）所示。

按比例尺量得：
$$F_{T1} = F_{T2} = 71\text{N}$$

例 6-4 简支梁 AB 在中点 C 受力 F 作用，如图 6-25（a）所示。已知 F=10kN，梁自重不计。求支座 A、B 的反力。

解 取梁为研究对象，作其受力图。

梁受主动力 F 和支座反力 F_A、F_B 的作用。支座 B 为可动铰支座，F_B 的作用线垂直于支承面，假设指向向上；支座 A 为固定铰支座，F_A 的方向未定。因梁 AB 受三个力的作用而平衡，所以可利用三力平衡汇交定理，确定 F_A 的方位。力 F 与 F_B 的作用线相交于点 O，故 F_A 也必过 O 点，指向假设如图 6-25（b）所示。

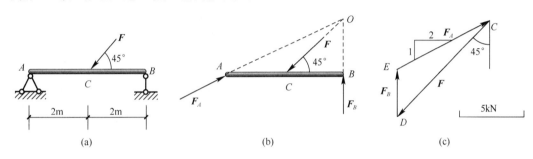

图 6-25 例 6-4 图

根据平衡的几何条件，按比例作出闭合的力多边形 CDE，如图 6-25（c）所示。两反力的实际指向与假设指向相同。按比例尺量得：
$$F_A = 7.9\text{kN} \qquad F_B = 3.5\text{kN}$$

通过以上例题，可以归纳出几何法求解平面汇交力系平衡问题的步骤如下：

① 选取研究对象。根据题意选取与已知力和未知力有关的物体作为研究对象；

② 画出受力图。在研究对象上画出全部的主动力和约束反力，注意运用二力构件的性质和三力平衡汇交定理来确定约束反力的作用线。当无法确定约束反力的指向时，可先假设。

③ 作闭合的力多边形。选择适当的比例尺，作出封闭的力多边形，先画已知力，后画未知力。按**首尾相接**的方法和**自行闭合**的要求，确定未知力的实际指向。

④ 量出未知量。根据比例尺量出未知力的大小和方向。对于特殊角还可用三角公式计算得出。

（3）平面汇交力系合成的解析法

平面汇交力系的几何法直观、简捷，但其精确度难以保证，在力学应用较多的还是解析法。所谓解析法就是通过列代数表达式来求解的方法，又称**数解法**。解析法以力在坐标轴上的投影计算为基础。

1）力在坐标轴上的投影

设力 F 作用在物体的某点 A，用线段 AB 表示，如图 6-26（a）所示。在力 F 的作用平面内建立直角坐标系 xoy，从力 F 的两端 A 和 B 向 x 轴作垂线，垂足分别为 a 和 b，线段 ab 加正号或负号，就称为**力 F 在 x 轴上的投影**，用 X 表示。用同样的方法可以得到 y 轴上的 a'、b'、a'、b'，为**力 F 在 y 轴上的投影**，用 Y 表示。

投影的正负规定：当力的始端投影 a 到终端投影 b 的方向与投影轴正向一致时，投影为正值；反之为负。通常，可直观判断出力投影的正负号。图 6-26a 中力 F 的投影 X、Y 均为正值；图 6-26（b）中力 F 的投影 X、Y 均为负值。

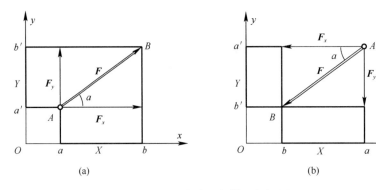

图 6-26　力在坐标轴上的投影

显而易见，投影 X、Y 可用下式计算：

$$\begin{cases} X = \pm F\cos\alpha \\ Y = \pm F\sin\alpha \end{cases} \tag{6-3}$$

式中 α 为力 F 与坐标轴 x 所夹的锐角。

两种特殊情形：

① 当力与坐标轴垂直时，力在该轴上的投影为零。

② 当力与坐标轴平行时，力在该轴上投影的绝对值等于该力的大小。

图 6-26（a）、图 6-26（b）中还画出了力 F 沿直角坐标轴方向的分力 F_x 和 F_y，分力与力的投影是不同的：力的投影只有大小和正负，是标量；而分力既有大小又有方向，是矢量，二者不可混淆。

例 6-5　试计算图 6-27 中各力在 x 轴和 y 轴上的投影。各力的大小均为 100kN，方向如图 6-27 所示。

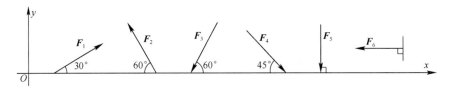

图 6-27　例 6-5 图

解　由式（6-3）分别计算各力投影：

F_1 的投影：$\begin{cases} X_1 = F_1\cos30° = (100 \times 0.866)\ \text{kN} = 86.6\text{kN} \\ Y_1 = F_1\sin30° = (100 \times 0.5)\ \text{kN} = 50\text{kN} \end{cases}$

F_2 的投影：$\begin{cases} X_2 = -F_2\cos60° = -(100 \times 0.5) \text{ kN} = -50\text{kN} \\ Y_2 = F_2\sin60° = (100 \times 0.866) \text{ kN} = 86.6\text{kN} \end{cases}$

F_3 的投影：$\begin{cases} X_3 = -F_3\cos60° = -(100 \times 0.5) \text{ kN} = -50\text{kN} \\ Y_3 = -F_3\sin60° = -(100 \times 0.866) \text{ kN} = -86.6\text{kN} \end{cases}$

F_4 的投影：$\begin{cases} X_4 = F_4\cos45° = (100 \times 0.707) \text{ kN} = 70.7\text{kN} \\ Y_4 = -F_4\sin45° = -(100 \times 0.707) \text{ kN} = -70.7\text{kN} \end{cases}$

F_5 的投影：$X_5 = 0$　　$Y_5 = -100\text{kN}$

F_6 的投影：$X_6 = -100\text{kN}$　　$Y_6 = 0$

如果力 F 在坐标轴 x 和 y 上的投影 X 和 Y 已知，由图 6-28 中的几何关系，也可以确定力 F 的大小和方向

$$\begin{cases} F = \sqrt{X^2 + Y^2} \\ \tan\alpha = \dfrac{|Y|}{|X|} \end{cases} \tag{6-4}$$

式中 α 为力 F 与 x 轴所夹的锐角。力 F 的指向，由 X 和 Y 的正负号来确定。

2）合力投影定理

设某物体上的点 O 受到一平面汇交力系 F_1、F_2、F_3 作用，如图 6-28（a）所示。从点 A 开始作力的多边形 $ABCD$，则线段 AD 为合力 F_R，如图 6-28（b）所示。在力系平面内任取一轴 x，并将各力都投影到 x 轴上，得：

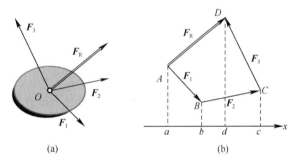

图 6-28　力在坐标轴上的投影

$$X_1 = ab,\quad X_2 = bc,\quad X_3 = -cd,\quad X_R = ad$$

而 $ad = ab + bc - cd$。因此得

$$X_R = X_1 + X_2 + X_3$$

这一关系可推广到任意个汇交力的情形，即

$$X_R = X_1 + X_2 + X_3 + \cdots\cdots + X_n = \sum X \tag{6-5}$$

由此可见，**合力在任一坐标轴上的投影，等于各分力在同一坐标轴上投影的代数和**。这就是**合力投影定理**。合力投影定理建立了合力投影与分力投影之间的关系，为进一步用解析法求平面汇交力系的合力奠定了基础。

3）用解析法求平面汇交力系的合力

① 先选取直角坐标系，利用式（6-3）分别计算各力在 x 轴、y 轴上的投影；

② 再根据合力投影定理，利用式（6-5）计算合力 F_R 在 x 轴、y 轴上的投影；

③ 最后根据已知投影求力，利用式（6-6）求出合力 F_R 的大小和方向。如图 6-29 所示。

$$\begin{cases} F_R = \sqrt{X_R^2 + Y_R^2} = \sqrt{(\sum X)^2 + (\sum Y)^2} \\ \tan\alpha = \dfrac{|Y_R|}{|X_R|} = \dfrac{|\sum Y|}{|\sum X|} \end{cases} \tag{6-6}$$

式中 α 同样为合力 F_R 与 x 轴所夹的锐角。F_R 的作用线通过力系的汇交点,其指向由 X_R 和 Y_R 的正负号来确定。如图 6-30 所示。

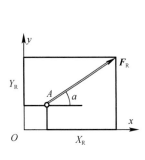

图 6-29 合力图

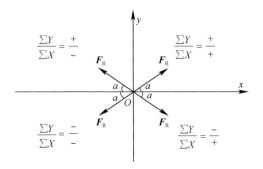

图 6-30 力的作用线通过力系的汇交点

例 6-6 用解析法计算例 6-2。

解 (1) 建立坐标系,通常水平向右为 x 轴,竖直向上为 y 轴;

(2) 计算各力投影,同时计算合力的投影:

$$X_R = \sum X = X_1 + X_2 + X_3 = -100 + 0 + 200 \times 0.707 = 41.4\text{N}$$

$$Y_R = \sum Y = Y_1 + Y_2 + Y_3 = 0 - 150 - 200 \times 0.707 = -291.4\text{N}$$

(3) 代入式 (6-6) 求出合力 F_R 的大小和方向:

$$F_R = \sqrt{(\sum X)^2 + (\sum Y)^2} = \sqrt{41.4^2 + 291.4^2} = 294.3\text{N}$$

$$\tan\alpha = \frac{|\sum Y|}{|\sum X|} = \frac{291.4}{41.4} = 7.04 \qquad \alpha = 82°$$

X_R 为正,Y_R 为负,故 F_R 在第四象限,如图 6-31 所示。这一结果是精确的,几何法与此相差不大。

(4) 平面汇交力系平衡的解析条件

平面汇交力系平衡的必要和充分条件是:该力系的合力等于零。其解析表达式为:

$$F_R = \sqrt{X_R^2 + Y_R^2} = \sqrt{(\sum X)^2 + (\sum Y)^2} = 0$$

上式中,$(\sum X)^2$ 与 $(\sum Y)^2$ 为非负数,若使 $F_R = 0$,必须同时满足

$$\begin{cases} \sum X = 0 \\ \sum Y = 0 \end{cases} \qquad (6\text{-}7)$$

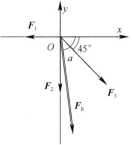

图 6-31 力的几何法

平面汇交力系平衡的必要和充分的解析条件是:**力系中所有各力在两个坐标轴上投影的代数和分别等于零**。式 (6-7) 称为平面汇交力系的**平衡方程**。这是两个独立的投影方程,可以求解两个未知量。这一点与几何法相一致。

平面汇交力系平衡方程的物理意义是:$\sum X = 0$ 表明物体在 x 轴方向的作用效应相互抵消,$\sum Y = 0$ 表明物体在 y 轴方向的作用效应相互抵消。两个方程联立,说明物体在力系平面内的任何方向都处于平衡状态。

例 6-7 求图 6-32（a）所示三角支架中，杆 AC 和杆 BC 所受的力。已知 W=8.66kN。

解 （1）取铰 C 为研究对象。因杆 AC 和杆 BC 均为二力杆，所以两杆受力的作用线都沿杆轴方向。假设两杆均受拉力，可画出铰 C 的受力图，同时选取坐标系，如图 6-32（b）所示。

（2）列平衡方程，并求解未知力。

$$\begin{cases} \sum X = 0: -F_{BC} \times \cos 60° - F_{AC} = 0 \\ \sum Y = 0: F_{BC} \times \sin 60° - 8.66 = 0 \end{cases}$$

解得：$F_{BC} = 10$kN

$F_{AC} = -5$kN

F_{AC} 的计算结果为 -5kN，说明其实际方向与假设相反。

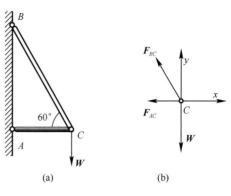

图 6-32　例 6-7 图

例 6-8 平面刚架受水平力 F 作用，如图 6-33（a）所示。已知 F=40kN，不计刚架自重。求支座 A、B 的反力。

解 （1）取刚架为研究对象。它受到水平力 F 及支座反力 F_A、F_B 三个力的作用。利用三力平衡汇交定理，可画出刚架的受力图，如图 6-33（b）所示。图中 F_A 和 F_B 的指向均为假设。

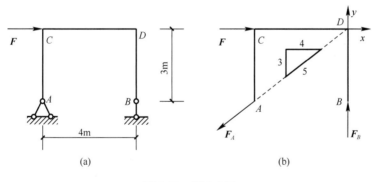

图 6-33　例 6-8 图

（2）列平衡方程，并求解未知力。

$$\begin{cases} \sum X = 0: & F - F_A \times 0.8 = 0 \\ \sum Y = 0: & F_B - F_A \times 0.6 = 0 \end{cases}$$

解得：$F_A = 50$kN

$F_B = 30$kN

例 6-9 如图 6-34（a）所示的起重装置，杆 AB 和杆 BC 均铰接于塔架上，重物通过定滑轮 B 由卷扬机 D 用钢索起吊。已知 W=2kN，各杆与滑轮的自重不计，滑轮的大小及轴承的摩擦也不计。试求杆 AB 和杆 BC 所受的力。

解 （1）取铰 B（包含滑轮）作为研究对象，画出重物重力 W、钢索 BD 的拉力 F_T、杆 AB 和杆 BC 所受的力。由于不计滑轮的大小，所以可以认为各力都汇交于 B 点，且 $F_T = W = 2$kN。受力如图 6-34（b）所示。

(2) 列平衡方程，并求解未知力。

$$\begin{cases} \sum X = 0: & -F_{BC} \times \cos 30° - F_T \times \cos 30° + F_{AB} \times \cos 60° = 0 \\ \sum Y = 0: & F_{BC} \times \sin 30° - F_T \times \sin 30° + F_{AB} \times \cos 30° - W = 0 \end{cases}$$

解得： $F_{BC} = 0$

$F_{AB} = 3.464 \text{kN}$

我们注意到，所求的两个未知力 F_{BC} 和 F_{AB} 都出现在了两个平衡方程中，这就给解算方程带来了不便。为了避免解联立方程，还可以取图 6-34（c）所示的直角坐标系，坐标轴与未知力垂直，该未知力就不会在这一投影方程中出现，从而简化了计算。这是因为作为合力为零的平衡力系，在任意两个正交的坐标轴上的投影都应为零。

(3) 按照图 6-34（c）所示的直角坐标系列平衡方程

$$\begin{cases} \sum X = 0: & -F_{BC} - F_T \times \cos 60° + W \times \cos 60° = 0 \\ \sum Y = 0: & F_{AB} - F_T \times \sin 60° - W \times \sin 60° = 0 \end{cases}$$

仍解得：$F_{BC} = 0$、$F_{AB} = 3.464 \text{kN}$。

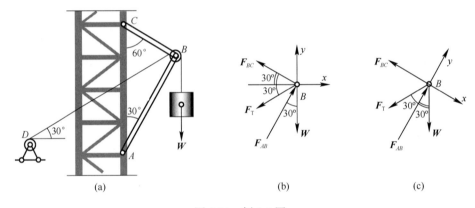

图 6-34　例 6-9 图

通过以上各例，现将解析法求解平面汇交力系平衡问题时的步骤归纳如下：

(1) 选取研究对象。

(2) 画受力图。约束反力指向未定可先假设。

(3) 选取适当的坐标轴。最好与某一个未知力垂直，以简化计算。

(4) 列平衡方程求解未知量。列方程时注意各力的投影的正负号。求出的未知力为负时，表示该力的实际指向与假设相反。

3. 力矩与平面力偶系

本节研究力矩及平面力偶理论，为学习更复杂的力系打下基础。

(1) 力矩

1) 力矩的概念

力不仅能使物体移动，还能使物体转动。

在图 6-35 中，力 F 使扳手绕螺母中心 O 转动的效应，与力 F 的大小成正比，同时还与螺母中心 O 到该力作用线的垂直距离 d 成正比。当改变力 F 的指向，扳手的转向也会随之改变。因此，力 F 对扳手的转动效应，可用两者的乘积 Fd 再加上表示转向的正负号来量度，称为力 F 对 O 点的矩，简称**力矩**。用符号 $M_O(F)$ 表示。即

$$M_O(F) = \pm Fd \qquad (6-8)$$

转动中心 O 称为**矩心**。矩心 O 到力 F 作用线的垂直距离 d 称为**力臂**。通常规定：使物体逆时针转动的力矩为正，反之为负。在平面问题中，力矩为代数量。

在图 6-36 中，A、B 为力 F 的起点和终点，力 F 对点 O 的矩的大小等于三角形 AOB 面积的两倍，即

$$M_O(F) = \pm 2\triangle AOB \qquad (6-9)$$

力矩的单位是牛顿·米（N·m）或千牛顿·米（kN·m）。

由力矩的定义可知：

① 当力等于零，或者力臂等于零（即力的作用线通过矩心）时，力矩等于零；
② 当力沿其作用线移动时，不会改变力对某点的矩。这是因为 F 和 d 均未改变。

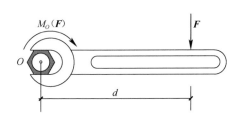

图 6-35 力对点的矩

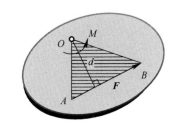

图 6-36 力对点的矩

2) 合力矩定理

设某物体的 A 点作用力 F_1 和 F_2，它们的合力为 F_R，如图 6-37 所示。在平面内任选一点 O 为矩心，过点 O 并垂直于 OA 作 y 轴，力 F_1、F_2 和 F_R 在 y 轴上的投影分别为：

$$Y_1 = Oc \qquad Y_2 = -Od \qquad Y_R = Ob$$

各力对 O 点的矩分别为：

$$\left.\begin{array}{l} M_O(F_1) = 2\triangle AOC = OA \cdot Oc = Y_1 \cdot OA \\ M_O(F_2) = -2\triangle AOD = -OA \cdot Od = Y_2 \cdot OA \\ M_O(F_R) = 2\triangle AOB = OA \cdot Ob = Y_R \cdot OA \end{array}\right\} \quad (a)$$

由合力投影定理有：

$$Y_R = Y_1 + Y_2$$

同乘以 OA 得：

$$Y_R \cdot OA = Y_1 \cdot OA + Y_2 \cdot OA \qquad (b)$$

（a）代入（b）得：

$$M_O(F_R) = M_O(F_1) + M_O(F_2)$$

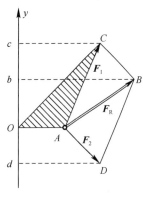

图 6-37 合力矩

上述表明：合力对平面内任一点的矩，等于两分力对同一点的矩的代数和。

以上结论也可扩展到多个平面汇交力的情况，即

$$M_O(F_R) = M_O(F_1) + M_O(F_2) + \cdots\cdots + M_O(F_n) = \sum M_O(F) \qquad (6-10)$$

由此可见，平面汇交力系的合力对平面内任一点的力矩，等于力系中各分力对同一点的力矩的代数和。这就是平面汇交力系的**合力矩定理**。

应用合力矩定理可以简化力矩的计算。在力矩计算时,若力臂 d 难以确定,就可以将力分解为比较容易找到力臂的两个分力。计算出分力矩再代数求和,便得到原力的矩了。

例 6-10 图 6-38 中的每 1m 长的挡土墙,所受土压力的合力 $F=100$kN,方向如图 6-38 所示。试求土压力 F 使墙倾覆的力矩。

解 土压力 F 可能使挡土墙绕 A 点转动,从而发生倾覆。故所求倾覆的力矩就是力 F 对 A 点的矩。而直接找到 F 的力臂 d 有困难。根据合力矩定理,可将力 F 分解为两个分力 F_x 和 F_y,两分力的力臂是已知的。故由式(6-10)可得:

$$M_A(F) = M_A(F_x) + M_A(F_y) = 100 \times 0.866 \times 2 - 100 \times 0.5 \times 2 = 73.2 \text{kN} \cdot \text{m}$$

例 6-11 放在地面上的板条箱如图 6-39 所示,受到 $F=100$N 的力作用。试求该力对 A 点的矩。

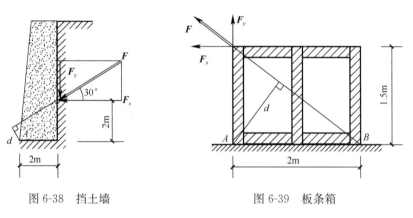

图 6-38 挡土墙   图 6-39 板条箱

解 (1) 力臂 d 容易求得:$d=1.2$m。所以

$$M_A(F) = 100 \times 1.2 = 120 \text{N} \cdot \text{m}$$

(2) 也可将力 F 分解为两个分力 F_x 和 F_y,利用合力矩定理计算:

$$M_A(F) = M_A(F_x) + M_A(F_y) = 100 \times 0.8 \times 1.5 + 0 = 120 \text{N} \cdot \text{m}$$

(2) 力偶

1) 力偶的概念

在日常生活和生产实践中,经常见到由大小相等、方向相反、作用线平行的两个力使物体产生转动的例子。例如汽车司机用双手转动方向盘(图 6-40)。这种由大小相等、方向相反、作用线平行且不共线的两个力组成的力系,称为**力偶**。用符号(F, F')表示,如图 6-41 所示。力偶的两个力之间的距离 d 称为**力偶臂**,力偶中两力所在的平面称为**力偶的作用面**。力偶不能再简化成更简单的形式,力偶与力一样,都是组成力系的基本元素。

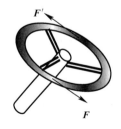 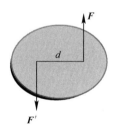

图 6-40 方向盘   图 6-41 力偶

实践证明：力偶对物体的转动效应，不仅与组成力偶的力的大小成正比，而且与力偶臂的大小也成正比。另外，当力偶的两个力大小和作用线不变，而只是同时改变指向，力偶的转向也就相反了。因此，力偶对物体的转动效应，可用力与力偶臂的乘积 Fd 再加上表示转向的正负号来量度，称为**力偶矩**。用符号 $M(\boldsymbol{F}，\boldsymbol{F}')$ 表示，可简记为 M。即

$$M = \pm \boldsymbol{F}d \tag{6-11}$$

通常规定：力偶使物体逆时针转动时，力偶矩为正，反之为负。在平面力系中，力偶矩为代数量。

力偶矩的单位与力矩相同，也是牛顿·米（N·m）或千牛顿·米（kN·m）。

2）力偶的基本性质

① **力偶在任一轴上的投影恒为零。力偶没有合力，所以不能用一个力来代替。**

力偶中的两个力大小相等、方向相反、作用线平行且不共线，不能合成为一个力。力偶不能用一个力来代替，也不能和一个力平衡。**力偶只能和力偶平衡。**

力偶和力对物体作用的效应不同。一个力可以使物体移动或同时转动，而力偶不会使物体移动，只会转动。如图 6-42 所示。

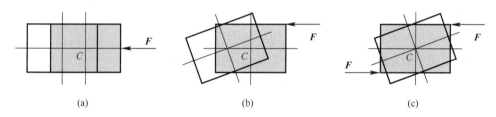

图 6-42 力偶和力对物体作用的效应

② 力偶对其作用平面内任一点之矩都恒等于力偶矩，而与矩心位置无关。

③ 在同一平面内的两个力偶，如果它们的力偶矩大小相等，转向相同，则这两个力偶等效。这叫作力偶的等效性。

力偶对物体的转动效应，取决于力偶矩的大小、力偶的转向和力偶的作用平面。这又称为力偶的三要素。换句话说：只要两个力偶的三要素相同，它们就是等效的。

根据力偶的这一性质，可以得出以下两个推论：

推论一 力偶可在其作用面内任意移动和转动，而不改变它对刚体的转动效应。即力偶对物体的转动效应与它在平面内的位置无关。如图 6-43 所示，三种情形下，力偶移动或转动，但作用效应是相同的。

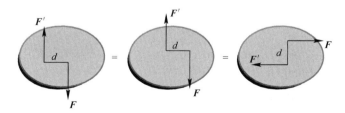

图 6-43 不同情形下力偶作用效应

推论二 只要力偶矩的大小和力偶的转向不变，可以同时改变力的大小和力偶臂的长度，而不改变它对刚体的转动效应。在研究力偶对刚体的转动效应时，只需考虑力偶矩的大小和转向，而不必在意力偶的位置、力的大小及力偶臂的长度。因此在工程中，力偶可用一段带箭头的弧线来表示，如图 6-44 所示。图中的几个力偶的作用效应是相同的。

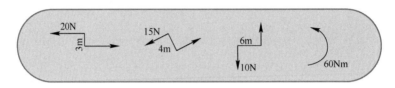

图 6-44 不同力偶作用效应

（3）平面力偶系

在物体的某一平面上同时作用两个以上的力偶，称为**平面力偶系**。

1）平面力偶系的合成

力偶只能使物体转动。因此，平面力偶系的合成，实质上是力偶的转动效应的合成。合成后也只能使物体转动。于是可以得出结论：平面力偶系的合成结果为一个合力偶，其合力偶矩等于各分力偶矩的代数和。即

$$M_R = M_1 + M_2 + \cdots\cdots + M_n = \Sigma M \tag{6-12}$$

例 6-12 某物体在平面内受到三个力偶的作用，各力偶的力偶矩如图 6-45 所示。试求合力偶矩。

图 6-45 例 6-12 图

解 由式（6-12）得：

$$M_R = \sum M = 15 \times 4 - 10 \times 8 + 50 = 30 \text{N} \cdot \text{m}$$

合力偶矩为 30N·m，逆时针转向，与原力偶系共面。

2）平面力偶系的平衡条件

平面力偶系可以合成为一个合力偶，当合力偶矩等于零时，则力偶系中各力偶对物体的转动效应相互抵消，物体平衡；反过来，物体处于平衡状态，则要求合力偶矩等于零。因此，平面力偶系平衡的必要和充分条件是：**力偶系中所有各力偶矩的代数和等于零**，即

$$\sum M = 0 \tag{6-13}$$

上式又称为平面力偶系的平衡方程。对于平面力偶系的平衡问题，利用这一方程可以求解一个未知量。

例 6-13 如图 6-46（a）所示的简支梁 AB，受一力偶的作用，其力偶矩 $M=20$kN·m。试求 A、B 支座的反力。

解 取梁 AB 为研究对象，该梁只受到主动力偶 M 的作用。由力偶的性质可知，力偶只能和力偶平衡。所以，A、B 支座的两个反力必定也组成一个力偶。B 支座为可动铰

支座，其反力 F_B 的方位可以确定；这样，A 支座反力的方位也随之确定。即 F_A 与 F_B 的大小相等、作用线平行，指向可假设，但必须相反。如图 6-46（b）所示。

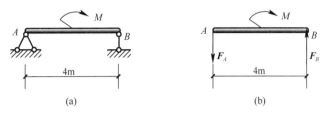

图 6-46　例 6-13 图

由平衡方程 $\sum M = 0$ 得

$$F_A \times 4 - M = 0$$

解得

$$F_A = F_B = 5\text{kN}$$

反力 F_A 与 F_B 的指向与假设相同。

（二）杆件强度、刚度和稳定的基本概念

1. 杆件变形的基本形式

杆件是指某一个方向的尺寸远大于其他两个方向尺寸的构件。垂直于杆件长度方向的截面称为横截面；各横截面形心的连线称为杆的轴线，如图 6-47 所示。

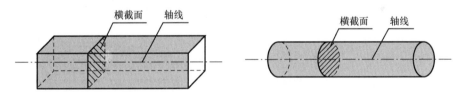

图 6-47　杆的轴线

按照杆件的轴线情况可分为直杆和曲杆；按照杆件横截面是否有变化又可分为等截面杆和变截面杆，如图 6-48 所示。在建筑力学中主要研究等直杆。

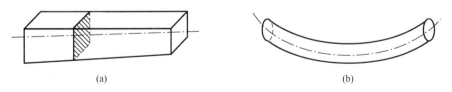

图 6-48　直杆和曲杆
（a）变截面直杆；（b）等截面曲杆

杆件在不同形式的外力作用下，将产生不同形式的变形。杆件变形的基本形式有下列四种：

(1) 轴向拉伸或轴向压缩：在一对大小相等、方向相反、作用线与杆轴线重合的外力作用下，杆件将发生长度的改变，如图 6-49（a）、图 6-49（b）所示。

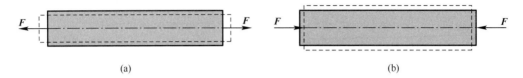

图 6-49　轴向拉伸或轴向压缩
(a) 轴向拉伸；(b) 轴向压缩

(2) 剪切：在一对相距很近、大小相等、方向相反、作用线垂直于轴线的外力作用下，杆件的两个力之间的横截面将沿外力方向发生相对错动，如图 6-50 所示。

(3) 扭转：在一对大小相等、方向相反、作用面垂直于杆轴的外力偶作用下，杆件的任意两个横截面将绕轴线发生相对转动，如图 6-51 所示。

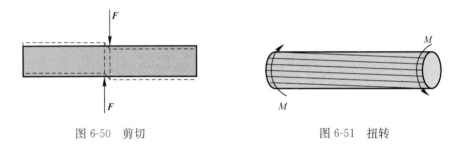

图 6-50　剪切　　　　　　　　图 6-51　扭转

(4) 平面弯曲：在一对大小相等、方向相反、作用于通过杆轴的平面内的外力偶作用下或在垂直于轴线的外力作用下，杆件的轴线由直线弯曲成曲线，如图 6-52（a）、图 6-52（b）所示。

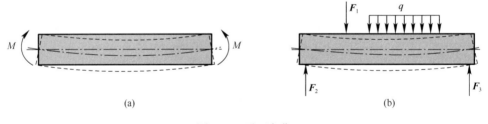

图 6-52　平面弯曲

2. 杆件强度、刚度和稳定的基本概念

建筑结构的构件都有承受多大荷载的问题，建筑力学就是研究结构和构件承载能力的学科。结构和构件的承载能力包括**强度、刚度和稳定性**。

所谓**强度**是指结构或构件**抵抗破坏**的能力。结构能安全承受荷载而不破坏，就认为满足强度要求。

所谓**刚度**是指结构或构件**抵抗变形**的能力。任何结构或构件在外力作用下都会产生变形，在工程上结构或构件的变形应限制在允许的范围内。

所谓**稳定性**是指构件**保持平衡状态稳定性的能力**。有些构件在荷载大到一定数值时，会突然出现不能保持其平衡状态稳定性的现象，称为丧失稳定。这些构件必须通过稳定性的验算才能正常工作。

为了保证结构和构件具有足够的承载力，一般来说，都要选择较好的材料和截面较大的构件，这样才能保证建筑的**安全**。但一味地选用较好的材料和过大的截面，势必会大材小用、优材劣用，造成不必要的浪费，不够**经济**。可见，安全和经济是矛盾的。

建筑力学的主要任务就是为解决这一矛盾提供必要的理论基础和计算方法。

3. 应力、应变的基本概念

（1）应力的概念

杆件在受到外力后，其内部各截面上也会受到力的作用。这一内力可通过截面法求得。

我们知道：同种材料而粗细不同的两杆，在同步增大轴向拉力时，细杆将首先被拉断。这是因为细杆横截面上内力的分布集度较大而造成的。因此，解决杆件的强度问题，还需进一步研究内力在横截面上的分布集度。内力在一点处的集度称为该点的**应力**。

不同的基本变形，内力是不同的，其应力也是不同的。

（2）应变的概念

下面以轴向拉伸（压缩）杆为例，说明应变的概念。

轴向拉（压）杆变形特点是：杆件沿轴线方向伸长或缩短。沿轴线方向的变形，称为纵向变形。另外，横截面同时也会变细或变粗，这一变形称为横向变形。如图 6-53（a）、图 6-53（b）所示。

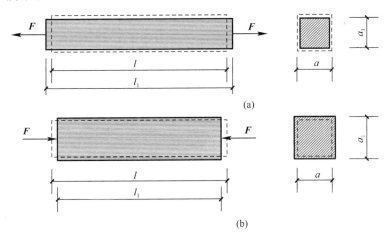

图 6-53 轴向拉伸（压缩）杆变形

设杆件变形前长为 l，变形后长为 l_1，杆的纵向变形为

$$\Delta l = l_1 - l$$

显然，Δl 在拉伸时为正，压缩时为负。纵向变形的单位为米或毫米。

杆件的纵向变形是一绝对量，不能反映杆件的变形程度。若将 Δl 与杆的原长 l 相比，得到单位长度的纵向变形，则可以表明杆件的变形程度。单位长度的纵向变形，称为**纵向**

线应变，简称线应变，用 ε 表示。其表达式为

$$\varepsilon = \frac{\Delta l}{l} \tag{6-14}$$

线应变 ε 的正负号与 Δl 相同：拉伸时为正，压缩时为负；ε 是一个无量纲的量。

（三）材料强度、变形的基本知识

1. 材料强度和变形的基本知识

（1）强度和变形的基本概念

材料的强度是指材料在外力作用下抵抗破坏的能力，并以单位面积上所能承受极限荷载的大小来表示。

材料在受外力作用时，便产生内部应力，且应力随外力的增大而增大，当应力超过材料内部质点间结合力所能承受的极限时，便会导致内部质点间的断开或错位，极限应力值通常称为材料的强度。因此，材料的强度本质上就是内部质点间结合力的表现。

在不同的工程结构中，材料可能承受不同形式的荷载，从而使材料表现出的强度类型不同。根据不同的外力作用形式，材料的强度可分为抗压强度、抗拉强度、抗弯（抗折）强度、抗剪强度等。

除了强度，在工程中经常提到材料的比强度，比强度是指单位体积质量计算的材料强度，是指材料的强度与其表观密度之比，它是衡量材料轻质高强特性的参数。

结构材料在土木工程中的主要作用就是承受上部荷载。对多数结构来说，相当一部分的承载能力用于抵抗本身或其上部结构材料的自重荷载，只有剩余部分的承载能力用于抵抗外荷载。为此，提高材料承受外荷载的能力，不仅应提高其强度，还应减轻其本身的自重；材料必须具有较高的比强度值，才能满足高层建筑及大跨度结构工程的要求。

在土木工程中，外力作用下材料的断裂就意味着工程结构的破坏，此时材料的极限强度就是确定结构承载能力的依据。但是，有些工程中即使材料本身并未断开，但在外力作用下质点间的相对位移或滑动过大也可能使工程结构丧失承载能力或正常使用状态，这种质点间相对位移或滑动的宏观表现就是材料的变形。

弹性变形和塑性变形是材料两种最基本的力学变形，此外还有黏性流动变形和徐变变形等。

弹性是指材料在外力作用下产生变形，外力去除后能恢复原来形状和大小的性质，这种可恢复的变形称为弹性变形；塑性是指材料在外力作用下产生变形，在其内部质点间不断开的情况下，外力去除后仍保持变形后形状和大小的性质，这种不可恢复的变形称为塑性变形。

理想的弹性材料或塑性材料很少见，大多数材料在受力时变形既有弹性变形也有塑性变形，只是不同材料，或同一材料在不同受力阶段，可能以弹性变形为主，或以塑性变形为主。

（2）轴向拉伸或轴向压缩的强度、变形基本知识

轴向拉伸和压缩，是材料力学中最简单、最基本的变形形式。

1）轴向拉伸和压缩的内力

轴向拉伸和压缩的内力，其作用线与杆轴线重合，故称为**轴力**。用 F_N 表示。轴力的单位为 N 或 kN。

通常规定：轴力拉为正，压为负。一般在计算时，轴力都设为正向，即拉力。

2）轴向拉（压）杆横截面上的应力

轴向拉（压）杆横截面上的应力为正应力，且大小相等，如图 6-54 所示。

对于等直杆而言，轴向拉（压）时横截面上的正应力计算公式为

$$\sigma = \pm \frac{F_N}{A} \qquad (6\text{-}15)$$

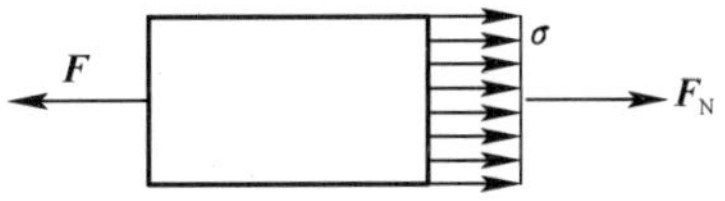

图 6-54　轴向拉（压）应力

式中　A——拉（压）杆横截面面积；

　　　F_N——该截面轴力。

正应力的正负规定为：拉应力为正，压应力为负。应力的单位为 Pa（N/m²）或 MPa（N/mm²）。

$$1\text{MPa} = 10^6 \text{Pa} = 1\text{N/m}^2$$

对于等截面直杆，最大正应力位于轴力最大的截面上。其值为

$$\sigma_{max} = \frac{F_{Nmax}}{A}$$

3）轴向拉（压）杆的强度计算

轴向拉（压）杆横截面上的正应力为 $\sigma = \frac{F_N}{A}$，这是拉（压）杆在工作时由荷载引起的应力，故又称**工作应力**。为保证拉（压）杆的安全，杆内最大工作应力不得超过材料的许用应力，即

$$\sigma_{max} = \frac{F_N}{A} \leqslant [\sigma] \qquad (6\text{-}16)$$

上式称为拉（压）杆的**强度条件**。$[\sigma]$ 可通过试验测得。

根据强度条件，可以解决工程实际中有关构件强度的三类问题：

① 强度校核

已知杆件所受荷载、截面 A 以及所用材料的 $[\sigma]$，校核杆件是否满足式（6-16）。

② 设计截面

已知杆件所受荷载、材料的 $[\sigma]$，利用式（6-18）确定满足强度条件时，杆件的横截面面积。即

$$A \geqslant \frac{F_N}{[\sigma]}$$

③ 确定许可荷载

已知杆件的截面 A、所用材料的 $[\sigma]$，计算杆件满足强度时的最大轴力，即

$$F_N \leqslant A \cdot [\sigma]$$

再通过最大轴力进一步确定许可的外荷载。

需指出：对于许用拉、压应力不相等的材料，应分别对杆件内的最大拉、压应力进行强度计算。

例 6-14　用钢丝绳起吊钢管的装置如图 6-55（a）所示。已知：钢管重 $W = 50\text{kN}$，

钢丝绳的横截面面积 $A=350\text{mm}^2$，钢丝许用应力 $[\sigma]=170\text{MPa}$。试校核钢丝绳的强度。

解 （1）取吊钩为研究对象，画出其受力图如图 6-55（b）所示。其中 $\boldsymbol{F}_T=\boldsymbol{W}=50\text{kN}$。根据平衡条件可得，$\boldsymbol{F}_{T1}=\boldsymbol{F}_{T2}=35.35\text{kN}$。

（2）强度校核。

$$\sigma_{\max}=\frac{\boldsymbol{F}_{N1}}{A}=\frac{35.35\times 10^3}{350}=101\text{MPa}<[\sigma]=170\text{MPa}$$

所以，钢丝绳满足强度要求。

4）轴向拉（压）杆的变形计算

如图 6-56 所示，设杆件变形前长为 l，变形后长为 l_1，杆的纵向变形为

$$\Delta l=l_1-l$$

显然，拉伸时为正，压缩时为负。纵向变形的单位为 m 或 mm。

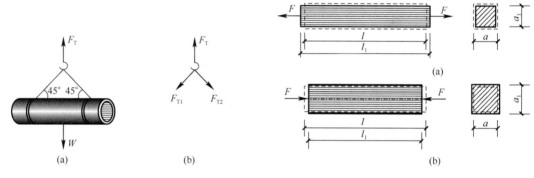

图 6-55 钢管受力图　　　　　　图 6-56 杆件轴向变形受力图

杆件的纵向变形是一绝对量，不能反映杆件的变形程度。若将 Δl 与杆的原长 l 相比，得到单位长度的纵向变形，则可以表明杆件的变形程度。单位长度的纵向变形，称为**纵向线应变**，简称**线应变**，用 ε 表示。其表达式为

$$\varepsilon=\frac{\Delta l}{l} \tag{6-17}$$

线应变 ε 的正负号与 Δl 相同：拉伸时为正，压缩时为负；ε 是一个无量纲的量。

试验表明：当杆的应力未超过某一限度时，纵向变形 Δl 与杆的轴力 $\boldsymbol{F}_N$、杆长 l 及杆的横截面面积 A 存在以下比例关系

$$\Delta l\propto\frac{F_N l}{A}$$

引进比例系数 E，可得

$$\Delta l=\frac{F_N l}{EA} \tag{6-18}$$

式（6-18）称为胡克定律，它表明：**当杆件应力不超过某一限度时，其纵向变形与轴力及杆长成正比，与横截面面积成反比**。这里的"某一限度"，即指在弹性范围。

比例系数 E，称为材料的**弹性模量**，反映了材料抵抗弹性变形的能力。其单位与应力相同，其值可通过试验测定。

EA 称为杆件的**抗拉（压）刚度**，反映了杆件抵抗拉（压）变形的能力。EA 越大，杆件的变形就越小。

需注意,在利用式(6-18)计算杆件的纵向变形时,在杆长 l 内,F_N、E、A 都应是常数。

将 $\varepsilon = \dfrac{\Delta l}{l}$ 及 $\sigma = \dfrac{F_N}{A}$ 代入式(6-18),可得

$$\sigma = E \cdot \varepsilon \tag{6-19}$$

它表明:**在弹性范围内,应力与应变成正比**。式(6-19)是胡克定律的另一形式。

轴拉(压)杆纵向变形时,横向也产生变形,但横向变形是次要的,一般不予考虑。

(3)剪切的强度、变形基本知识

拉(压)杆之间的连接件——铆钉、螺栓、销钉等,都是剪切变形的实例。如图 6-57 所示。

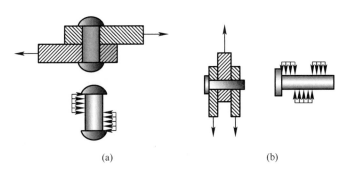

图 6-57 拉(压)杆之间的剪切变形

在剪切的实用计算中,假定剪切面上的切应力是均匀分布的。切应力的计算公式为

$$\tau = \dfrac{F_Q}{A} \tag{6-20}$$

A 为剪切面的面积。

为保证杆件不发生剪切破坏,应使剪切面上的切应力,不超过材料的许用切应力 $[\tau]$。即

$$\tau = \dfrac{F_Q}{A} \leqslant [\tau] \tag{6-21}$$

这就是剪切强度条件。许用切应力 $[\tau]$,可由剪切试验测定。

剪切强度条件也能解决强度校核、设计截面和确定许用荷载等三类问题。不过,通常的做法是:先用剪切强度设计,必要时再进行挤压强度校核与截面削弱处的抗拉强度校核。

剪切,一般不涉及变形的计算问题。

例 6-15 两块厚度 $t_1 = 14\text{mm}$ 的钢板对接,上下各加一块厚度 $t_2 = 8\text{mm}$ 的盖板,如图 6-58(a)所示。已知拉力 $F = 200\text{kN}$,许用应力 $[\tau] = 140\text{MPa}$,$[\sigma_c] = 300\text{MPa}$。若采用直径 $d = 16\text{mm}$ 的铆钉,求每侧所需铆钉数 n。

解 (1)由剪切强度确定数 n。

取一个铆钉研究,画出其受力图如图 6-58(b)所示,受到的作用力

$$F_1 = F/n$$

用截面法求得剪切面上的剪力(图 6-58(c))为

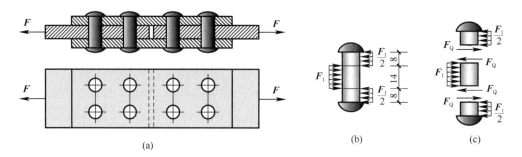

图 6-58 例题 6-15 图

$$F_Q = F_1/2 = F/2n$$

由剪切强度

$$\tau = \frac{F_Q}{A} = \frac{F}{2nA} \leqslant [\tau]$$

得

$$n \geqslant \frac{F}{2A[\tau]} = \frac{200 \times 10^3}{2 \times \frac{\pi}{4} \times 16^2 \times 140} = 3.56 \approx 4 \text{ 个}$$

(2) 校核挤压强度。由于 $t_1 < 2t_2$，所以，只需验算钢板与铆钉之间的接触面。

$$\sigma_c = \frac{F_c}{A_c} = \frac{F_1/4}{t_1 \cdot d} = \frac{200 \times 10^3}{4 \times 14 \times 16} = 223 \text{MPa} < [\sigma_c] = 320 \text{MPa}$$

故，每侧所需的铆钉为 4 个。

(4) 扭转的强度、变形基本知识

1) 圆轴扭转时的内力

扭转变形是杆件的一种基本变形。在垂直杆件轴线的两平面内，作用一对大小相等、转向相反的力偶时，杆件就产生扭转变形，如图 6-59 所示。

圆轴扭转时的内力为扭矩。用 T 表示，单位为 N·m 或 kN·m。

计算圆轴扭转时的内力仍使用截面法。如图 6-60 所示。显然

$$T = m_A$$

扭矩的正负规定：右手螺旋法则。以右手握拳，四指表示扭矩的转向，大拇指指向横截面的外法线，扭矩为正；反之为负。图 6-60 中的扭矩即为正值。

2) 圆轴扭转时横截面上的切应力及强度计算

圆轴扭转时横截面上任一点切应力的计算公式

$$\tau_\rho = \frac{T\rho}{I_P} \tag{6-22}$$

图 6-59 扭转变形

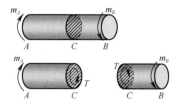

图 6-60 扭矩图

式中　T——横截面上的扭矩；
　　　ρ——所求点到圆心的距离；
　　　I_P——截面对圆心的**极惯性矩**，与圆截面的尺寸有关，单位为"mm^4"。

对于一个指定截面，扭矩 T 与极惯性矩 I_P 是定值，$\rho_{max}=R$ 时，切应力 τ 取得最大值，即

$$\tau_{max} = \frac{TR}{I_P}$$

令

$$W_P = \frac{I_P}{R} \quad (6\text{-}23)$$

则有

$$\tau_{max} = \frac{T}{W_P} \quad (6\text{-}24)$$

式中 W_P 与圆截面的尺寸有关，称为**抗扭截面系数**，是反映圆轴抗扭的几何量，单位为"mm^3"。对于实心圆、空心圆的极惯性矩和抗弯截面系数计算见表 6-1。

实心圆、空心圆的极惯性矩和抗弯截面系数　　表 6-1

截面形状	有关尺寸	惯性矩	抗弯截面系数
实心圆形	D	$I_P = \frac{\pi D^4}{32}$	$W_P = \frac{\pi D^3}{16}$
空心圆形	d, D	$I_P = \frac{\pi D^4}{32}(1-\alpha^4)$	$W_z = \frac{\pi D^3}{16}(1-\alpha^4)$
		$\alpha = d/D$	

需指出，式（6-22）、式（6-24）都只适用于弹性范围内的圆轴。

圆轴在扭转时应满足：圆轴横截面上的最大切应力不超过材料的许用切应力，即

$$\tau_{max} = \frac{T_{max}}{W_P} \leqslant [\tau] \quad (6\text{-}25)$$

应用式（6-25）可以解决圆轴扭转时的三类强度问题，即进行扭转强度校核、圆轴截面设计及确定许用荷载。

例 6-16　某传动轴横截面上的最大扭矩 $T=1.5kNm$，材料的许用切应力 $[\tau]=50MPa$。试求：

（1）若用实心轴，确定其直径 D_1；
（2）若改用空心轴，且 $\alpha=0.9$，确定其内径 d 和外径 D；
（3）比较实心轴和空心轴的重量。

解　这属于圆轴截面设计问题。由强度条件可得圆轴所需的抗弯截面系数为

$$W_p \geq \frac{T}{[\tau]} = \frac{1.5 \times 10^6}{50} = 3 \times 10^4 \text{mm}^3$$

(1) 确定实心轴的直径 D_1。由 $W_p = \pi D_1^3 / 16$ 可得

$$D_1 = \sqrt[3]{\frac{16 W_p}{\pi}} \geq \sqrt[3]{\frac{16 \times 3 \times 10^4}{\pi}} = 53.5 \text{mm}$$

取 $D_1 = 54$mm。

(2) 确定空心轴的内径 d 和外径 D。由 $W_p = \pi D^3 (1-\alpha^4)/16$ 可得

$$D = \sqrt[3]{\frac{16 W_p}{\pi(1-\alpha^4)}} \geq \sqrt[3]{\frac{16 \times 3 \times 10^4}{\pi(1-0.9^4)}} = 76 \text{mm}$$

$$d = 0.9 \times 76 = 68.4 \text{mm}$$

可取 $D = 76$mm，$d = 68$mm，外径取大、内径取小。

(3) 比较两轴的重量。重量比即面积比，即

$$\frac{A_{\text{空}}}{A_{\text{实}}} = \frac{D^2 - d^2}{D_1^2} = \frac{76^2 - 68^2}{54^2} = 0.395$$

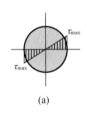 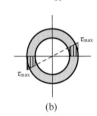

图 6-61 例 6-16 图

上例表明：当两轴具有相同的承载能力时，空心轴比实心轴轻得多。选用空心轴既可节省材料，又能减轻自重。因为采用实心轴时，只有横截面边缘处的切应力达到许用切应力，圆心附近的应力尚很小，这部分的材料没有得到充分利用，如图 6-61（a）所示。如果将这部分材料移至截面外围，使其成为空心轴，如图 6-61（b）所示，这样便提高了材料的利用率。因此，空心轴较实心轴合理。

3) 圆轴扭转时的变形及刚度计算

试验表明：在弹性范围内，圆轴的扭转角与扭矩 T、轴长 l 成正比，与 GI_p 成反比。可用下式计算：

$$\varphi = \frac{Tl}{GI_p} \tag{6-26}$$

式 (6-26) 与式 (6-18) 相似。分母 GI_p 反映了圆轴抵抗扭转变形的能力，称为圆轴的**抗扭刚度**。两端同除以轴长 l 可得

$$\frac{\varphi}{l} = \frac{T}{GI_p} \tag{6-27}$$

φ/l 称为**单位长度扭转角**，反映了圆轴扭转变形的程度。在杆长 l 的范围内，若 T、GI_p 不变，则 φ/l 为一常数。

在工程中，要求受扭圆轴具有足够的刚度。具体规定为：轴的最大单位长度扭转角不超过许用的单位长度扭转角，即

$$\frac{\varphi}{l} = \frac{T}{GI_p} \leq \left[\frac{\varphi}{l}\right] \tag{6-28}$$

式(6-28)左边单位长度扭转角的单位为 rad/m，右边许用单位长度扭转角的单位为°/m，考虑单位换算，刚度条件变为

$$\frac{\varphi}{l} = \frac{T}{GI_P} \cdot \frac{180}{\pi} \leqslant \left[\frac{\varphi}{l}\right] \tag{6-29}$$

$\left[\dfrac{\varphi}{l}\right]$ 值，可从有关手册中查到。

与强度条件一样，利用刚度条件，可以校核圆轴的刚度、设计截面及确定许可荷载。

(5) 弯曲的强度、变形基本知识

1) 弯曲的内力

当杆件受到垂直于杆轴线的外力作用或在杆轴平面内受到外力偶作用时，杆的轴线由直线变成曲线，这种变形称为**弯曲**。凡是以弯曲为主要变形的杆件通常称之为**梁**。梁是工程中最常见的杆件，在工程中比比皆是，占有特别重要的地位。

梁的内力的计算采用截面法。

如图 6-62 (a) 所示的简支梁，荷载 F 和支座反力 F_A、F_B 均作用在梁 AB 的纵向对称平面内，梁处于平衡状态，现在计算截面 C 上的内力。

① 首先利用平衡条件求出支座反力 F_A、F_B；

② 然后用一个假想的平面将梁从截面 C 处截开，截断的两段都处于平衡状态；

③ 现取左段研究。在左段有向上的支座反力 F_A，根据平衡条件，在截开的截面 C 上必定存在与 F_A 保持竖向平衡的内力。这一内力与截面相切，称为**剪力**，记作 F_Q，剪力 F_Q 可以通过竖向投影方程求得。

在该例中，显然 $F_Q = F_A$。如图 6-62 (b) 所示。

然而，在截开的截面 C 上还存在一个内力偶，与力偶矩 $F_A x$ 平衡，这一内力偶矩称为**弯矩**，记作 M，弯矩 M 可以通过力矩平衡方程求得，一般取截开截面的形心为矩心。

在该例中，显然 $M = F_A x$。如图 6-62 (b) 所示。

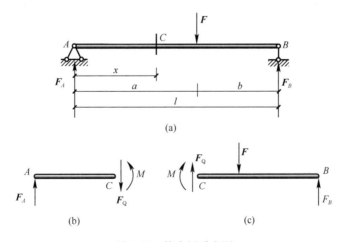

图 6-62 简支梁受力图

④ 如果取右段研究，也可以得出一样的结论，请读者自行验证。需要注意的是，截面 C 的内力应符合作用与反作用公理，如图 6-62 (c) 所示。

通过以上分析可知：平面弯曲梁的横截面上有两个内力：剪力 F_Q 和弯矩 M，它们都可以通过平衡方程求得。

剪力和弯矩的正负规定。

通常规定：**顺转剪力正**。即，剪力对研究梁段有顺时针转动趋势时为正，反之为负，如图6-63（a）所示。同时规定：**下凸弯矩正**。即，弯矩使梁段弯曲变形时的下部受拉、上部受压时为正，反之为负，如图6-63（b）所示。

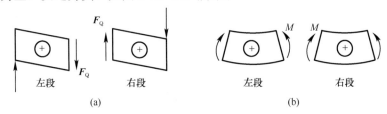

图 6-63　简支梁弯矩图
(a) 顺转剪力正；(b) 下凸弯矩正

将剪力和弯矩变化的规律用图形来表示，这就是**剪力图和弯矩图**。

绘图时，x轴与梁轴线平行，表示梁横截面的位置；纵轴表示横截面上的剪力或弯矩的数值。在工程中习惯于：剪力图正上负下、标正负；弯矩图正下负上、不标正负。弯矩图总画在梁受拉的一侧。

表6-2列出了梁在简单荷载作用下的剪力图和弯矩图，可供查用。

简单荷载作用下梁的剪力图和弯矩图　　　表 6-2

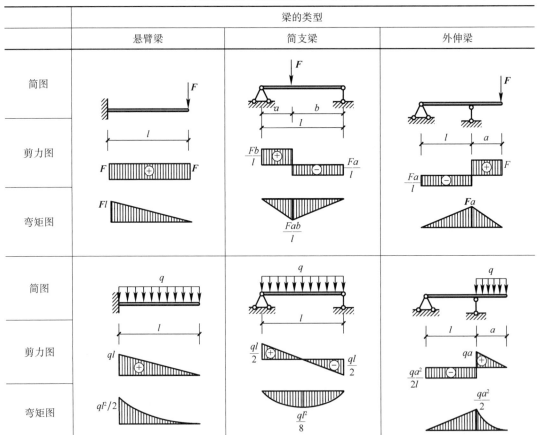

续表

梁的类型			
	悬臂梁	简支梁	外伸梁
简图	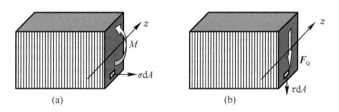		
剪力图			
弯矩图			

2) 弯曲的应力及强度计算

梁弯曲时有两种内力——弯矩和剪力。可以推测：弯矩的作用面与横截面垂直，引起正应力 σ，如图 6-64（a）所示；剪力与横截面相切，引起切应力 τ，如图 6-64（b）所示。

图 6-64 梁弯曲时的内力

梁的正应力的计算公式

$$\sigma = \pm \frac{My}{I_z} \quad (6\text{-}30)$$

式中　M——横截面上的弯矩；
　　　y——横截面上所求应力点到中性轴的距离；
　　　I_z——横截面对中性轴的惯性矩，中性轴为通过横截面形心的轴。

仍规定：正应力拉为正，压为负。应力的正负号可根据点的位置与梁的实际变形确定。

由式（6-30）可知：梁横截面上任一点的正应力 σ，与该点到中性轴的距离 y 成正比，即，沿截面高度呈线性分布。中性轴上各点的正应力为零，距中性轴最远的上、下边缘上各点处正应力最大，其他点的正应力介于零到最大值之间，如图 6-65 所示。

最大正应力值为

$$\sigma_{\max} = \frac{My_{\max}}{I_Z} = \frac{M}{W_Z} \quad (6\text{-}31)$$

式中，$W_z = I_z / y_{\max}$，称为**抗弯截面系数**，反映梁横截面抵抗

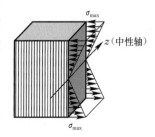

图 6-65 横截面上应力

弯曲变形的能力，它与横截面的形状和尺寸有关，常用单位 m^3、mm^3。对于矩形、圆形及圆环形等简单截面的抗弯截面系数见表 6-3 中，型钢截面的抗弯截面系数见附录。

常用简单截面的惯性矩和抗弯截面系数　　　　表 6-3

截面形状	有关尺寸	惯性矩	抗弯截面系数
矩形	(图)	$I_z = \dfrac{bh^3}{12}$	$W_z = \dfrac{bh^2}{6}$
		$I_y = \dfrac{hb^3}{12}$	$W_y = \dfrac{hb^2}{6}$
圆形	(图)	$I_z = I_y = \dfrac{\pi D^4}{64}$	$W_z = W_y = \dfrac{\pi D^3}{32}$
圆环形	(图)	$I_z = \dfrac{\pi D^4}{64}(1-\alpha^4)$	$W_z = \dfrac{\pi D^3}{32}(1-\alpha^4)$
		$\alpha = d/D$	

梁横截面上正应力的计算公式，适用于有对称轴截面的梁，也同样适用跨度与横截面高度之比 $l/h > 5$ 的梁。

梁内最大正应力所在的截面，称为**危险截面**。对于中性轴对称的梁，危险截面为弯矩最大值所在的截面；梁的最大正应力就位于危险截面的上、下边缘，其值为

$$\sigma_{max} = \frac{M_{max} y_{max}}{I_z} = \frac{M_{max}}{W_z} \quad (6\text{-}32)$$

梁的正应力强度条件为：

$$\sigma_{max} = \frac{M_{max}}{W_z} \leqslant [\sigma] \quad (6\text{-}33)$$

根据梁的正应力强度条件可解决三类强度计算问题。

① 正应力强度校核

检查强度条件 $\sigma_{max} \leqslant [\sigma]$ 是否成立。

② 截面设计

计算满足强度时所需的抗弯截面系数 W_z，即

$$W_z \geqslant \frac{M_{max}}{[\sigma]}$$

再由 W_z 值以及截面的几何形状，进一步确定截面的尺寸。

③ 确定许用荷载

计算满足强度时梁所能承受的最大弯矩 M_{max}，即
$$M_{max} \leqslant W_z \cdot [\sigma]$$
再由 M_{max} 和实际荷载的关系，确定梁所能承受的最大荷载，即许用荷载。

例 6-17 某简支木梁，其荷载及截面尺寸如图 6-66 所示。已知木材的许用应力 $[\sigma]=$ 11MPa。试校核木梁的正应力强度。

解 这属于强度校核问题。

① 计算最大弯矩 M_{max}。发生在跨中截面 C，是梁的危险截面。其值为
$$M_{max} = ql^2/8 = 2 \times 4^2/8 = 4 \text{kN} \cdot \text{m}$$

② 计算抗弯截面系数 W_z
$$W_z = \frac{\pi D^3}{32} = \frac{\pi \times 160^3}{32} = 0.402 \times 10^6 \text{mm}^4$$

③ 校核正应力强度
$$\sigma_{max} = \frac{M_{max}}{W_z} = \frac{4 \times 10^6}{0.402 \times 10^6} = 10\text{MPa} < [\sigma] = 11\text{MPa}$$

说明该梁满足正应力强度条件。

3) 弯曲的变形及刚度计算

梁的横截面产生两种位移：挠度和转角。如图 6-67 所示。

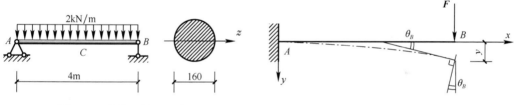

图 6-66 荷载及截面尺寸　　　图 6-67 梁的横截面位移

挠度是指横截面的形心的竖向线位移，用 y 表示。通常规定向下为正，常用单位为毫米（mm）。沿轴向的线位移很小，不予考虑。

转角是指横截面绕中性轴转过的角位移，用 θ 表示。通常规定顺转为正，常用单位为弧度（rad）。

表 6-4 列出了梁在简单荷载作用下的挠曲线方程、转角和挠度等数据，这些结果都可用积分方法计算得出。

梁在简单荷载作用下的挠曲线方程、转角和挠度　　　　表 6-4

序号	梁及其荷载	挠曲线方程	转角	挠度
1	(图：悬臂梁，自由端受力 F)	$y = \dfrac{F_P x^2}{6EI}(3l-x)$	$\theta_B = \dfrac{Fl^2}{2EI}$	$y_B = \dfrac{Fl^3}{3EI}$

续表

序号	梁及其荷载	挠曲线方程	转角	挠度
2	悬臂梁，集中力 F 作用于 C 点，距 A 端距离为 a，梁长 l	$y = \dfrac{Fx^2}{6EI}(3a-x)$ $(0 \leqslant x \leqslant a)$ $y = \dfrac{Fa^2}{6EI}(3x-a)$ $(a \leqslant x \leqslant l)$	$\theta_B = \dfrac{Fa^2}{2EI}$	$y_B = \dfrac{Fa^2}{6EI}(3l-a)$
3	悬臂梁，均布荷载 q，梁长 l	$y = \dfrac{qx^2}{24EI}(x^2-4lx+6l^2)$	$\theta_B = \dfrac{ql^3}{6EI}$	$y_B = \dfrac{ql^4}{8EI}$
4	悬臂梁，自由端作用力偶 M	$y = \dfrac{Mx^2}{2EI}$	$\theta_B = \dfrac{Ml}{EI}$	$y_B = \dfrac{Ml^2}{2EI}$
5	简支梁，跨中集中力 F	$y = \dfrac{Fx}{48EI}(3l^2-4x^2)$ $(0 \leqslant x \leqslant l/2)$	$\theta_A = -\theta_B = \dfrac{Fl^2}{16EI}$	$y_{\max} = y_C = \dfrac{Fl^3}{48EI}$
6	简支梁，集中力 F 作用于 C 点，$a+b=l$	$y = \dfrac{Fbx}{6EIl}(l^2-x^2-b^2)$ $(0 \leqslant x \leqslant a)$ $y = \dfrac{Fa(l-x)}{6EIl}(2xl-x^2-a^2)$ $(a \leqslant x \leqslant l)$	（假定 $a \geqslant b$） $\theta_A = \dfrac{Fab(l+b)}{6EIl}$ $\theta_B = -\dfrac{Fab(l+a)}{6EIl}$	$y_{中} = \dfrac{Fb(3l^2-4b^2)}{48EI}$ $y_{\max} = \dfrac{\sqrt{3}Fb}{27EIl}(l^2-b^2)^{\frac{3}{2}}$ 在 $x = \sqrt{\dfrac{l^2-b^2}{3}}$ 处
7	简支梁，均布荷载 q	$y = \dfrac{qx}{24EI}(l^3-2x^2l+x^3)$	$\theta_A = -\theta_B = \dfrac{ql^3}{24EI}$	$y_{\max} = y_{中} = \dfrac{5ql^4}{384EI}$
8	简支梁，A 端作用力偶 M	$y = \dfrac{Mx}{6EIl}(l-x)(2l-x)$	$\theta_A = \dfrac{Ml}{3EI}$ $\theta_B = -\dfrac{Ml}{6EI}$	$y_{中} = \dfrac{Ml^2}{16EI}$ $y_{\max} = \dfrac{Ml^2}{9\sqrt{3}EI}$ 在 $x = \left(1-\dfrac{1}{\sqrt{3}}\right)l$ 处

续表

序号	梁及其荷载	挠曲线方程	转角	挠度
9		$y = \dfrac{Mx}{6EIl}(l^2 - x^2)$	$\theta_A = \dfrac{Ml}{6EI}$ $\theta_B = -\dfrac{Ml}{3EI}$	$y_{中} = \dfrac{Ml^2}{16EI}$ $y_{\max} = \dfrac{Ml^2}{9\sqrt{3}EI}$ 在 $x = \dfrac{l}{\sqrt{3}}$ 处
10		$y = -\dfrac{Fax}{6EIl}(l^2 - x^2)$ $(0 \leqslant x \leqslant l)$ $y = \dfrac{F(l-x)}{6EI}$ $[(x-l)^2 - 3ax + al]$ $(l \leqslant x \leqslant l+a)$	$\theta_A = -\dfrac{Fal}{6EI}$ $\theta_B = \dfrac{Fal}{3EI}$ $\theta_C = \dfrac{Fa}{6EI}$ $(2l+3a)$	$y_{中} = -\dfrac{Fal^2}{16EI}$ $y_C = \dfrac{Fa^2}{3EI}(l+a)$
11		$y = -\dfrac{qa^2x}{12EIl}(l^2 - x^2)$ $(0 \leqslant x \leqslant l)$ $y = \dfrac{q(x-l)}{24EI}$ $[2a^2(3x-l) +$ $(x-l)^2(x-l-4a)]$ $(l \leqslant x \leqslant l+a)$	$\theta_A = -\dfrac{qa^2 l}{12EI}$ $\theta_B = \dfrac{qa^2 l}{6EI}$ $\theta_C = \dfrac{qa^2(l+a)}{6EI}$	$y_{中} = -\dfrac{qa^2 l^2}{32EI}$ $y_C = \dfrac{qa^3}{24EI}(4l+3a)$
12		$y = -\dfrac{Mx}{6EIl}(l^2 - x^2)$ $(0 \leqslant x \leqslant l)$ $y = \dfrac{M}{6EI}(3x^2 - 4xl + l^2)$ $(l \leqslant x \leqslant l+a)$	$\varphi_A = -\dfrac{Ml}{6EI}$ $\varphi_B = \dfrac{Ml}{3EI}$ $\varphi_C = \dfrac{M}{3EI}$ $(l+3a)$	$y_{中} = -\dfrac{Ml^2}{16EI}$ $y_C = \dfrac{Ma}{6EI}$ $(2l+3a)$

（6）叠加法计算梁的变形

叠加法计算梁的变形的依据仍是叠加原理。结构在多个荷载作用下产生的变形等于每个荷载单独作用下产生的变形的代数和。简单荷载单独作用的变形，可以直接查表 6-4。利用叠加法计算梁的挠度和转角，可以省去分段、列弯矩方程、积分等烦琐的计算过程。

叠加法计算变形的步骤如下：

① 将作用在梁上的荷载分组，必须是表 6-4 中的类型；

② 查表 6-4，找到梁在各简单荷载作用下的变形，特别注意对应关系；

③ 同一截面的变形值叠加，从而求出复杂荷载作用下的变形。

叠加法也可以归纳为：**根据类型查序号，分析变形找公式，代入参数求变形。**

例 6-18　如图 6-68（a）所示的简支梁，EI 为常数。试用叠加法计算支座 A、B 的转角和截面 C 的挠度。

解　① 先将荷载分组，如图 6-68（b），图 6-68（c）所示。

② 查表 6-4。图 6-68（b）集中力单独作用下：

$$\theta_A = -\theta_B = \frac{Fl^2}{16EI} = \frac{ql^3}{16EI}$$

$$y_C = \frac{Fl^3}{48EI} = \frac{ql^4}{48EI}$$

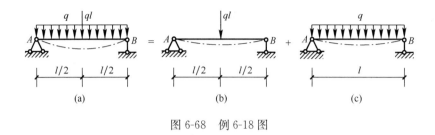

图 6-68 例 6-18 图

图 c 均布荷载单独作用下：

$$\theta_A = -\theta_B = \frac{ql^3}{24EI}$$

$$y_C = \frac{5ql^4}{384EI}$$

③ 同一截面叠加，得出两种荷载共同作用时的变形：

$$\theta_A = -\theta_B = \frac{ql^3}{16EI} + \frac{ql^3}{24EI} = \frac{5ql^3}{48EI}$$

$$y_C = \frac{ql^4}{48EI} + \frac{5ql^4}{384EI} = \frac{13ql^4}{384EI}$$

梁的刚度是指梁抵抗变形的能力。正常使用的梁，不仅应满足强度条件，也应满足刚度条件。在工程中，梁的刚度条件为

$$\frac{y_{\max}}{l} \leqslant \left[\frac{f}{l}\right]$$

式中，$\frac{y_{\max}}{l}$ 为梁的最大挠度与跨度之比，$\left[\frac{f}{l}\right]$ 为这一比值的许用值。

在土建工程中，$\left[\frac{f}{l}\right]$ 的取值范围为 $\frac{1}{1000} \sim \frac{1}{400}$。

刚度条件一般只应用于梁的刚度校核。设计梁的截面通常按强度条件，对有变形限制的梁，再进行刚度校核。一般情况下，梁在满足强度要求时，也能满足刚度要求。否则，再重新按刚度条件设计截面。

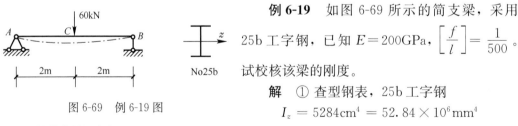

图 6-69 例 6-19 图

例 6-19 如图 6-69 所示的简支梁，采用 25b 工字钢，已知 $E=200\text{GPa}$，$\left[\frac{f}{l}\right]=\frac{1}{500}$。试校核该梁的刚度。

解 ① 查型钢表，25b 工字钢
$$I_z = 5284\text{cm}^4 = 52.84 \times 10^6 \text{mm}^4$$

② 校核梁的刚度

$$\frac{y_{\max}}{l} = \frac{y_C}{l} = \frac{Fl^2}{48EI} = \frac{60 \times 10^3 \times 4000^2}{48 \times 200 \times 10^3 \times 52.84 \times 10^6} = \frac{1}{528.4} < \left[\frac{f}{l}\right] = \frac{1}{500}$$

所以，该梁满足刚度要求。

2. 材料强度和变形对材料选择使用的影响

（1）材料的结构对材料性质的影响

材料的结构类型与状态不同，对不同形式的抵抗能力可能不同。材料的宏观构造主要有致密结构、多孔结构、纤维结构、层状结构、堆聚结构几种形式。

致密结构是用裸眼难以分辨出材料内部结构的孔隙、界面及其他缺陷。土木工程材料中常用的致密材料有钢材、玻璃、沥青、密实塑料、花岗岩、瓷器。

多孔结构是指断面可观察到较多分布孔隙的材料组织结构，土木工程中许多材料为多孔材料，如泡沫塑料、多孔混凝土、石膏、天然浮石、各种烧结膨胀材料等。

纤维结构是材料某一断面方向上表现为平行纤维间的相互粘结所构成的结构，土木工程中常用的纤维结构材料有木材、矿物棉及各种纤维制品。

层状结构是以不同薄层间的相互粘结而成的结构，土木工程中常用的层状结构材料有胶合板、铝塑复合板及各种叠合复合材料等。

堆聚结构是指材料内部以宏观颗粒间的相互粘结而形成的结构，土木工程材料中常用的有水泥混凝土、沥青混凝土、膨胀珍珠岩制品。

材料的宏观构造不同，其强度差别可能很大。对于内部构造非匀质的材料，其不同方向的强度，或不同外力作用形式下的强度表现会有明显的差别。例如，水泥混凝土、砂浆、砖、石材等非匀质材料的抗压强度较高，而抗拉、抗折强度却很低。

（2）强度和变形对材料选择的影响

不同功能的材料，对其强度和变形有不同的要求。

结构类材料，如钢筋混凝土结构、钢结构、砖混结构、砖木结构、石结构等结构中的钢筋混凝土、钢材、石材、土木等，梁、板、柱等，既要抵抗材料本身的自重，还要承受上部结构材料的荷载，因此对其有较高的强度要求，同时还要材料有适应结构变形的能力。

填充墙材料，如加气混凝土、多孔砖、炉渣砖等墙体材料，仅承受自重荷载的要求，对材料强度要求相对较低，但材料的抗变形能力要满足结构设计要求。

功能类材料，如装饰材料、防水材料、保温材料、吸声材料、隔声材料等，种类繁多、结构形式差异巨大，其强度和变形等力学性质也各不相同，很难一概而论，需根据具体材料、详细使用部位按照相应的规范、标准进行选择和使用。

（四）力学试验的基本知识

材料的力学试验，是对各种材料进行强度、刚度计算的基础和重要依据，包括拉伸、压缩、剪切与弯曲试验。

1. 材料的拉伸与压缩试验

拉伸试验是指在承受轴向拉伸载荷下测定材料特性的试验方法。

利用拉伸试验得到的数据可以确定材料的弹性极限、伸长率、弹性模量、比例极限、面积缩减量、拉伸强度、屈服点、屈服强度和其他拉伸性能指标。

材料在受力过程中各种物理性质的数据称为**材料的力学性能**。材料的力学性能是通过试验来测定的。本节讨论材料在常温、静载下的力学性能。

工程中使用的材料种类很多，一般可分为脆性材料和塑性材料。脆性材料如石料、铸铁、混凝土等；塑性材料如低碳钢、合金钢、铜、铝等。这两类材料的力学性能有明显的差别。本节主要介绍：以低碳钢为代表的塑性材料的拉伸试验。

（1）低碳钢的力学性能

试验时采用国家规定的标准试件。金属材料试样有圆截面和矩形截面两种，如图6-70（a）、6-70（b）所示。试样的中间部分是工作长度 l，称为**标距**。标距与横截面尺寸的比例也作了规定。

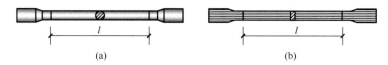

图 6-70　金属材料试样不同截面

1）低碳钢的拉伸试验

① 拉伸图和应力-应变图

将低碳钢的试件两端夹在试验机上，开动试验机后，对试件缓慢施加拉力，直至被拉断为止。在试件拉伸过程中，试验机上的自动绘图设备，能绘出试件所受拉力 F_P 与标距内的伸长量 Δl 的关系曲线。该曲线的横坐标为伸长量 Δl，纵坐标为拉力 F_P，通常称为**拉伸图**。图 6-71 即为低碳钢的拉伸图。

拉伸图中的 Δl 与 F_P 有关，还与试件的横截面面积有关。即使对于同种材料，当试件尺寸不同，其拉伸图也不相同。为消除试件尺寸的影响，还原材料本身的性质，可将横坐标 Δl 除以标距 l 得 $\frac{\Delta l}{l}=\varepsilon$，纵坐标 F_P 除以横截面面积 A 得 $\frac{F_P}{A}=\sigma$，这样画出的曲线称为**应力-应变图**，如图6-72 所示。

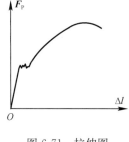
图 6-71　拉伸图

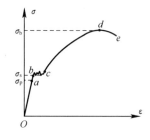
图 6-72　应力-应变图

② 拉伸过程的四个阶段

根据低碳钢的应力-应变图，可将其拉伸过程分为四个阶段：

A. 弹性阶段（Ob）

试验表明：在这一阶段，材料的变形是完全弹性的。直线 oa，表明应力与应变成正比，材料服从胡克定律，点 a 对应的应力值称为**比例极限**，用 σ_p 表示。低碳钢的比例极限约为200MPa。oa 段直线的斜率为：

$$\tan\alpha = \frac{\sigma}{\varepsilon} = E$$

可见，在此阶段可测定材料的弹性模量。低碳钢的弹性模量为 200～210 GPa。

B. 屈服阶段（bc）

bc 为接近水平的锯齿形。在屈服阶段应力基本不变，但应变显著增加，好像试件对外力屈服了一样，故此阶段称为**屈服阶段**。屈服阶段内的最低点对应的应力值称为**屈服极限**，用 σ_s 表示。低碳钢的屈服极限约为 240MPa。

C. 强化阶段（cd）

经过屈服阶段后，材料内部的结构重新进行了调整，在一定程度上得到了"优化"，材料又恢复了抵抗变形的能力。若使试件继续变形，就要继续增加荷载。这一阶段称为强化阶段。强化阶段的最高点 d 对应的应力称为**强度极限**，用 σ_b 表示。低碳钢的强度极限约为 400MPa。

在试验过程中，如加载到强化阶段的某点 k 时，将荷载逐渐减小至零，如图 6-73（a）所示。可以看到：在卸载过程中应力与应变仍保持直线，且卸载直线 kO_1 与 oa 平行，图中 O_1g 为卸载后消失的弹性应变，OO_1 为保留下来的塑性应变。

如果卸载后立刻再重新加载，则沿原卸载直线 O_1k 上升到 k 点，然后仍沿原曲线发展，如图 6-73（b）所示。比较两图可知：在强化阶段卸载后再加载，材料的比例极限和屈服极限都得到了提高，而塑性降低了，这种现象称为**冷作硬化**。工程中常利用冷作硬化提高受拉钢筋的屈服极限，达到节约钢材的目的。

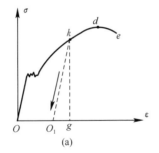 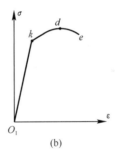

图 6-73　加载及卸载应力-应变图

然而对钢筋进行冷加工后，在提高承载能力的同时也会降低钢材的塑性，使材料变脆、变硬、易断、再加工困难等，这是冷作硬化的弊端所在。

D. 颈缩阶段（de）

当应力到达强度极限后，在试件某一薄弱处，将发生局部收缩，出现颈缩现象（如图 6-74b），故这一阶段称为颈缩阶段。

上述低碳钢拉伸的四个阶段中，有三个有关强度性质的指标：比例极限 σ_p、屈服极限 σ_s 和强度极限 σ_b。①σ_p 表示了材料的弹性范围；②σ_s 是衡量材料强度的重要指标，当应力达到 σ_s 时，杆件产生显著的塑性变形，因而无法正常使用；③σ_b 是衡量材料强度的另一重要指标，当应力达到 σ_b 时，杆件出现颈缩并很快被拉断。

③ 塑性指标

试件拉断后，弹性变形全部消失，而塑性变形保留下来，试件拉断后保留下来的塑性

变形大小,常用来衡量材料的塑性性能。塑性指标有两个:

A. 延伸率

如图 6-74 所示,将拉断的试件拼在一起,断裂后标距 l_1 减去原标距 l 的差值,与原标距的百分率,称为材料的**延伸率**,用符号 δ 表示。

$$\delta = \frac{l_1 - l}{l} \times 100\% \qquad (6-34)$$

低碳钢的延伸率为 $20\% \sim 30\%$。

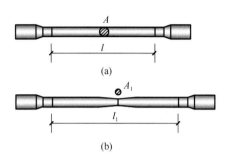

图 6-74 颈缩现象

工程中把 $\delta \geqslant 5\%$ 的材料归纳为塑性材料;$\delta < 5\%$ 的材料归纳为脆性材料。

B. 截面收缩率

测出试件颈缩处的横截面面积 A_1,与原试件的横截面面积 A 的差,除以原试件的横截面面积的百分率,称为截面收缩率。用符号 ψ 表示。

$$\psi = \frac{A - A_1}{A} \times 100\% \qquad (6-35)$$

低碳钢的截面收缩率为 $60\% \sim 70\%$。

2) 低碳钢的压缩试验

金属材料压缩试件,一般做成短圆柱体。试件高度一般为直径的 $1.5 \sim 3$ 倍,如图 6-75 所示。低碳钢压缩时的应力-应变曲线如图 6-76 所示。

在屈服阶段以前,拉伸和压缩的应力-应变图线大致重合。这表明:两者的比例极限、屈服极限、弹性模量都相同。而屈服阶段后,试件会越压越扁,但不破坏。因而无法测出强度极限。低碳钢是抗拉压性能相同的材料。

其他塑性材料,如 16 锰钢、铝合金、黄铜等的力学性能与低碳钢相似。

(2) 铸铁的力学性能

1) 铸铁的拉伸试验

铸铁拉伸时的应力-应变图如图 6-77 所示;图线中没有屈服阶段,没有颈缩现象,强度极限 σ_b 是唯一指标。铸铁的延伸率约为 0.4%,是典型的脆性材料。

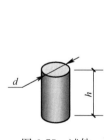

图 6-75 试件

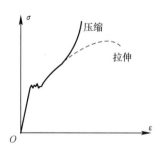

图 6-76 压缩时应力-应变曲线

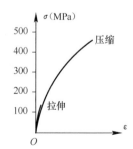

图 6-77 应力-应变图(拉伸时)

2) 铸铁的压缩试验

铸铁压缩时的应力-应变图如图 6-77 所示,与拉伸时相似。铸铁压缩破坏时,破坏面与轴线大致呈 $45°$ 角。强度极限 σ_b 仍为唯一指标,但压缩强度极限为拉伸时的 $4 \sim 5$ 倍。

可见，铸铁的抗压性能优于抗拉性能，常用于受压杆件。

其他脆性材料，如石料、混凝土等的力学性能与铸铁相似。

（3）两类材料力学性能的比较

塑性材料与脆性材料的分类，是根据常温、静载下拉伸试验的延伸率来区分的。两类材料在力学性能上的主要区别在于：

1) 强度方面　塑性材料拉伸和压缩的比例极限、屈服极限基本相同，有屈服现象；脆性材料的压缩强度极限远远大于拉伸，没有屈服现象，破坏是突然的，适用于受压杆件。

2) 变形方面　塑性材料的延伸率和截面收缩率都较大，构件破坏前有较大的塑性变形，材料可塑性大，便于加工、安装时的矫正；脆性材料则与之相反。

总体而言，塑性材料优于脆性材料。但在实际工程选材时，还要考虑到经济原则。

必须指出：上述关于材料的力学性能是在常温、静载的条件下得到的。当外界因素（如加载方式、温度、受力状态等）发生改变时，则材料的性质也可能随之改变。

2. 材料的剪切试验

材料的剪切试验，是测定材料在剪切力作用下的抗力性能，是材料机械性能试验的基本试验方法之一，主要用于试验承受剪切荷载的杆件和材料。如锅炉和桥梁上的铆钉、机器上的销钉等。

剪切试验在万能试验机上进行，试样置于剪切夹具上，加载形式有单剪和双剪两种，试样在剪切荷载 F_Q 作用下被切断。单剪时：

$$\tau^0 = \frac{F_Q}{A}$$

可得出极限剪切应力 τ^0，将 τ^0 除以安全系数 n，即可得出许用剪切强度 $[\tau]$。

双剪时，则为两个剪切面。

3. 材料的弯曲试验

材料的**弯曲试验**，是测定材料承受弯曲载荷时的力学特性的试验，是材料机械性能试验的基本方法之一。

弯曲试验主要用于测定脆性和低塑性材料（如铸铁、高碳钢、工具钢等）的抗弯强度并能反映塑性指标的挠度。弯曲试验还可用来检查材料的表面质量。

弯曲试验在万能材料机上进行，有三点弯曲和四点弯曲两种加载荷方式。试样的截面有圆形和矩形，试验时的跨距一般为直径的 10 倍。对于脆性材料弯曲试验一般只产生少量的塑性变形即可破坏，而对于塑性材料则不能测出弯曲断裂强度，但可检验其延展性和均匀性。塑性材料的弯曲试验称为冷弯试验。试验时将试样加载，使其弯曲到一定程度，观察试样表面有无裂缝。

与拉伸试验相比，弯曲试验有以下特点：

1) 弯曲试验试样样式简单通常为圆形、方形、矩形三种，适用于测定不易加工的脆性材料；

2) 对脆性材料做拉伸试验，其变形量很小。而弯曲试验可以用挠度来表示脆性材料的塑性；

3) 弯曲试验时，截面上的应力分布是表面上的应力最大，因此其对材料表面缺陷反应灵敏；

4) 对于高塑性材料，弯曲通常不会致其破坏，故一般不做弯曲强度试验；

5) 弯曲试验比拉伸试验的操作更为简单方便。

七、工程预算的基本知识

（一）工程计量

1. 建筑面积的计算

建筑面积的计算是根据国家标准《建筑工程建筑面积计算规范》GB/T 50353—2013 编制，适用于新建、扩建、改建的工业与民用建筑工程的面积计算。

建筑面积是指建筑物外墙勒脚以上各层结构外围水平投影面积的总和。建筑面积包括使用面积、辅助面积和结构面积三部分。使用面积是指建筑物各层平面布置中可直接为生产或生活使用的净面积总和。辅助面积是指建筑物各层平面布置中为生产或生活服务所占的净面积的总和。如楼梯间、走廊、电梯井等。结构面积是指建筑物各层平面布置中的墙体、柱、垃圾道、通风道等所占的面积的总和。

（1）建筑面积计算有关概念

1）建筑面积：建筑物（包括墙体）所形成的楼地面面积。

2）自然层：按楼地面结构分层的楼层。

3）结构层高：楼面或地面结构层上表面至上部结构层上表面之间的垂直距离。

4）围护结构：围合建筑空间的墙体、门、窗。

5）建筑空间：以建筑界面限定的、供人们生活和活动的场所。

6）结构净高：楼面或地面结构层上表面至上部结构层下表面之间的垂直距离。

7）围护设施：为保障安全而设置的栏杆、栏板等围挡。

8）地下室：室内地平面低于室外地平面的高度超过室内净高的 1/2 的房间。

9）半地下室：室内地平面低于室外地平面的高度超过室内净高的 1/3，且不超过 1/2 的房间。

10）架空层：仅有结构支撑而无外围护结构的开敞空间层。

11）走廊：建筑物中的水平交通空间。

12）架空走廊：专门设置在建筑物的二层或二层以上，作为不同建筑物之间水平交通的空间。

13）结构层：整体结构体系中承重的楼板层。

14）落地橱窗：突出外墙面且根基落地的橱窗。

15）凸窗（飘窗）：凸出建筑物外墙面的窗户。

16）檐廊：建筑物挑檐下的水平交通空间。

17）挑廊：挑出建筑物外墙的水平交通空间。

18）门斗：建筑物入口处两道门之间的空间。

19）雨篷：建筑出入口上方为遮挡雨水而设置的部件。

20）门廊：建筑物入口前有顶棚的半围合空间。

21）楼梯：由连续行走的梯级、休息平台和维护安全的栏杆（或栏板）、扶手以及相应的支托结构组成的作为楼层之间垂直交通使用的建筑部件。

22）阳台：附设于建筑物外墙，设有栏杆或栏板，可供人活动的室外空间。

23）主体结构：接受、承担和传递建设工程所有上部荷载，维持上部结构整体性、稳定性和安全性的有机联系的构造。

24）变形缝：防止建筑物在某些因素作用下引起开裂甚至破坏而预留的构造缝。

25）骑楼：建筑底层沿街面后退且留出公共人行空间的建筑物。

26）过街楼：跨越道路上空并与两边建筑相连接的建筑物。

27）建筑物通道：为穿过建筑物而设置的空间。

28）露台：设置在屋面、首层地面或雨篷上的供人室外活动的有围护设施的平台。

29）勒脚：在房屋外墙接近地面部位设置的饰面保护构造。

30）台阶：联系室内外地坪或同楼层不同标高而设置的阶梯形踏步。

（2）计算建筑面积的规定

1）建筑物的建筑面积应按自然层外墙结构外围水平面积之和计算。结构层高在2.20m及以上的，应计算全面积；结构层高在2.20m以下的，应计算1/2面积。

2）建筑物内设有局部楼层时，对于局部楼层的二层及以上楼层，有围护结构的应按其围护结构外围水平面积计算，无围护结构的应按其结构底板水平面积计算，且结构层高在2.20m及以上的，应计算全面积，结构层高在2.20m以下的，应计算1/2面积。建筑物平面、剖面示意图如图7-1、图7-2所示。

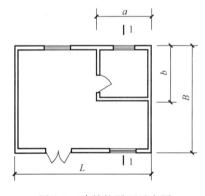

图7-1 建筑物平面示意图

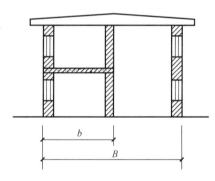

图7-2 建筑物剖面示意图

其建筑面积可用下式表示：

$$S = LB + ab$$

式中 S——部分带楼层的单层建筑物面积；

L——两端山墙勒脚以上结构外表面之间水平距离；

B——两纵墙勒脚以上结构外表面之间水平距离；

a、b——楼层部分结构外表面之间水平距离。

3）形成建筑空间的坡屋顶，结构净高在2.10m及以上的部位应计算全面积；结构净高在1.20m及以上至2.10m以下的部位应计算1/2面积；结构净高在1.20m以下的部位不应计算建筑面积。

4）场馆看台下的建筑空间，结构净高在 2.10m 及以上的部位应计算全面积；结构净高在 1.20m 及以上至 2.10m 以下的部位应计算 1/2 面积；结构净高在 1.20m 以下的部位不应计算建筑面积。室内单独设置的有围护设施的悬挑看台，应按看台结构底板水平投影面积计算建筑面积。有顶盖无围护结构的场馆看台应按其顶盖水平投影面积的 1/2 计算面积。

5）地下室、半地下室应按其结构外围水平面积计算。结构层高在 2.20m 及以上的，应计算全面积；结构层高在 2.20m 以下的，应计算 1/2 面积。

6）出入口外墙外侧坡道有顶盖的部位（图 7-3），应按其外墙结构外围水平面积的 1/2 计算面积。

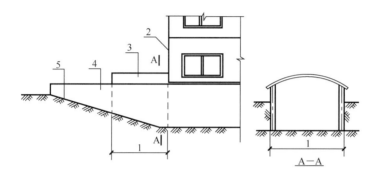

图 7-3 地下室出入口

1—计算 1/2 投影面积部位；2—主体结构；3—出入口顶盖；4—封闭出入口侧墙；5—出入口坡道

7）建筑物架空层及坡地建筑物吊脚架空层（图 7-4），应按其顶板水平投影计算建筑面积。结构层高在 2.20m 及以上的，应计算全面积；结构层高在 2.20m 以下的，应计算 1/2 面积。

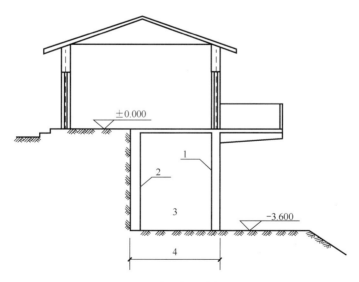

图 7-4 建筑物吊脚架空层

1—柱；2—墙；3—吊脚架空层；4—计算建筑面积部分

8）建筑物的门厅、大厅应按一层计算建筑面积，门厅、大厅内设置的走廊应按走廊结构底板水平投影面积计算建筑面积。结构层高在 2.20m 及以上的，应计算全面积；结构层高在 2.20m 以下的，应计算 1/2 面积。

例 7-1 某 3 层实验综合楼设有大厅带回廊，其平面和剖面示意图如图 7-5 所示。试计算其大厅和回廊的建筑面积。

解 依据图 7-5（a）、图 7-5（b）所示，计算如下：

大厅部分建筑面积 $(12-2.1 \times 2) \times (30-2.1 \times 2) = 201.24 \mathrm{m}^2$

回廊部分建筑面积 $30 \times 12 - 201.24 = 158.76 \mathrm{m}^2$

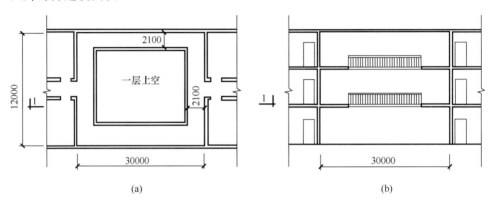

图 7-5　某实验综合楼大厅、回廊示意图
（a）平面图；（b）1-1 剖面图

9）对于建筑物间的架空走廊，有顶盖和围护设施的，应按其围护结构外围水平面积计算全面积，如图 7-6 所示。无围护结构、有围护设施的，应按其结构底板水平投影面积计算 1/2 面积，如图 7-7 所示。

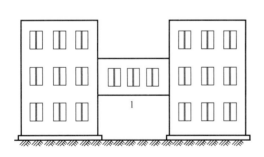

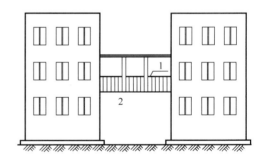

图 7-6　有维护结构的架空走廊
1—架空走廊

图 7-7　无维护结构的架空走廊
1—栏杆；2—架空走廊

10）对于立体书库、立体仓库、立体车库，有围护结构的，应按其围护结构外围水平面积计算建筑面积；无围护结构、有围护设施的，应按其结构底板水平投影面积计算建筑面积。无结构层的应按一层计算，有结构层的应按其结构层面积分别计算。结构层高在 2.20m 及以上的，应计算全面积；结构层高在 2.20m 以下的，应计算 1/2 面积。

11）有围护结构的舞台灯光控制室，应按其围护结构外围水平面积计算。结构层高在 2.20m 及以上的，应计算全面积；结构层高在 2.20m 以下的，应计算 1/2 面积。

12）附属在建筑物外墙的落地橱窗，应按其围护结构外围水平面积计算。结构层高在2.20m及以上的，应计算全面积；结构层高在2.20m以下的，应计算1/2面积。

13）窗台与室内楼地面高差在0.45m以下且结构净高在2.10m及以上的凸（飘）窗，应按其围护结构外围水平面积计算1/2面积。

14）有围护设施的室外走廊（挑廊），应按其结构底板水平投影面积计算1/2面积；有围护设施（或柱）的檐廊（图7-8），应按其围护设施（或柱）外围水平面积计算1/2面积。

15）门斗（图7-9）应按其围护结构外围水平面积计算建筑面积，且结构层高在2.20m及以上的，应计算全面积；结构层高在2.20m以下的，应计算1/2面积。

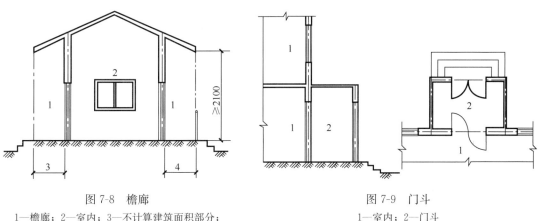

图7-8　檐廊
1—檐廊；2—室内；3—不计算建筑面积部分；
4—计算1/2建筑面积部分

图7-9　门斗
1—室内；2—门斗

16）门廊应按其顶板的水平投影面积的1/2计算建筑面积；有柱雨篷应按其结构板水平投影面积的1/2计算建筑面积；无柱雨篷的结构外边线至外墙结构外边线的宽度在2.10m及以上的，应按雨篷结构板的水平投影面积的1/2计算建筑面积。

17）设在建筑物顶部的、有围护结构的楼梯间、水箱间、电梯机房等，结构层高在2.20m及以上的应计算全面积；结构层高在2.20m以下的，应计算1/2面积。

18）围护结构不垂直于水平面的楼层，应按其底板面的外墙外围水平面积计算。结构净高在2.10m及以上的部位，应计算全面积；结构净高在1.20m及以上至2.10m以下的部位，应计算1/2面积；结构净高在1.20m以下的部位，不应计算建筑面积。

19）建筑物的室内楼梯、电梯井、提物井、管道井、通风排气竖井、烟道，应并入建筑物的自然层计算建筑面积。有顶盖的采光井（图7-10）应按一层计算面积，且结构净高在2.10m及以上的，应计算全面积；结构净高在2.10m以下的，应计算1/2面积。

20）室外楼梯应并入所依附建筑物自然

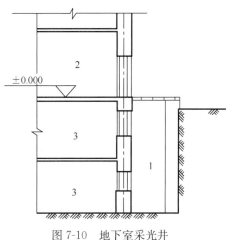

图7-10　地下室采光井
1—采光井；2—室内；3—地下室

层,并应按其水平投影面积的 1/2 计算建筑面积。

21) 在主体结构内的阳台,应按其结构外围水平面积计算全面积;在主体结构外的阳台,应按其结构底板水平投影面积计算 1/2 面积。

22) 有顶盖无围护结构的车棚、货棚、站台、加油站、收费站等,应按其顶盖水平投影面积的 1/2 计算建筑面积。

23) 以幕墙作为围护结构的建筑物,应按幕墙外边线计算建筑面积。

24) 建筑物的外墙外保温层,应按其保温材料的水平截面积计算,并计入自然层建筑面积。

25) 与室内相通的变形缝,应按其自然层合并在建筑物建筑面积内计算。对于高低联跨的建筑物,当高低跨内部连通时,其变形缝应计算在低跨面积内。

26) 对于建筑物内的设备层、管道层、避难层等有结构层的楼层,结构层高在 2.20m 及以上的,应计算全面积;结构层高在 2.20m 以下的,应计算 1/2 面积。

(3) 不应计算建筑面积的规定

1) 与建筑物内不相连通的建筑部件。
2) 骑楼、过街楼底层的开放公共空间和建筑物通道。
3) 舞台及后台悬挂幕布和布景的天桥、挑台等。
4) 露台、露天游泳池、花架、屋顶的水箱及装饰性结构构件。
5) 建筑物内的操作平台、上料平台、安装箱和罐体的平台。
6) 勒脚、附墙柱、垛、台阶、墙面抹灰、装饰面、镶贴块料面层、装饰性幕墙,主体结构外的空调室外机搁板(箱)、构件、配件,挑出宽度在 2.10m 以下的无柱雨篷和顶盖高度达到或超过两个楼层的无柱雨篷。
7) 窗台与室内地面高差在 0.45m 以下且结构净高在 2.10m 以下的凸(飘)窗,窗台与室内地面高差在 0.45m 及以上的凸(飘)窗。
8) 室外爬梯、室外专用消防钢楼梯。
9) 无围护结构的观光电梯。
10) 建筑物以外的地下人防通道,独立的烟囱、烟道、地沟、油(水)罐、气柜、水塔、贮油(水)池、贮仓、栈桥等构筑物。

2. 工程量计算

(1) 工程量计算概述

工程量是以物理计量单位或自然计量单位表示的建筑工程的各分项工程或结构构件的实体数量。在确定工程造价时,要按照一定的规则对图纸所反映的工程实体数量做出正确的计算,这一过程叫作工程量计算。

1) 工程量计算的作用

① 工程量计算是编制施工图预算及进行工程报价的重要因素。

计算工程造价是否正确,主要取决于两个因素。一个是分项工程数量,另一个是项目的单价取定。因为分项工程直接费就是这两个因素相乘的结果。因此,工程量是否正确,直接影响工程造价的准确性,直接影响招标投标的报价,对工程是否中标起关键作用。

② 工程量是施工企业编制施工作业计划、合理地安排施工进度、组织安排材料和构件的重要依据。

③ 工程量是建筑工程财务管理和会计核算的重要依据。

2) 工程量计算依据

工程量计算依据主要有：施工图纸及设计说明、相关图集、施工方案、设计变更、工程签证、图纸答疑、会审记录等；工程施工合同、招标文件的商务条款；工程量计算规则。

工程量计算规则分为清单工程量计算规则和定额工程量计算规则，它详细规定了各分部分项工程量的计算方法。编制工程量清单需使用清单计算规则、投标报价组价算量需使用定额计算规则。

（2）建筑工程工程量计算规则

以下主要分项工程工程量计算规则，均摘自《房屋建筑与装饰工程工程量计算规范》GB 50854—2013。

1) 土石方工程

① 平整场地：按设计图示尺寸以建筑物首层建筑面积计算。

② 挖一般土方：按设计图示尺寸以体积计算。

③ 挖沟槽土方、基坑土方：按设计图示尺寸以基础垫层底面积乘以挖土深度计算。

④ 管沟土方：按设计图示以管道中心线长度计算，或按设计图示管底垫层面积乘以挖土深度计算；无管底垫层按管外经的水平投影面积乘以挖土深度计算。不扣除各类井的长度，井的土方并入。

⑤ 回填：按设计图示尺寸以体积计算。

其中：

A. 场地回填：回填面积乘以平均回填厚度。

B. 室内回填：主墙间面积乘以回填厚度，不扣除间壁墙。

C. 基础回填：按挖方清单项目工程量减去自然地坪以下埋设的基础体积（包括基础垫层及其他构筑物）。

⑥ 余方弃土：按挖方清单项目工程量减去利用回填方体积（正数）计算。

2) 地基处理与边坡支护

① 换填垫层：按设计图示尺寸以体积计算。

② 预压地基、强夯地基、振冲密实（不填料）：按设计图示处理范围以面积计算。

③ 铺设人工合成材料：按设计图示尺寸以面积计算。

④ 振冲桩（填料）、砂石桩：按设计图示尺寸以桩长（包括桩尖）计算；按设计桩截面积乘以桩长（包括桩尖）以体积计算。

⑤ 深层搅拌桩、粉喷桩、石灰桩、灰土挤密桩等：按设计图示尺寸以桩长（包括桩尖）计算。

⑥ 注浆地基：按设计图示尺寸以钻孔深度计算；按设计图示尺寸以加固体积计算。

⑦ 褥垫层：按设计图示尺寸以铺设面积计算；按设计图示尺寸以体积计算。

⑧ 地下连续墙：按设计图示墙中心线长乘以厚度乘以槽深以体积计算。

⑨ 咬合灌注桩：按设计图示以桩长计算；按设计图示数量计算。

⑩ 预制钢筋混凝土板桩：按设计图示以桩长（包括桩尖）计算；按设计图示数量计算。

⑪ 型钢桩：按设计图示尺寸以质量计算；按设计图示数量计算。

⑫ 钢板桩：按设计图示尺寸以质量计算；按设计图示墙中心线长乘以桩长以面积计算。

⑬ 锚杆（索）、土钉：按设计图示尺寸以钻孔深度计算；按设计图示数量计算。

⑭ 喷射混凝土、水泥砂浆：按设计图示尺寸以面积计算。

3）桩基工程

① 预制钢筋混凝土桩、混凝土灌注桩：按设计图示尺寸以桩长（包括桩尖）计算；按设计图示截面积乘以桩长（包括桩尖）以实体积计算或根数计算。

② 截（凿）桩头：按设计图示截面积乘以桩头长度以体积计算；按设计图示数量计算。

③ 挖孔桩土（石）方：按设计图示尺寸（含护壁）截面积乘以挖孔深度以立方米计算。

④ 人工挖孔桩：按桩芯混凝土体积计算；按设计图示数量计算。

4）砌筑工程

① 砖基础：按设计图示尺寸以体积计算。包括附墙垛基础宽出部分体积，扣除地梁（圈梁）、构造柱所占体积，不扣除基础大放脚T形接头处的重叠部分及嵌入基础内的钢筋、铁件、管道、基础砂浆防潮层和单个面积 $0.3m^2$ 以内的孔洞所占体积，靠墙暖气沟的挑檐不增加体积。基础长度：外墙按中心线，内墙按净长线计算。

注：基础与墙身的划分：基础与墙（柱）身使用同一种材料时，设计室内地坪为界（有地下室的按地下室室内设计地坪为界），以下为基础，以上为墙（柱）身；基础与墙身使用不同材料时材料分界线位于设计室内地面高度≤±300mm 时，以不同材料为分界线；高度＞±300mm 时，以设计室内地面为分界线，以下为基础，以上为墙身。基础与围墙的划分：设计室外地坪为界，以下为基础，以上为墙身。

② 实心砖墙、多孔砖墙、空心砖墙：按设计图示尺寸以体积计算。扣除门窗、洞口、嵌入墙内的钢筋混凝土柱、梁、圈梁、挑梁、过梁及凹进墙内的壁龛、管槽、暖气槽、消火栓箱所占体积，不扣除梁头、板头、檩头、垫木、木楞头、檐椽木、木砖、门窗走头、砖墙内的加固钢筋、木筋、铁件、钢管及单个面积 $0.3m^2$ 以内的孔洞所占体积，凸出墙面的腰线、挑檐、压顶、窗台线、虎头砖、门窗套的体积不增加，凸出墙面的砖垛并入墙体体积内。

其中 a. 墙长度：外墙按中心线，内墙按净长计算。

b. 墙高度：外墙：斜（坡）屋面无檐口天棚者算至屋面板底；有屋架且室内外均有天棚者算至屋架下弦底另加 200mm；无天棚者算至屋架下弦底另加 300mm，出檐宽度超过 600mm 时按实砌高度计算；平屋面算至钢筋混凝土板底。内墙：位于屋架下弦者，算至屋架下弦底；无屋架者算至天棚底另加 100mm；有钢筋混凝土楼板隔层者算至楼板顶；有框架梁时算至梁底。

c. 女儿墙：从屋面板上表面算至女儿墙顶面（如有混凝土压顶时算至压顶下表面）。

d. 内、外山墙：按其平均高度计算。

③ 空斗墙：按设计图示尺寸以空斗墙外形体积计算。墙角、内外墙交接处、门窗洞口立边、窗台砖、屋檐处的实砌部分体积并入空斗墙体积内。

④ 空花墙：按设计图示尺寸以空花部分外形体积计算，不扣除空花部分体积。

⑤ 填充墙：按设计图示尺寸以填充墙外形体积计算。

⑥ 零星砌砖：a. 台阶工程量按水平投影面积计算（不包括梯带或台阶挡墙）。b. 小型池槽、锅台、炉灶工程量按数量以个计算。c. 小便槽、地垄墙工程量长度计算。d. 其他零星项目（如梯带、台阶挡墙）工程量按图示尺寸以体积计算。

⑦ 砖散水、地坪：按设计图示尺寸以面积计算。

⑧ 砖地沟、明沟：按设计图示以中心线长度计算。

⑨ 砌块墙：按设计图示尺寸以体积计算，其中墙长、墙高及墙体中要并入或扣除或不加、不扣的规定同实心砖墙。

⑩ 垫层：按设计图示尺寸以立方米计算。

5）混凝土及钢筋混凝土工程

① 现浇混凝土基础及垫层：均按设计图示尺寸以体积计算，不扣除伸入承台基础的桩头所占体积。

② 现浇混凝土柱：包括矩形柱、构造柱、异形柱工程量均按设计图示尺寸以体积计算。

③ 现浇混凝土梁：包括基础梁、矩形梁、异形梁、圈梁、过梁、弧形拱形梁工程量均按设计图示尺寸以体积计算。梁长：a. 梁与柱连接时，梁长算至柱侧面；b. 主梁与次梁连接时，次梁长算至主梁侧面。

④ 现浇混凝土墙：包括直形墙、弧形墙、短肢剪力墙和挡土墙工程量均按设计图示尺寸以体积计算。扣除门窗洞口及单个面积 $0.3m^2$ 以外的孔洞所占体积，墙垛及凸出墙面部分并入墙体体积内计算。

⑤ 现浇混凝土板：包括有梁板、无梁板、平板、拱板、薄壳板、栏板，天沟挑檐板、阳台板，空心板、其他板工程量均按设计图示尺寸以体积计算。不扣除单个面积$\leqslant 0.3m^2$的柱、垛以及孔洞所占体积。压型钢板混凝土楼板扣除构件内压型钢板所占体积。有梁板（包括主、次梁与板）按梁、板体积之和计算，无梁板按板和柱帽体积之和计算，各类板伸入墙内的板头并入板体积内计算，薄壳板的肋、基梁并入薄壳体积内计算。空心板（GBF 高强薄壁蜂巢芯板等）应扣除空心部分所占体积。

⑥ 现浇混凝土楼梯：按设计图示尺寸以水平投影面积计算。其水平投影面积包括：休息平台、平台梁、斜梁以及楼梯与楼板连接的梁；当整体楼梯与现浇楼板无梯梁连接时，以楼梯的最后一个踏步边缘加 300mm 为界。

注意：水平投影面积内不扣除：宽度小于 500mm 的楼梯井，伸入墙内部分不计算。

⑦ 台阶：按设计图示尺寸水平投影面积计算，但台阶与平台连接时，其分界线以最上层踏步外沿加 300mm 计算；按设计图示尺寸以体积计算。

⑧ 预制混凝土柱、梁、屋架：按设计图示尺寸以体积计算，或按设计图示尺寸以数量计算。

⑨ 预制混凝土板：按设计图示尺寸以体积计算，不扣除单个面积不大于 300mm×300mm 孔洞所占体积，但空心板中空洞体积要扣除。或按设计图示尺寸以数量计算。

⑩ 预制钢筋混凝土楼梯：按设计图示尺寸以体积计算，扣除空心踏步板空洞体积；按设计图示数量计算。

⑪ 其他预制构件：按设计图示尺寸以体积计算，不扣除单个面积不大于 300mm×

300mm 的孔洞所占体积，扣除烟道、垃圾道、通风道的孔洞所占体积；按设计图示尺寸以面积计算，不扣除单个面积≤300mm×300mm 的孔洞所占面积；按设计图示尺寸以数量计算。

⑫ 现浇及预制构件钢筋：按设计图示钢筋（网）长度（面积）乘以单位理论质量以吨计算。

⑬ 后张法预应力钢筋、钢丝、钢绞线：工程量按设计图示钢筋（钢丝束、钢绞线）长度乘以单位理论质量以吨计算。

a. 低合金钢筋两端均采用螺杆锚具时，钢筋长度按孔道长度减 0.35m 计算，螺杆另行计算。

b. 低合金钢筋一端采用墩头插片、另一端采用螺杆锚具时，钢筋长度按孔道长度计算，螺杆另行计算。

c. 低合金钢筋一端采用墩头插片、另一端采用帮条锚具时，钢筋增加 0.15m 计算；两端均采用帮条锚具时，钢筋长度按孔道长度增加 0.3m 计算。

d. 低合金钢筋采用后张混凝土自锚时，钢筋长度按孔道长度增加 0.35m 计算。

e. 低合金钢筋（钢绞线）采用 JM、XM、QM 型锚具，孔道长度在 20m 以内时，钢筋长度增加 1m 计算；孔道长度在 20m 以外时，钢筋（钢绞线）长度按孔道长度增加 1.8m 计算。

f. 碳素钢丝采用锥形锚具，孔道长度在 20m 以内时，钢丝束长度按孔道长度增加 1m 计算；孔道长度在 20m 以上时，钢丝束长度按孔道长度增加 1.8m 计算。

g. 碳素钢丝束采用墩头锚具时，钢丝束长度按孔道长度增加 0.35m 计算。

⑭ 支撑钢筋（铁马）：按钢筋长度乘以单位理论质量（吨）计算。如果设计未明确数量，其工程量可为暂估量，结算时按现场签证数量计算。

6）金属结构工程

① 钢网架：按设计图示尺寸以质量计算。不扣除孔眼的质量，焊条、铆钉等不另增加质量。

② 钢屋架：按设计图示数量计算；按设计图示尺寸以质量计算。不扣除孔眼的质量，焊条、铆钉、螺栓等不另增加质量。

③ 钢柱：按设计图示尺寸以质量计算。不扣除孔眼的质量，焊条、铆钉、螺栓等不另增加质量。依附在钢柱上的牛腿及悬臂梁等并入钢柱工程量内；钢管柱上的节点板、加强环、内衬管、牛腿等并入钢管柱工程量内。

④ 钢梁：按设计图示尺寸以质量计算。不扣除孔眼的质量，焊条、铆钉、螺栓等不另增加质量，制动梁、制动板、制动桁架、车挡并入钢吊车梁工程量内。

⑤ 钢板楼板：按设计图示尺寸以铺设水平投影面积计算，不扣除单个面积不大于 0.3m² 的柱、垛及孔洞所占面积。

⑥ 钢板墙板：按设计图示尺寸以铺挂展开面积计算，不扣除单个面积不大于 0.3m² 的梁、孔洞所占面积，包角、包边、窗台泛水等不另增加面积。

⑦ 钢构件：按设计图示尺寸以质量计算，不扣除孔眼的质量，焊条、铆钉、螺栓等不另增加质量。

⑧ 成品空调金属百叶护栏、成品栅栏、金属网栏：按设计图示尺寸以框外围展开面

积计算。

⑨ 砌块墙钢丝网加固、后浇带金属网：按设计图示尺寸以面积计算。

7) 屋面及防水工程

① 瓦屋面、型材屋面：按设计图示尺寸以斜面积计算。不扣除房上烟囱、风帽底座、风道、小气窗、斜沟等所占面积，小气窗出檐部分不增加面积。

② 阳光板屋面、玻璃钢屋面：按设计图示尺寸以斜面积计算。不扣除屋面面积≤0.3m² 孔洞所占面积。

③ 膜结构屋面：按设计图示尺寸以需要覆盖的水平投影面积计算。

④ 屋面卷材防水、屋面涂膜防水：按设计图示尺寸以面积计算，其中斜屋顶（不包括平屋顶找坡）按斜面积计算，平屋顶按水平投影面积计算。不扣除房上烟囱、风帽底座、风道、屋面小气窗和斜沟所占面积；屋面的女儿墙、伸缩缝和天窗等处的弯起部分，并入屋面工程量内。

⑤ 屋面刚性防水：按设计图示尺寸以面积计算。不扣除房上烟囱、风帽底座、风道等所占面积。

⑥ 屋面排水管：按设计图示尺寸以长度计算。如设计未标注尺寸，以檐口至设计室外散水上表面垂直距离计算。

⑦ 屋面变形缝：按设计图示以长度计算。

⑧ 墙面卷材防水、涂膜防水、墙面砂浆防水（潮）：按设计图示尺寸以面积计算。

⑨ 墙面变形缝：按设计图示尺寸以长度计算。

⑩ 楼（地）面卷材防水、涂膜防水、砂浆防水（防潮）：按设计图示尺寸以面积计算。楼（地）面防水按主墙间净空面积计算，扣除凸出地面的构筑物、设备基础等所占面积；不扣除间壁墙及单个不大于 0.3m² 的柱、垛、烟囱和孔洞所占面积。楼（地）面防水反边高度不大于 300mm 算做地面防水，反边高度大于 300mm 按墙面防水计算。

⑪ 楼地面变形缝：按设计图示以长度计算。

8) 保温、隔热、防腐工程

① 保温隔热屋面：按设计图示尺寸以面积计算。扣除面积大于 0.3m² 的孔洞及占位面积。

② 保温隔热天棚：按设计图示尺寸以面积计算。扣除面积大于 0.3m² 的上柱、垛、孔洞所占面积，与天棚相连的梁按展开面积计算，并入天棚工程量内。

③ 保温隔热墙面：按设计图示尺寸以面积计算，扣除门窗洞口及面积大于 0.3m² 的梁、孔洞所占面积；门窗洞口侧壁以及与墙相连的柱需做保温，并入保温墙体工程量内。

④ 保温柱、梁：工程量按设计图示尺寸以面积计算。其中，柱按设计图示柱断面保温层中心线展开长度乘以保温层高度以面积计算，扣除面积大于 0.3m² 的梁所占面积；梁按设计图示梁断面保温层中心线展开长度乘以保温层长度以面积计算。

⑤ 保温隔热楼地面：按设计图示尺寸以面积计算。扣除门窗洞口及面积大于 0.3m² 的柱、垛、孔洞等所占面积。门洞、空圈、暖气包槽、壁龛的开口部分不增加面积。

⑥ 防腐混凝土（砂浆、胶泥）面层：按设计图示尺寸以面积计算。平面防腐时，应

扣除凸出地面的构筑物、设备基础等以及面积大于 0.3m² 的孔洞、柱、垛等所占面积，门洞、空圈、暖气包槽、壁龛的开口部分不增加面积。立面防腐时，扣除门、窗、洞口以及面积大于 0.3m² 的孔洞、梁所占面积，门、窗、洞口侧壁、垛突出部分按展开面积并入墙面积内。

9) 脚手架工程

① 综合脚手架工程量按建筑面积计算。

② 外脚手架、里脚手架工程量均按所服务对象的垂直投影面积计算。

③ 悬空脚手架工程量按搭设的水平投影面积计算。

④ 挑脚手架工程量按搭设长度乘以搭设层数以延长米计算。

⑤ 满堂脚手架工程量按搭设的水平投影面积计算。

⑥ 整体提升架工程量按所服务对象的垂直投影面积计算。注意：整体提升架已包括 2m 高的防护架体设施。

⑦ 外装饰吊篮工程量按所服务对象的垂直投影面积计算。

10) 混凝土模板及支架（撑）

① 基础、柱、梁、墙、板、栏板、挑檐、天沟各构件的模板工程量按模板与现浇混凝土构件的接触面积计算。

柱与梁、柱与墙等连接的重叠部分，均不计算模板面积，附墙柱、暗柱并入墙内工程量内计算。

构造柱按图示外露部分计算模板面积。留马牙槎的按最宽面计算模板宽度，构造柱与墙接触面不计算模板面积。

梁与柱、梁与梁等连接的重叠部分以及伸入墙内的梁头不计算模板面积。

板、墙上单孔面积在 0.3m² 以内的孔洞，不予扣除，洞侧壁模板亦不增加；单孔面积在 0.3m² 以外时，应予扣除，洞侧壁模板面积并入板模板工程量之内计算。附墙柱、暗柱、暗梁模板并入墙模板工程量内计算。

② 雨篷、悬挑板、阳台板模板工程量按图示外挑部分尺寸的水平投影面积计算。挑出墙外的悬臂梁及板边不另计算。

③ 现浇钢筋混凝土楼梯模板工程量按楼梯（包括休息平台、平台梁、斜梁和楼层板的连接梁）的水平投影面积计算，不扣除不大于 500mm 楼梯井所占面积。楼梯的踏步、踏步板、平台梁等侧面模板，不另计算，伸入墙内部分亦不增加。

④ 混凝土台阶按图示台阶水平投影面积计算，台阶端头两侧不另计算模板面积。不包括梯带，但台阶与平台连接时，其分界线以最上层踏步外沿加 300mm 计算。架空式混凝土台阶按现浇楼梯计算。

⑤ 栏板、扶手按模板与混凝土的接触面积计算。

11) 垂直运输

垂直运输工程量按建筑面积计算或按施工工期日历天数计算。

注：同一建筑物有不同檐高时，按建筑物的不同檐高做纵向分割，分别计算建筑面积，以不同檐高分别编码列项。

12) 超高增加费

超高增加费工程量按建筑物超高部分的建筑面积计算。

注：单层建筑物檐口高度超过 20m，多层建筑物超过 6 层时，可按超高部分的建筑面积计算超高施工增加。计算层数时，地下室不计入层数。

13) 大型机械进出场及安拆

大型机械进出场及安拆工程量按使用机械设备的数量计算。

(3) 装饰工程工程量计算规则

以下主要分项工程工程量计算规则，均摘自《房屋建筑与装饰工程工程量计算规范》GB 50854—2013。

1) 楼地面装饰工程

① 整体面层：整体面层工程量按设计图示尺寸以面积计算。扣除凸出地面构筑物、设备基础、室内铁道、地沟等所占面积；不扣除间壁墙及不大于 $0.3m^2$ 的柱、垛、附墙烟囱及孔洞所占面积。门洞、空圈、暖气包槽、壁龛的开口部分不增加面积。

② 平面砂浆找平层：按设计图示尺寸以面积计算。

③ 块料面层、橡塑面层、其他面层：按设计图示尺寸以面积计算。门洞、空圈、暖气包槽、壁龛的开口部分并入相应的工程量内。

④ 踢脚线：以平方米计量，按设计图示长度乘以高度以面积计算；以米计量，按延长米计算。

⑤ 楼梯面层：按设计图示尺寸以楼梯（包括踏步、休息平台及不大于 500mm 的楼梯井）水平投影面积计算。楼梯与楼地面相连时，算至梯口梁内侧边沿；无梯口梁者，算至最上一层踏步边沿加 300mm。

⑥ 台阶装饰：按设计图示尺寸以台阶（包括最上一层踏步边沿加 300mm）水平投影面积计算。

⑦ 零星装饰项目：适用于小面积（$0.5m^2$ 以内）少量分散的楼地面装饰项目。各零星装饰项目均按设计图示尺寸以面积计算。

2) 墙、柱面装饰与隔断、幕墙工程

① 墙面抹灰：包括墙面一般抹灰、墙面装饰抹灰、墙面勾缝、立面砂浆找平层，工程量均按设计图示尺寸以面积计算，扣除墙裙（指墙面抹灰）、门窗洞口及单个 $>0.3m^2$ 的孔洞面积；不扣除踢脚线、挂镜线和墙与构件交接处（指墙与梁的交接处所占面积，不包括墙与楼板的交接）的面积；门窗洞口和孔洞的侧壁及顶面不增加面积；附墙柱、梁、垛、烟囱侧壁并入相应的墙面面积内。其中：

a. 外墙抹灰面积按外墙垂直投影面积计算。

b. 外墙裙抹灰面积按其长度乘以高度计算。应扣除门洞、台阶不作墙裙部分所占的面积。

c. 内墙抹灰面积按主墙间的净长乘以高度计算，其高度确定如下：无墙裙的，高度按室内楼地面至天棚底面计算；有墙裙的，高度按墙裙顶至天棚底面计算。有吊顶天棚抹灰，高度算至天棚底。

d. 内墙裙抹灰面积按内墙净长乘以高度计算。

② 柱（梁）面抹灰：柱面抹灰按设计图示柱断面周长（指结构断面周长）乘高度以面积计算；梁面抹灰按设计图示梁断面周长（指结构断面周长）乘长度以面积计算。

③ 零星抹灰：按设计图示尺寸以面积计算。

④ 墙面块料面层：按设计图示尺寸以镶贴表面积计算。

⑤ 干挂石材钢骨架：按设计图示尺寸以质量计算。

⑥ 柱（梁）面镶贴块料、镶贴零星块料：按镶贴表面积计算。

⑦ 墙面装饰板：按设计图示墙净长乘以净高以面积计算，扣除门窗洞口及单个大于 $0.3m^2$ 的孔洞所占面积。

⑧ 墙面装饰浮雕：按设计图示尺寸以面积计算。

⑨ 柱（梁）饰面：按设计图示饰面外围尺寸（指饰面的表面尺寸）以面积计算，柱帽、柱墩并入相应柱饰面工程量内。

⑩ 隔断：按设计图示框外围尺寸以面积计算，不扣除单个不大于 $0.3m^2$ 的孔洞所占面积；浴厕门的材质与隔断相同时，门的面积并入隔断面积内。成品隔断以平方米计量，按设计图示框外围尺寸以面积计算；或以间计量，按设计间的数量计算。

⑪ 幕墙：带骨架幕墙按设计图示框外围尺寸以面积计算。与幕墙同种材质的窗所占面积不扣除。全玻幕墙按设计图示尺寸以面积计算。带肋全玻幕墙按展开面积计算。

3）天棚工程

① 天棚抹灰：按设计图示尺寸以水平投影面积计算。不扣除间壁墙、垛、柱、附墙烟囱、检查口和管道所占的面积；带梁天棚的梁两侧抹灰面积并入天棚面积内；板式楼梯底面抹灰按斜面积计算，锯齿形楼梯底板抹灰按展开面积计算。

② 天棚吊顶：按设计图示尺寸以水平投影面积计算，不扣除间壁墙、检查口、附墙烟囱、柱垛和管道所占面积；扣除单个大于 $0.3m^2$ 的孔洞、独立柱及与天棚相连的窗帘盒所占的面积；天棚面中的灯槽及跌级、锯齿形、吊挂式、藻井式天棚面积不展开计算。

③ 格栅吊顶、吊筒吊顶、藤条造型悬挂吊顶、织物软雕吊顶、装饰网架吊顶：其工程量均按设计图示尺寸以水平投影面积计算。

④ 采光天棚：按框外围展开面积计算。

⑤ 灯带：按设计图示尺寸以框外围面积计算。

⑥ 送风口、回风口：按设计图示数量计算。

4）门窗工程

① 木门：以樘计量，按设计图示数量计算；以平方米计量，按设计图示洞口尺寸以面积计算。木质门带套计量时，按洞口尺寸以面积计算，不包括门套的面积。

② 金属门：以樘计量，按设计图示数量计算；以平方米计量，按设计图示洞口尺寸以面积计算。当无设计洞口尺寸时，按门框、扇外围以面积计算。

③ 金属卷帘（闸）门：以樘计量，按设计图示数量计算；以平方米计量，按设计图示洞口尺寸以面积计算。

④ 厂库房大门、特种门：以樘计量，按设计图示数量计算；以平方米计量，按设计图示洞口尺寸以面积计算。当无设计洞口尺寸时，按门框、扇外围以面积计算。

⑤ 其他门：以樘计量，按设计图示数量计算；以平方米计量，按设计图示洞口尺寸以面积计算。当无设计洞口尺寸时，按门框、扇外围以面积计算。

⑥ 木窗、金属窗：以樘计量，按设计图示数量计算。以平方米计量，木质窗按设计图示洞口尺寸以面积计算，当无设计洞口尺寸时，按门框、扇外围以面积计算；木飘（凸）

窗、木橱窗按设计图示尺寸以框外围展开面积计算；木纱窗按框的外围尺寸以面积计算。

⑦ 门窗套：以樘计量，按设计图示数量计算；以平方米计量，按设计图示洞口尺寸以展开面积计算；以米计量，按设计图示中心以延长米计算。门窗木贴脸工程量以樘计量，按设计图示数量计算或以米计量，按设计图示中心以延长米计算。

⑧ 窗帘、窗帘盒、窗帘轨：窗帘工程量以米计量，按设计图示尺寸以成活后长度计算；以平方米计量，按设计图示尺寸以成活后展开面积计算。各种材质的窗帘盒及窗帘轨其工程量均按设计图示尺寸以长度计算。窗帘盒如为弧形时，其长度以中心线计算。

⑨ 窗台板：各种材质的窗台板其工程量计算均按设计图示尺寸以展开面积计算。

5）油漆、涂料、裱糊工程

① 门油漆、窗油漆：以樘计量，按设计图示数量计算；以平方米计量，按设计图示洞口尺寸以面积计算。

② 木扶手及其他板条线条油漆：按设计图示尺寸以长度计算。楼梯木扶手工程量按中心线斜长计算，弯头长度应计算在扶手长度内。顺水板（博风板）工程量按看面的中心线斜长计算，有大刀头的增加50cm。窗台板、筒子板、盖板、门窗套、踢脚线油漆按水平或垂直投影面积（门窗套的贴脸板和筒子板垂直投影面积合并）计算。

③ 木护墙、木墙裙油漆；窗台板、筒子板、盖板、门窗套、踢脚线油漆；清水板条天棚、檐口油漆及木方格吊顶天棚油漆；吸音板墙面、天棚面油漆；暖气罩油漆；其他木材面油漆：均按设计图示尺寸以面积计算。

④ 木间壁木隔断油漆；玻璃间壁露明墙筋；木栅栏木栏杆（带扶手）油漆：均按设计图示尺寸以单面外围面积计算。

说明：多面涂刷按单面计算工程量，计算时满外量计算，不展开。

⑤ 衣柜、壁柜油漆；梁柱饰面油漆；零星木装修油漆：均按设计图示尺寸以油漆部分展开面积计算。

⑥ 木地板油漆、木地板烫蜡硬面：均按设计图示尺寸以面积计算，空洞、空圈、暖气包槽、壁龛的开口部分并入相应的工程量内。

⑦ 金属面油漆：以吨计量，按设计图示尺寸以质量计算；以平方米计量，按设计展开面积计算。

⑧ 抹灰面油漆、满刮腻子：均按设计图示尺寸以面积计算。

⑨ 抹灰线条油漆：按设计图示尺寸以长度计算。

⑩ 墙面、天棚喷刷涂料：按设计图示尺寸以面积计算。

⑪ 金属构件刷防火涂料：以吨计量，按设计图示尺寸以质量计算；以平方米计量，按设计展开面积计算。

⑫ 木构件刷防火涂料：以平方米计量，按设计图示尺寸以面积计算。

⑬ 墙纸裱糊、织锦段裱糊：按设计图示尺寸以面积计算。

6）其他装饰工程

① 柜类、货架：以个计量，按设计图示数量计算；以米计量，按设计图示尺寸以延长米计算；以立方米计量，按设计图示尺寸以体积计算。

② 暖气罩：按设计图示尺寸以垂直投影面积（不展开）计算。

③ 洗漱台：按设计图示尺寸以台面外接矩形面积计算。不扣除孔洞（放置洗面盆的地方）、挖弯、削角（以根据放置的位置进行选形）所占面积，挡板、吊沿板面积并入台面面积内；按设计图示数量计算。

④ 晒衣架、帘子杆、浴缸拉手、毛巾杆（架）、卫生纸盒、肥皂盒：按设计图示数量以"个"或"根""套""副"计算。

⑤ 镜面玻璃：按设计图示尺寸以边框外围面积计算。

⑥ 镜箱：按设计图示数量以"个"计算。

⑦ 压条、装饰线：按设计图示尺寸以长度计算。

⑧ 雨篷吊挂饰面：按设计图示尺寸以水平投影面积计算。

⑨ 金属旗杆：按设计图示数量以"根"计算。

⑩ 玻璃雨篷：按设计图示尺寸以水平投影面积计算。

⑪ 平面、箱式招牌：按设计图示尺寸以正立面边框外围面积计算。复杂形的凸凹造型部分不增加面积。

⑫ 竖式标箱、灯箱、信报箱：按设计图示数量以"个"计算。

⑬ 美术字：按设计图示数量以"个"计算。

(4) 通用安装工程工程量计算规则

以下主要分项工程工程量计算规则，均摘自《通用安装工程工程量计算规范》GB 50856—2013。

1) 电气设备安装

① 变压器安装：区别不同类别型号按设计图示数量计算。

② 配电装置安装：区别不同类别型号按设计图示数量计算。

③ 母线安装：软母线、带形母线、槽型母线均按设计图示尺寸以单线长度计算（含预留长度）；共箱母线、低压封闭式插接母线槽按设计图示尺寸以中心线长度计算；重型母线按设计图示尺寸以质量计算。

④ 始端箱、分线箱：按设计图示数量计算。

⑤ 控制设备及低压电器安装：区别不同类别型号按设计图示数量计算。

⑥ 电机检查接线及调试：按设计图示数量计算。

⑦ 滑触线装置安装：按设计图示单相长度计算。

⑧ 电缆安装：电力电缆、控制电缆按设计图示尺寸以长度计算（含预留长度）；电缆保护管、电缆槽盒、铺砂、盖保护板（砖）按设计图示尺寸以长度计算；电力电缆头、控制电缆头按设计数量计算。

⑨ 接地极、接地母线、避雷引下线、均压环、避雷网：均按设计图示尺寸以长度计算（含附加长度）。

⑩ 避雷针、半导体少长针消雷装置、等电位端子箱、测试板：按设计图示数量计算。

⑪ 绝缘垫：按设计图示尺寸以展开面积计算。

⑫ 浪涌保护器：按设计图示数量计算。

⑬ 降阻剂：按设计图示以质量计算。

⑭ 配管、线槽安装：按设计图示尺寸以长度计算，不扣除管路中间的接线箱（盒）、灯头盒、开关盒所占长度。

⑮ 配线：按设计图示尺寸以长度计算（含预留长度）。
⑯ 接线箱、接线盒：按设计图示数量计算。
⑰ 照明器具：区别不同类别型号按设计图示数量计算。
⑱ 电气调试试验：区别不同系统按设计图示系统计算。

2）给水排水、供暖、燃气工程
① 给水排水、供暖、烯气管道：按设计图示管道中心线长度以延长米计算，不扣除阀门、管件（包括减压器、疏水器、水表、伸缩器等组成安装）及各种井类所占的长度；方形补偿器以其所占长度按管道安装工程量计算。
② 室外管道碰头：按设计图示以处计算。
③ 管道支架、设备支架：按设计图示质量或数量计算。
④ 管道附件：包括阀门、减水器、水表、热量表等按设计图示数量计算。
⑤ 卫生洁具：区别类型、规格均按设计图示数量计算。
⑥ 散热器：区别型号、规格均按设计图示数量计算。
⑦ 光排管散热器：按设计图示排管长度计算。
⑧ 地板辐射采暖：按设计图示采暖房间净面积计算或按设计图示管道长度计算。
⑨ 热媒集配装置、集气罐：按设计图示数量计算。
⑩ 采暖给排水设备：区别型号、规格均按设计图示数量计算。
⑪ 燃气器具：区别型号、规格均按设计图示数量计算。
⑫ 供暖系统调试：按供暖工程系统计算。

3）通风空调工程
① 通风及空调设备及部件制作安装：区别型号、规格均按设计图示数量计算。
② 通风管道制作安装：区别材质按设计图示内径尺寸以展开面积计算。不扣除检查孔、测定孔、送风口、吸风口等所占面积；风管长度一律以设计图示中心线长度为准（主管与支管以其中心线交点划分），包括弯头、三通、变径管、天圆地方等管件的长度，但不包括部件所占的长度。风管展开面积不包括风管、管口重叠部分面积。风管渐缩管、圆形风管按平均直径；矩形风管按平均周长。穿墙套管按展开面积计算，计入通风管道工程量中。
③ 柔性软风管安装：按设计图示中心线以长度计算或按设计图示数量计算。
④ 弯头导流叶片制作安装：按设计图示以展开面积平方米计算或按设计图示数量计算。
⑤ 风管检查孔制作安装：按风管检查孔质量计算或按设计图示数量计算。
⑥ 温度、风量测定孔制作安装：按设计图示数量计算。
⑦ 通风管道部件制作安装：按设计图示数量计算。
⑧ 通风工程检测、调试：按通风系统计算。
⑨ 风管漏光试验、漏风试验：按设计图纸或规范要求以展开面积计算。

4）消防工程
① 水灭火管道、气体灭火管道、泡沫灭火管道：均按设计图示管道中心线长度以延长米计算，不扣除阀门、管件及各种组件所占长度。
② 水喷头、报警装置、温感式水幕装置、水流指示器、减压孔板、末端试水装置、集热板制作安装、消火栓、消防水泵接合器、灭火器、消防水炮：均按设计图示数量计算。
③ 选择阀、气体喷头、储存装置、称重捡漏装置、无管网气体灭火装置：均按设计

图示数量计算。

④ 泡沫发生器、泡沫比例混合器、泡沫液贮罐：均按设计图示数量计算。

⑤ 探测器：点型按设计图示数量计算，线型探测器按设计图示长度计算。

⑥ 报警器、报警按钮、报警控制器、消防广播、消防电话等：均按设计图示数量计算。

⑦ 自动报警系统调试：按系统计算。

⑧ 水灭火控制装置调试：按控制装置的点数计算。

⑨ 防火控制装置调试：按设计图示数量计算。

⑩ 气体灭火系统装置调试：按调试、检验或验收所消耗的试验容器总数计算。

(5) 市政工程工程量计算规则

以下主要分项工程工程量计算规则，均摘自《市政工程工程量计算规范》GB 50857—2013。

1) 土方工程

① 挖一般土方（石方）：按设计图示尺寸以体积计算。

② 挖沟槽、基坑土方（石方）：按设计图示尺寸以基础垫层底面积乘以挖土深度计算。挖土深度一般指原地面标高至槽、坑底的平均高度。

③ 暗挖土方：按设计图示断面乘以长度以体积计算。

④ 挖淤泥、流砂：按设计图示的位置、界限以体积计算。

⑤ 回填方：按设计图示尺寸以体积计算或按挖方清单项目工程量加原地面线至设计要求标高间的体积，减基础、构筑物埋入体积计算。

⑥ 余方弃置：按挖方清单项目工程量减利用回填方体积（正数）计算。

2) 道路工程

① 预压地基、强夯地基、振冲密实（不填料）：按设计图示尺寸以加固面积计算。

② 路基处理（掺石灰、掺干土、掺石、抛石挤淤）：按设计图示尺寸以体积计算。

③ 袋装砂井、塑料排水板：按设计图示以长度计算。

④ 振冲桩、砂石桩、深层水泥搅拌桩、粉喷桩等：按设计图示尺寸以桩长计算或按设计桩截面积乘以桩长（包括桩尖）以体积计算。

⑤ 地基灌浆：按设计图示尺寸以深度计算或按设计图示尺寸以加固体积计算。

⑥ 褥垫层：按设计图示尺寸以铺设面积计算或按设计图示尺寸以铺设体积计算。

⑦ 土工合成材料：按设计图示尺寸以面积计算。

⑧ 排水沟、截水沟、盲沟：按设计图示以长度计算。

⑨ 道路基层：区分基层材料均按设计图示尺寸以面积计算，不扣除各类井所占面积。

⑩ 道路面层：区分面层材料均按设计图示尺寸以面积计算，不扣除各种井所占面积，带平石的面层应扣除平石所占面积。

⑪ 人行道整形碾压：按设计人行道图示尺寸以面积计算，不扣除侧石、树池和各类井所占的面积。

⑫ 人行道块料铺设、现浇混凝土人行道及进口坡：按设计图示尺寸以面积计算，不扣除各类井所占的面积但应扣除侧石、树池所占面积。

⑬ 侧（平、缘）石：按设计图示中心线长度计算。

⑭ 检查井升降：按设计图示路面标高与原有的检查井发生正负高差的检查井的数量

计算。

⑮ 树池砌筑：按设计图示数量计算。

⑯ 预制电缆沟铺设：按设计图示中心线长度计算。

3）桥涵工程

① 现浇混凝土构件：除特别说明均按设计图示尺寸以体积计算。

② 混凝土楼梯：按设计图示尺寸以水平投影面积计算或按设计图示尺寸以体积计算。

③ 混凝土防撞护栏：按设计图示尺寸以长度计算。

④ 桥面铺装：按设计图示尺寸以面积计算。

⑤ 预制混凝土构件：均按设计图示尺寸以体积计算。

⑥ 垫层、干砌块料、浆砌块料：按设计图示尺寸以体积计算。"垫层"指碎石、块石等非混凝土类垫层。

⑦ 护坡：按设计图示尺寸以面积计算。

⑧ 透水管：按设计图示尺寸以长度计算。

⑨ 箱涵：区分底板、侧墙、顶板按设计图示尺寸以体积计算。

⑩ 箱涵顶进：按设计图示尺寸以被顶箱涵的质量，乘以箱涵的位移距离分节累计计算。

⑪ 箱涵接缝：按设计图示止水带长度计算。

⑫ 钢结构构件：按设计图示尺寸以质量计算。不扣除孔眼的质量，焊条、铆钉、螺栓等不另增加质量。

⑬ 悬（斜拉）索、钢拉杆：按设计图示尺寸以质量计算。

⑭ 装饰面层：按设计图示尺寸以面积计算。

⑮ 栏杆：区分材质按设计图示尺寸以延长米计算或按设计图示尺寸质量计算。

⑯ 支座：区分材质均按设计图示数量计算。

⑰ 桥梁伸缩装置：按设计图示尺寸以延长米计算。

⑱ 隔声屏障：按设计图示尺寸以面积计算。

⑲ 桥面排（泄）水管：按设计图示长度计算。

⑳ 防水层：按设计图示尺寸以面积计算。

4）隧道工程

① 隧道岩石开挖：按设计图示结构断面尺寸乘以长度以体积计算。

② 小导管、管棚：按设计图示尺寸以长度计算。

③ 注浆：按设计注浆量以体积计算。

④ 岩石隧道衬砌：区分部位按设计图示尺寸以体积计算。

⑤ 拱顶（边墙）喷射混凝土：按设计图示尺寸以面积计算。

⑥ 盾构吊装及掉拆：按设计图示数量计算。

⑦ 盾构掘进：按设计图示掘进长度计算。

⑧ 衬砌壁后压浆：按管片外径和盾构壳体外径形成的充填体积计算。

⑨ 预制钢筋混凝土管片：按设计图示尺寸以体积计算。

⑩ 管片设置密封条：按设计图示数量计算。

⑪ 隧道洞口柔性接缝环：按设计图示以隧道管片外径周长计算。

⑫ 管片嵌缝：按设计图示数量计算。

⑬ 盾构机调头、盾构机转场运输：按设计图示数量计算。

⑭ 盾构基座：按设计图示尺寸以质量计算。

⑮ 钢筋混凝土顶升管节：按设计图示尺寸以体积计算。

⑯ 钢筋混凝土复合管片：按设计图示尺寸以体积计算。

⑰ 管道垂直顶升：按设计图示以顶升长度计算。

⑱ 隧道沉井：区分井壁、底板、隔墙均按设计图示尺寸以体积计算。

⑲ 沉井下沉：按设计图示井壁外围面积乘以下沉深度以体积计算。

⑳ 沉井填心：按设计图示尺寸以体积计算。

㉑ 钢封门：按设计图示尺寸以质量计算。

5) 管网工程

① 管道铺设：区分管道材质均按设计图示管道中心线长度以延长米计算。不扣除附属构筑物、管件及阀门等所占的长度。

② 管道架空跨越：按设计图示中心线长度以延长米计算。不扣除管件及阀门等所占的长度。

③ 隧道（沟、管）内管道：按设计图示中心线长度以延长米计算。不扣除附属构筑物、管件及阀门等所占的长度。

④ 水平导向钻进、夯管：按设计图示长度以延长米计算。扣除附属构筑物（检查井）所占的长度。

⑤ 顶（夯）管工作坑、预制混凝土工作坑：按设计图示数量计算。

⑥ 顶管：按设计图示长度以延长米计算。扣除附属构筑物（检查井）所占的长度。

⑦ 土壤加固：按设计图示加固段长度以延长米计算或按设计图示加固段体积以立方米计算。

⑧ 新旧管连接：按设计图示数量计算。

⑨ 砌筑（混凝土）方沟（渠道）：按设计图示尺寸以延长米计算。

⑩ 管件、阀门及附件安装：按设计图示数量计算。

⑪ 砌筑（混凝土）支墩：按设计图示尺寸以体积计算。

⑫ 金属支架（吊架）制作、安装：按设计图示质量计算。

⑬ 砌筑（混凝土）井、塑料检查井：按设计图示数量计算。

⑭ 砖砌（预制混凝土）井筒：按设计图示尺寸以延长米计算。

⑮ 出水口、雨水口、整体化粪池：均按设计图示数量计算。

（二）工程造价计价

1. 工程造价构成

（1）工程造价的含义

工程造价通常是指工程的建造价格，其含义有两种：

含义一：从投资者即业主的角度而言，工程造价是指建设一项工程预期开支或实际开支的全部固定资产投资费用。投资者为了获得投资项目的预期效益，就需要进行项目策划、决策及实施，直至竣工验收等一系列投资管理活动。在上述活动中所花费的全部费用，就构成了工程造价。从这个意义上讲，建设工程造价就是建设工程项目固定资产投资。

含义二：从市场交易的角度而言，工程造价是指为建成一项工程，预计或实际在土地市场、设备市场、技术劳务市场以及工程承发包市场等交易活动中所形成的建筑安装工程价格和建设工程总价格。显然，工程造价的第二种含义是指以建设工程这种特定的商品形式作为交易对象，通过招标投标或其他交易方式，在进行多次预估的基础上，最终由市场形成的价格。这里的工程既可以是涵盖范围很大的一个建设工程项目，也可以是其中的一个单项工程，甚至可以是整个建设工程中的某个阶段，如土地开发工程、建筑安装工程、装饰工程，或者其中的某个组成部分。随着经济发展中技术的进步、分工的细化和市场的完善，工程建设中的中间产品也会越来越多，商品交换会更加频繁，工程价格的种类和形式也会更为丰富。尤其值得注意的是，投资主体的多元格局、资金来源的多种渠道，使相当一部分建设工程的最终产品作为商品进入了流通领域。如新技术开发区和住宅开发区的普通工业厂房、仓库、写字楼、公寓、商业设施和大批住宅，都是投资者为销售而建造的产品，它们的价格是商品交易中现实存在的，是一种有加价的工程价格（通常被称为商品房价格）。

通常，人们将工程造价的第二种含义认定为工程承发包价格。应该肯定，承发包价格是工程造价中一种重要的、也是最典型的价格形式。它是在建筑市场通过招标投标，由需求主体（投资者）和供给主体（承包商）共同认可的价格。由于建筑安装工程价格在项目固定资产中占有 $50\%\sim60\%$ 的份额，且建筑企业又是建设工程的实施者并具有重要的市场主体地位，因此，工程承发包价格被界定为工程造价的第二种含义，具有重要的现实意义。但同时需要注意的是，这种对工程造价含义的界定是一种狭义的理解。

（2）工程造价的特点

1）工程造价的大额性

能够发挥投资效用的任一项工程，不仅实物形体庞大，而且造价高昂。动辄数百万、数千万、数亿、十几亿，特大型工程项目的造价可达百亿、千亿元人民币。工程造价的大额性使其关系到有关各方面的重大经济利益，同时也会对宏观经济产生重大影响。这就决定了工程造价的特殊地位，也说明了造价管理的重要意义。

2）工程造价的个别性、差异性

任何一项工程都有特定的用途、功能、规模。因此，对每一项工程的结构、造型、空间分割、设备配置和内外装饰都有具体的要求，因而使工程内容和实物形态都具有个别性、差异性。产品的差异性决定了工程造价的个别性差异。同时，每项工程所处地区、地段都不相同，使这一特点得到强化。

3）工程造价的动态性

任何一项工程从决策到竣工交付使用，都有一个较长的建设期间，而且由于不可控因素的影响，在预计工期内，许多影响工程造价的动态因素，如工程变更，设备材料价格，工资标准以及费率、利率、汇率会发生变化。这种变化必然会影响到造价的变动。所以，工程造价在整个建设期中处于不确定状态，直至竣工决算后才能最终确定工程的实际造价。

4）工程造价的层次性

造价的层次性取决于工程的层次性。一个建设项目往往含有多个能够独立发挥设计效能的单项工程（车间、写字楼、住宅楼等）。一个单项工程又是由能够各自发挥专业效能的多个单位工程（土建工程、电气安装工程等）组成。与此相适应，工程造价有三个层次：建设项目总造价、单项工程造价和单位工程造价。如果专业分工更细，单位工程（如土建工程）的组成部分分部分项工程也可以成为交换对象，如大型土方工程、基础工程、装饰工程等，这样工程造价的层次就增加分部工程和分项工程而成为 5 个层次。即使从造价的计算和工程管理的角度看，工程造价的层次性也是非常突出的。

5）工程造价的兼容性

工程造价的兼容性首先表现在它具有两种含义，其次表现在工程造价构成因素的广泛性和复杂性。在工程造价中，首先说成本因素非常复杂。其中为获得建设工程用地支出的费用、项目可行性研究和规划设计费用、与政府一定时期政策（特别是产业政策和税收政策）相关的费用占有相当的份额。再次，盈利的构成也较为复杂，资金成本较大。

(3) 我国现行建设项目总投资构成和工程造价的构成

建设项目投资含固定资产投资和流动资产投资两部分，其中，建设项目总投资中的固定资产投资与建设项目的工程造价在量上相等。所谓工程造价的构成，是按工程项目建设过程中各类费用支出或花费的性质、途径等来确定，是通过费用划分和汇集所形成的工程造价的费用分解结构。工程造价基本构成中，包括用于购买工程项目所含各种设备的费用，用于建筑施工和安装施工所需支出的费用，用于委托工程勘察设计应支付的费用，用于购置土地所需的费用，也包括用于建设单位自身进行项目筹建和项目管理所花费费用等。总之，工程造价是工程项目按照确定的建设内容、建设规模、建设标准、功能要求和使用要求，全部建成并验收合格交付使用所需的全部费用。

我国现行工程造价的构成主要划分为设备及工器具购置费用、建筑安装工程费用、工程建设其他费用、预备费、建设期贷款利息、固定资产投资方向调节税等几项。具体构成内容如图 7-11 所示。

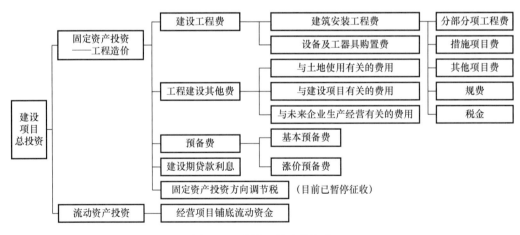

图 7-11　建设工程造价构成

1）设备及工、器具购置费

设备、工器具购置费是指按照建设项目设计文件要求，建设单位（或其委托单位）购置或自制达到固定资产标准的设备和新建扩建项目配套的首套工、器具及生产家具所需的费用。它由设备、工器具原价和包括设备成套公司服务费在内的运杂费组成。在生产性建设工程中,设备、工器具购置费用占工程造价的比重的增大,意味着生产技术的进步和资本有机构成的提高。

① 设备购置费用

设备购置费是指为建设项目购置或自制的达到固定资产标准的各种国产或进口设备的购置费用。它由设备原价和设备运杂费组成。

$$设备购置费 = 设备原价 + 设备运杂费$$

式中,设备原价指国产设备原价或进口设备的原价;设备运杂费指除设备的原价以外的用于设备采购、运输、途中包(安)装及仓库保管等方面支出费用的总和。

② 工具、器具及生产家具购置费

工具、器具及生产家具购置费,是指新建或扩建项目初步设计规定的,保证初期正常生产必须购置的没有达到固定资产标准的设备、仪器、工卡模具、器具、生产家具和备品备件等的购置费用。计算公式为:

$$工具、器具及生产家具购置费 = 设备购置费 \times 定额费率$$

2) 建筑安装工程费用

建筑安装工程费用是指建设单位支付给从事建筑安装工程的施工单位的全部生产费用,包括用于建筑物、构筑物的建造及有关的准备、清理等工程的投资;用于需要安装设备的安装、装配工程的投资。它是以货币表现的建筑安装工程的价值,包括建筑工程费用和安装工程费用。

3) 工程建设其他费用

工程建设其他费用是指有项目投资支付的、为保证工程建设顺利完成和交付使用后能够正常发挥效用而发生的各项费用的总和,它包括与土地使用有关的费用、与项目建设有关的费用、与未来企业生产经营有关的其他费用。

① 与土地使用有关的费用

由于工程项目固定在一定地点与地面相连接,必须占用一定的土地,因此,也就必然发生获得建设用地而支付的费用,这就是与土地使用有关的费用。包括使用集体土地、国有土地所发生的费用。

② 与项目建设有关的其他费用

包括建设管理费、可行性研究费、研究试验费、勘察设计费、环境影响评价费、劳动安全卫生评价费、场地准备及临时设施费、引进技术和进口设备其他费用、工程保险费、特殊设备安全监督检验费、专利及专有技术使用费、人防工程异地建设费、城市基础设施配套费、城市消防设施配套费、高可靠性供电费。

③ 与未来企业生产经营有关的其他费用

包括联合试运转费、生产准备费、办公和生活家具购置费。

4) 预备费

包括基本预备费和涨价预备费。

5) 建设期贷款利息

建设期利息包括向国内银行和其他非银行金融机构贷款、出口信贷、外国政府贷款、国际商业银行贷款以及在境内外发行的债券等在建设期间应计的借款利息。建设期贷款利息按复利计算。

6) 固定资产投资方向调节税

固定资产投资方向调节税是指国家对在我国境内进行固定资产投资的单位和个人，就其固定资产投资的各种资金征收的一种税。1991年4月16日国务院发布《中华人民共和国固定资产投资方向调节税暂行条例》，从1991年起施行。自2000年1月1日起新发生的投资额，暂停征收固定资产投资方向调节税。

(4) 建筑安装工程费用构成

根据住房城乡建设部和财政部颁发的《建筑安装工程费用项目组成》[建标（2013）44号]文件规定，我国建筑安装工程费用的组成详见图7-12、图7-13。

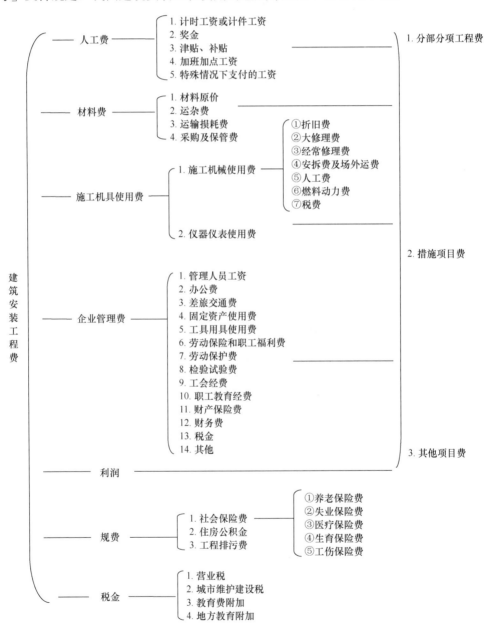

图7-12 建筑安装工程费用项目组成表（按费用构成要素划分）

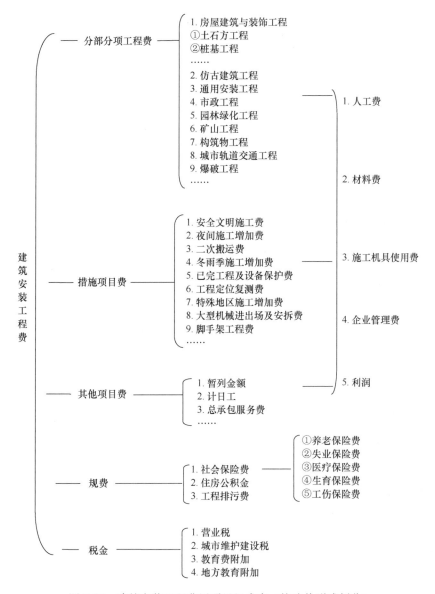

图 7-13 建筑安装工程费用项目组成表（按造价形成划分）

1）建筑安装工程费用项目组成（按费用构成要素划分）

建筑安装工程费按照费用构成要素划分：由人工费、材料（包含工程设备，下同）费、施工机具使用费、企业管理费、利润、规费和税金组成。其中人工费、材料费、施工机具使用费、企业管理费和利润包含在分部分项工程费、措施项目费、其他项目费中。

① 人工费：是指按工资总额构成规定，支付给从事建筑安装工程施工的生产工人和附属生产单位工人的各项费用。内容包括：

a. 计时工资或计件工资：是指按计时工资标准和工作时间或对已做工作按计件单价支付给个人的劳动报酬。

b. 奖金：是指对超额劳动和增收节支支付给个人的劳动报酬。如节约奖、劳动竞赛奖等。

c. 津贴补贴：是指为了补偿职工特殊或额外的劳动消耗和因其他特殊原因支付给个人的津贴，以及为了保证职工工资水平不受物价影响支付给个人的物价补贴。如流动施工津贴、特殊地区施工津贴、高温（寒）作业临时津贴、高空津贴等。

d. 加班加点工资：是指按规定支付的在法定节假日工作的加班工资和在法定日工作时间外延时工作的加点工资。

e. 特殊情况下支付的工资：是指根据国家法律、法规和政策规定，因病、工伤、产假、计划生育假、婚丧假、事假、探亲假、定期休假、停工学习、执行国家或社会义务等原因按计时工资标准或计时工资标准的一定比例支付的工资。

② 材料费：是指施工过程中耗费的原材料、辅助材料、构配件、零件、半成品或成品、工程设备的费用。内容包括：

a. 材料原价：是指材料、工程设备的出厂价格或商家供应价格。

b. 运杂费：是指材料、工程设备自来源地运至工地仓库或指定堆放地点所发生的全部费用。

c. 运输损耗费：是指材料在运输装卸过程中不可避免的损耗。

d. 采购及保管费：是指为组织采购、供应和保管材料、工程设备的过程中所需要的各项费用。包括采购费、仓储费、工地保管费、仓储损耗。

工程设备是指构成或计划构成永久工程一部分的机电设备、金属结构设备、仪器装置及其他类似的设备和装置。

③ 施工机具使用费：是指施工作业所发生的施工机械、仪器仪表使用费或其租赁费。

a. 施工机械使用费：以施工机械台班耗用量乘以施工机械台班单价表示，施工机械台班单价应由折旧费、大修理费、经常修理费、安拆费及场外运费、人工费、燃料动力费、税费七项费用组成。

b. 仪器仪表使用费：是指工程施工所需使用的仪器仪表的摊销及维修费用。

④ 企业管理费：是指建筑安装企业组织施工生产和经营管理所需的费用。内容包括：管理人员工资、办公费、差旅交通费、固定资产使用费、工具用具使用费、劳动保险和职工福利费、劳动保护费、检验试验费、工会经费、职工教育经费、财产保险费、财务费、税金、其他等费用。

其中检验试验费是指施工企业按照有关标准规定，对建筑以及材料、构件和建筑安装物进行一般鉴定、检查所发生的费用，包括自设试验室进行试验所耗用的材料等费用。不包括新结构、新材料的试验费，对构件做破坏性试验及其他特殊要求检验试验的费用和建设单位委托检测机构进行检测的费用，对此类检测发生的费用，由建设单位在工程建设其他费用中列支。但对施工企业提供的具有合格证明的材料进行检测不合格的，该检测费用由施工企业支付。

⑤ 利润：是指施工企业完成所承包工程获得的盈利。

⑥ 规费：是指按国家法律、法规规定，由省级政府和省级有关权力部门规定必须缴纳或计取的费用。包括：社会保险费（养老保险费、失业保险费、医疗保险费、生育保险费、工伤保险费）、住房公积金、工程排污费以及其他应列而未列入的规费，按实际发生计取。

⑦ 税金：是指国家税法规定的应计入建筑安装工程造价内的营业税、城市维护建设税、教育费附加以及地方教育附加。

2）建筑安装工程费用项目组成（按造价形成划分）

建筑安装工程费按照工程造价形成由分部分项工程费、措施项目费、其他项目费、规费、税金组成，分部分项工程费、措施项目费、其他项目费包含人工费、材料费、施工机具使用费、企业管理费和利润。

① 分部分项工程费：是指各专业工程的分部分项工程应予列支的各项费用。

② 措施项目费：是指为完成建设工程施工，发生于该工程施工前和施工过程中的技术、生活、安全、环境保护等方面的费用。内容包括：

a. 安全文明施工费

ⅰ 环境保护费：是指施工现场为达到环保部门要求所需要的各项费用。

ⅱ 文明施工费：是指施工现场文明施工所需要的各项费用。

ⅲ 安全施工费：是指施工现场安全施工所需要的各项费用。

ⅳ 临时设施费：是指施工企业为进行建设工程施工所必须搭设的生活和生产用的临时建筑物、构筑物和其他临时设施费用。包括临时设施的搭设、维修、拆除、清理费或摊销费等。

b. 夜间施工增加费：是指因夜间施工所发生的夜班补助费、夜间施工降效、夜间施工照明设备摊销及照明用电等费用。

c. 二次搬运费：是指因施工场地条件限制而发生的材料、构配件、半成品等一次运输不能到达堆放地点，必须进行二次或多次搬运所发生的费用。

d. 冬雨期施工增加费：是指在冬期或雨期施工需增加的临时设施、防滑、排除雨雪，人工及施工机械效率降低等费用。

e. 已完工程及设备保护费：是指竣工验收前，对已完工程及设备采取的必要保护措施所发生的费用。

f. 工程定位复测费：是指工程施工过程中进行全部施工测量放线和复测工作的费用。

g. 特殊地区施工增加费：是指工程在沙漠或其边缘地区、高海拔、高寒、原始森林等特殊地区施工增加的费用。

h. 大型机械设备进出场及安拆费：是指机械整体或分体自停放场地运至施工现场或由一个施工地点运至另一个施工地点，所发生的机械进出场运输及转移费用及机械在施工现场进行安装、拆卸所需的人工费、材料费、机械费、试运转费和安装所需的辅助设施的费用。

i. 脚手架工程费：是指施工需要的各种脚手架搭拆、运输费用以及脚手架购置费的摊销（或租赁）费用。

③ 其他项目费：内容包括暂列金额、计日工、总承包服务费。

④ 规费：定义同1）建筑安装工程费用项目组成（按费用构成要素划分）。

⑤ 税金：定义同1）建筑安装工程费用项目组成（按费用构成要素划分）。

2. 建筑工程定额，工程量清单计价规范及工程量计量规范

（1）定额的概念及分类

1) 定额的概念

所谓定额,就是进行生产经营活动时,在人力、物力、财力消耗方面所应遵守达到的数量标准。建筑工程定额是建筑产品生产中需消耗的人力、物力和财力等各种资源的数量标准。即在合理的劳动组织和合理地使用材料和机械的条件下,完成单位合格产品所需消耗的资源数量标准。

建筑工程定额是工程造价的计价依据,它反映了社会生产力投入和产出的关系,它不仅规定了建设工程投入与产出的数量标准,而且还规定了具体工作内容、质量标准和安全要求。工程定额反映了在一定社会生产力条件下,建筑行业生产与管理的社会平均水平或平均先进水平。

建筑工程定额是建筑工程设计、预算、施工及管理的基础。由于工程建设产品具有构造复杂、规模大、种类繁多、生产周期长、耗费大量人力物力等特点,因此就决定了工程定额的多种类、多层次,同时也决定了定额在工程建设管理中占有的极其重要的地位。

2) 建筑工程定额的分类

建筑工程定额包括许多种类,根据内容、用途和使用范围的不同,可以有以下几种分类方式:

① 按定额反映的生产要素分类

a. 劳动定额

劳动定额也称人工定额,是指在合理的劳动组织条件下,某工种的劳动者,为完成单位合格产品(工程实体或劳务)所必需消耗的劳动数量标准。劳动定额一般采用工作时间消耗量来计算人工工日消耗的数量。所以劳动定额的主要表现形式是时间定额,但同时也表现为产量定额。

它反映建筑工人在正常施工条件下的劳动效率。这个标准是国家和企业对生产工人在单位时间内的劳动数量和质量的综合要求,也是建筑施工企业内部组织生产、编制施工作业计划、签发施工任务单、考核工效、计算报酬的依据。

b. 材料消耗定额

材料消耗定额是指在正常的施工条件和合理、节约使用材料的前提下,生产单位合格产品所必须消耗的建筑材料(原材料、半成品、构配件、水、电等)的数量标准。建筑工程材料消耗定额是企业推行经济承包、编制材料计划、进行单位工程核算的重要依据,是促进企业合理使用材料、实行限额领料和材料核算、正确核定材料需要量和储备量的基础。

c. 机械台班定额

机械台班定额是指在正常的施工、合理的劳动组合和合理使用施工机械的条件下,生产单位合格产品所必须消耗的某种施工机械作业时间的数量标准或在单位时间内某种施工机械完成合格产品的数量标准。机械台班定额是台班内小组总工日完成的合格产品数。它是编制机械需要计划、考核机械效率和签发施工任务书等的重要依据。

② 按定额的编制程序和用途分类

a. 施工定额

施工定额是施工企业(建筑安装企业)组织生产和加强管理,在企业内部使用的一种定额,属于企业定额的性质。它是以同一性质的施工过程——工序作为对象编制,表示生产产品数量与生产要素消耗综合关系的定额。为了适应组织生产和管理的需要,施工定额的项目划分很细,是工程定额中分项最细、定额子目最多的一种定额,也是工程定额中的基础性定额。

b. 预算定额

预算定额是一种计价性定额,是编制施工图预算和计算工程中人工、材料、机械台班需要量而使用的一种定额,是在施工定额的基础上综合、扩大而成的。它是指在正常的施工条件下,完成一定计量单位的分项工程或结构构件所需的人工、材料、机械台班消耗的数量标准。

c. 概算定额

概算定额是以扩大分项工程和扩大结构构件为对象编制的,计算和确定人工、材料、机械台班消耗量所使用的定额,也是一种计价性定额。概算定额是编制扩大初步设计概算、确定建设项目投资额的依据。概算定额的项目划分粗细,与扩大初步设计的深度相适应,一般是在预算定额的基础上综合扩大而成的,每一综合分项概算定额都包含了数项预算定额。

d. 概算指标

概算指标的设定和初步设计的深度相适应,比概算定额更加综合扩大。概算指标是概算定额的扩大与合并,它是以每 100m² 建筑面积或 1000m³ 建筑体积、构筑物以座为计量单位来编制的。概算指标的内容包括人工、材料、机械台班消耗量定额三个基本部分,同时还列出了各结构分部的工程量及单位建筑工程(以体积计或面积计)的造价,是一种计价定额。

e. 投资估算指标

投资估算指标是在项目建议书和可行性研究阶段编制投资估算、计算投资需要量时使用的一种定额。它非常概略,往往以独立的单项工程或完整的工程项目为计算对象,项目划分粗细与可行性研究阶段相适应。它的主要作用是为项目决策和投资控制提供依据。

③ 按主编单位和管理权限分类

a. 全国统一定额

全国统一定额是由国家建设行政主管部门综合全国工程建设中技术和施工组织管理的情况编制,并在全国范围内普遍执行的定额,如全国统一安装工程预算定额。

b. 行业统一定额

行业统一定额是根据各行业部门专业工程技术特点或特殊要求以及施工生产和管理水平编制的,由国务院行业主管部门发布。行业统一定额一般只在本行业部门内和相同专业性质的范围内使用,如矿井建设工程定额、铁路建设工程定额等。

c. 地区统一定额

地区统一定额是指各省、自治区、直辖市编制颁发的定额,它主要是考虑地区特点和对全国统一定额水平做适当调整和补充编制的。由于各地区气候条件、经济技术条件、物质资源条件和交通运输条件等不同,使得各地区定额内容和水平则有所不同。因此,地区统一定额只能在本地区范围内使用。

d. 企业定额

企业定额是指由施工企业根据自身具体情况,参照国家、部门或地区定额的水平制定的,代表企业技术水平和管理优势的定额。企业定额用于企业内部的施工生产与管理,按企业定额计算出的工程费用是本企业生产和经营中所需支出的成本。

e. 补充定额

补充定额是指随着设计、施工技术的发展，在现行定额不能满足需要的情况下，为了补充缺项所编制的定额。补充定额只能在指定的范围内使用，补充定额可以作为以后修订定额的依据。

（2）预算定额（消耗量定额）的应用

预算定额的应用通常包含两种方式，即直接套用和换算套用。当实际发生的施工内容与定额条件完全不符时，则定额缺项，此时可编制补充定额。

1）直接套用

当设计要求与预算定额项目的内容完全一致时，可直接套用定额的工料机消耗量，并可以根据预算定额价目汇总表或当时当地人材机的市场价格，计算该分项工程的直接工程费以及工料机消耗量。套用时，应注意以下几点：

① 根据施工图纸，对分项工程施工方法、设计要求等了解清楚后进行消耗量定额项目的选择，分项工程的实际做法和工作内容必须与定额项目规定的完全相符时才能直接套用。否则，必须根据有关规定进行换算或补充。

② 分项工程名称、内容和计量单位要与预算定额相一致。

例 7-2 某工程墙基防潮层 500m²，设计要求用 20mm 厚 1∶2 水泥砂浆（325♯矿渣硅酸盐水泥）加防水粉来施工（普通做法），试计算完成该分项工程的预算价格。

解 1. 确定定额项目

由已知条件可知，本例为墙基防潮层，即为平面防潮层，则由表 7-1 可以看出应套用定额项目 A7-147。因设计内容与定额给定内容完全一致，所以定额项目 A7-147 可直接套用。

刚性防水工程消耗量定额表　　　　　　　　表 7-1

工作内容：清理基层，调制砂浆，抹水泥砂浆，表面压光、养护。　　　　单位：100m²

定额编号			A7-145	A7-146	A7-147	A7-148
项目			防水砂浆			
			五层做法		普通	
			平面	立面	平面	立面
	名称	单位	数量			
人工	综合工日	工日	17.46	14.60	18.38	15.28
材料	水泥砂浆 1∶2	m³	1.01	1.02	2.02	2.04
	防水粉	kg			55.55	56.10
	素水泥浆	m³	0.61	0.61		
	工程用水	m³	3.80	3.80	3.80	3.80
机械	灰浆搅拌机	台班	0.17	0.17	0.34	0.34

2. 计算预算价格

查某省消耗量定额价目汇总表可知，定额项目 A7-147 的定额基价为 665.0 元/100m²，则 500m² 墙基防潮层预算价格＝定额基价×工程量＝$665.0 \times \dfrac{500}{100}$＝3325.0 元

2）换算套用

当施工图设计要求与预算定额（消耗量定额）及价目表的工程内容、材料规格、施工方法等条件不完全相符时，则应按照预算定额规定的换算方法对项目进行调整换算。定额换算涉及人工消耗量、材料消耗量及机械消耗量的换算，特别是材料的换算占很大的比重。

① 不同砂浆、混凝土强度等级的换算

此类换算的特点是：换算时人工费、机械费、材料用量不变，只根据材料不同强度等级进行材料费的调整，即将不同强度等级的砂浆或混凝土的单价进行调整即可。换算公式如下：

换算后定额基价＝原定额基价＋定额材料消耗量×（换入材料单价－换出材料单价）

例 7-3 采用 M7.5 混合砂浆（32.5 级矿渣硅酸盐水泥）砌筑一砖内墙 $250m^3$，试计算完成该分项工程的预算价格。

解 1. 确定定额项目

由表 7-2 可以看出，本例应套用定额项目 A3-3。但因设计采用 M7.5 混合砂浆砌筑一砖内墙，而定额采用 M5 混合砂浆砌筑一砖内墙，所以定额项目 A3-3 不能直接套用，需进行换算，定额编号应为 A3-3$_{换}$。

砖墙消耗量定额表示例　　　　　　　　　　表 7-2

工作内容：调、运、铺砂浆，运砖、砌砖（包括墙体窗台虎头砖、腰线、门窗套，安放木砖、铁件等）

单位：$10m^3$

定额编号			A3-2	A3-3	A3-4	A3-5
项目			内墙		外墙	
			1/2 砖	1 砖及以上	1/2 砖	1 砖及以上
	名称	单位	数量			
人工	综合工日	工日	17.46	14.60	18.38	15.28
材料	机红砖	块	5590.00	5321.00	5591.00	5335.00
	240×115×53mm	m^3	2.00	2.37	2.04	2.47
	混合砂浆 M5（325♯水泥）工程用水	m^3	2.04	2.03	2.05	2.08
机械	灰浆搅拌机	台班	0.33	0.40	0.34	0.41

2. 计算预算价格

经查：M7.5 混合砂浆（32.5 级矿渣硅酸盐水泥）定额取定单价为 113.06 元/m^3，M5 混合砂浆（325♯矿渣硅酸盐水泥）定额取定单价为 94.42 元/m^3；A3-3 定额基价为 1311.69 元/$10m^3$，其中：人工费 365.00 元/$10m^3$，材料费 925.46 元/$10m^3$，机械费 21.23 元/$10m^3$，故 M7.5 混合砂浆砌筑一砖内墙的定额基价为：

换算后定额基价＝原定额基价＋定额材料消耗量×（换入材料单价－换出材料单价）

$$=1311.69+2.37\times(113.06-94.42)=1355.87 \text{元}/10m^3$$

$250m^3$ 一砖内墙的预算价格＝$1355.87\times\dfrac{250}{10}$＝33896.75 元

其中：人工费＝$365.00\times\dfrac{250}{10}$＝9125.00 元

材料费＝$[925.46+2.37\times(113.06-94.42)]\times\dfrac{250}{10}$＝24241.00 元

机械费＝$21.23 \times \dfrac{250}{10}$＝530.75 元

不同砂浆配合比的换算方法与其不同强度等级的换算方法相同。

② 乘系数换算

系数换算是按预算定额说明中规定，用定额基价的一部分或全部乘以规定的系数得到一个新定额基价的换算。

例 7-4 某钢筋混凝土满堂基础下设置 C15 素混凝土垫层。已知混凝土现场搅拌，垫层工程量为 100m³，试对该垫层进行工料分析。

解 1. 分析

表 7-3 为《××省建筑工程消耗量定额》中垫层定额项目表。由表 7-3 可知，本例应套用定额项目 A10-12。

垫层消耗量定额项目表　　　　　　　　　　表 7-3

工作内容：铺设垫层，拌合、找平、夯实。　　　　　　　　单位：10m³

定额编号			……	A10-10	A10-11	A10-12	……
项目				碎（卵）石		无筋混凝土	
				干铺			
	名称	单位		数量			
人工	综合工日	工日		5.63	8.94	13.92	
材料	中（粗）砂	m³		2.94			
	混合砂浆 M2.5（32.5 级水泥）	m³			2.91		
	碎石 10~40mm	m³		11.02	11.02		
	现浇碎石混凝土 C15-40（32.5 级水泥）	m³				10.10	
	工程用水	m³			1.00	5.00	
	草袋	m²				22.00	
机械	夯实机电动 200-620Nm	台班		0.20	0.31		
	灰浆搅拌机 200L	台班			0.49		
	滚筒式混凝土搅拌机电动 400L	台班				0.39	
	混凝土振捣器平板式	台班				0.37	

从定额项目 A10-12 的材料构成中可以看出，混凝土垫层共使用三种材料，即现浇碎石混凝土 C15、工程用水和草袋。其中，现浇碎石混凝土 C15 还需按其配合比（表 7-4）再进行二次分析。

2. 工料分析

由表 7-3 中定额项目 A10-12、表 7-4 可知，无筋混凝土垫层的工料消耗量为：

(1) 人工消耗量

人工消耗量＝定额人工消耗量×工程量＝13.92×100÷10＝139.20 工日

(2) 材料消耗量

材料消耗量＝定额材料消耗量×工程量

① 现浇碎石混凝土 C15

现浇碎石混凝土 C15 消耗量＝10.10×100÷10＝101.0m³

现浇混凝土配合比表 表 7-4

单位：m³

定额编号		……	P01065	P01066	P01067	……
项目			粗骨料粒径 5~40mm（T=35~50mm）			
			碎石			
			混凝土强度等级			
			C15	C20	C25	
	名称	单位		数量		
材料	矿渣硅酸盐水泥 32.5 级	t	0.296	0.347	0.42	
	矿渣硅酸盐水泥 42.5 级	t				
	水洗中（粗）砂	m³	0.52	0.46	0.42	
	碎石 5~40mm	m³	0.87	0.89	0.88	
	工程用水	m²	0.192	0.189	0.189	

其中：矿渣硅酸盐水泥 32.5 级消耗量 $=0.296\times101.0=29.90$t

水洗中（粗）砂消耗量 $=0.52\times101.0=52.52$m³

碎石 5~40mm 消耗量 $=0.87\times101.0=87.87$m³

工程用水消耗量 $=0.192\times101.0=19.39$m³

② 工程用水

工程用水消耗量 $=5.0\times100\div10=50.0$m³

③ 草袋

草袋消耗量 $=22.0\times100\div10=220.0$m²

经汇总，可知各种材料的消耗量为：

矿渣硅酸盐水泥 32.5 级　29.90t

水洗中（粗）砂　52.52m³

碎石 5~40mm　87.87m³

工程用水　19.39+50.0=69.39m³

草袋　220.0m²

(3) 建设工程工程量清单计价规范

《建设工程工程量清单计价规范》GB 50500—2013（简称"计价规范"）自 2013 年 7 月 1 日起实施，原《建设工程工程量清单计价规范》GB 50500—2008（简称"08 规范"）同时废止。

1) "计价规范"的特点

"计价规范"全面总结了"03 规范"实施 10 年来的经验，针对存在的问题，对"08 规范"进行了修订，与之比较，具有如下特点：

① 确立了工程计价标准体系的组成；

② 扩大了计价计量规范的适用范围；

③ 深化了工程造价运行机制的改革；

④ 强化了工程计价计量的强制性规定；

⑤ 注重了与施工合同的衔接；

⑥ 明确了工程计价风险分担的范围;
⑦ 完善了招标控制价制度;
⑧ 规范了不同合同形式的计量与价款交付;
⑨ 统一了合同价款调整的分类内容;
⑩ 确立了施工全过程计价控制与工程结算的原则;
⑪ 提供了合同价款争议解决的方法;
⑫ 增加了工程造价鉴定的专门规定;
⑬ 细化了措施项目计价的规定;
⑭ 增强了规范的操作性;
⑮ 确保了规范的先进性。

2)"计价规范"的组成

"计价规范"内容组成如图 7-14 所示。

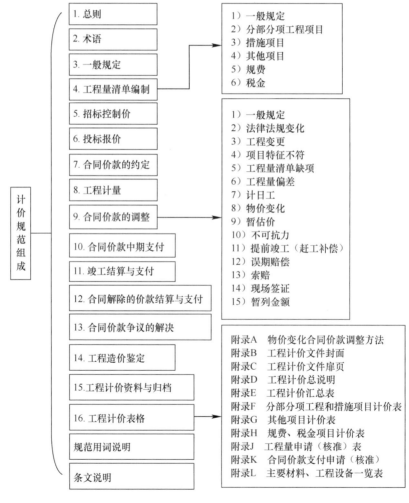

图 7-14 "计价规范"内容组成

3)"计价规范"的适用范围

"计价规范"强制规定了使用国有资金投资的建设工程发承包,必须采用工程量清单计价。国有资金投资的工程建设项目包括使用国有资金投资项目和国家融资项目投资的工程建设项目。

"计价规范"适用于建设工程发承包及实施阶段的计价活动。

建设工程是指房屋建筑与装饰工程、仿古建筑工程、安装工程、市政工程、园林绿化工程、矿山工程、构筑物工程、城市轨道与交通工程、爆破工程等。

建设工程发承包及实施阶段的计价活动包括:工程量清单编制、招标控制价编制、投标报价编制、工程合同价款的约定、工程施工过程中工程计量与合同价款的支付、索赔与现场签证、合同价款的调整、竣工结算的办理和合同价款争议的解决以及工程造价鉴定等活动,涵盖了工程建设发承包以及施工阶段的整个过程。

(4) 房屋建筑与装饰工程工程量计算规范

《房屋建筑与装饰工程工程量计算规范》GB 50854—2013(简称"计量规范")自 2013 年 7 月 1 日起实施。

"计量规范"由正文、附录、条文说明三部分,其中正文包括:总则、术语、工程计量、工程量清单编制,共计 29 项条款。"计量规范"内容组成如图 7-15 所示。

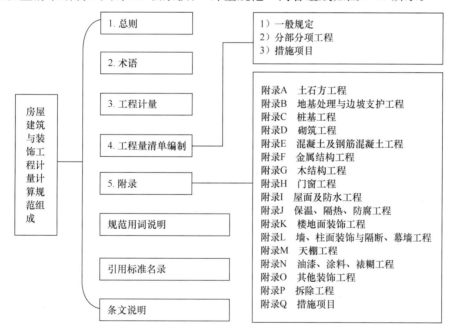

图 7-15 "计量规范"内容组成

1) 总则

总则中规定了"计量规范"的目的、适用范围、作用以及计量活动中应遵循的基本原则。

① 目的

为规范房屋建筑与装饰工程造价计量行为,统一房屋建筑与装饰工程工程量计价规则、工程量清单的编制方法。

② 适用范围

本规范适用于工业与民用的建筑与装饰、装修工程施工发承包计价活动中的"工程量清单编制和工程计量"。

2) 术语

按照编制标准规范的基本要求,术语是对本规范特有名词给予的定义,尽可能避免本规范贯彻实施过程中由于不同理解造成的争议,本规范术语共计4条。

3) 工程计量

本章共6条,规定了工程计量的依据,原则,计量单位,工作内容的确定,小数点位数的取定以及房屋建筑与装饰工程与其他专业在使用上的划分界限。

a. 工程计量的依据

i. "计量规范";

ii. 经审定通过的施工设计图纸及其说明、施工组织设计或施工方案;

iii. 经审定通过的其他有关技术经济文件。

b. 计量单位

"计量规范"附录中有两个或两个以上计量单位的项目,在工程计量时,应结合拟建工程项目的实际情况,选择其中一个作为计量单位,在同一个建设项目(或标段或同段)中,有多个单位工程的相同项目计量单位必须保持一致。

同时工程计量时每一项目汇总的有效位数应遵守下列规定:

i. 以"t"为单位,应保留小数点后三位数字,第四位小数四舍五入。

ii. 以"m""m²""m³""kg"为单位,应保留小数点后两位数字,第三位小数四舍五入。

iii. 以"个""件""根""组""系统"为单位,应取整数。

c. 工作内容

"计量规范"规定了工作内容应按以下三个方面规定执行:

i. "计量规范"对项目的工作内容进行了规范,除另有规定和说明外,应视为已经包括完成该项目的全部工作内容,未列内容或未发生,不应另行计算。

ii. "计量规范"附录项目工作内容列出了主要施工内容,施工过程中必然发生的机械移动、材料运输等辅助内容虽然未列出,但应包括。

iii. "计量规范"以成品考虑的项目,如采用现场制作的,应包括制作的工作内容。

4) 工程量清单编制

本章共3节15条,详见工程量清单的编制。

5) 附录

附录部分共包含17个分部工程。具体格式见表7-5。

表 A.1 土石方工程(编号:010101)   表 7-5

项目编码	项目名称	项目特征	计量单位	工程量计算规则	工作内容
010101001	平整场地	1. 土壤类别 2. 弃土运距 3. 取土运距	m²	按设计图示尺寸以建筑物首层建筑面积计算。	1. 土方挖填 2. 场地找平 3. 运输
…	…	…	…	…	…

3. 工程量清单编制

（1）工程量清单的概念和内容

工程量清单是载明建设工程分部分项工程项目、措施项目和其他项目的名称和相应数量以及规费和税金项目等内容的明细清单。

招标工程量清单是招标人依据国家标准、招标文件、设计文件以及施工现场实际情况编制的，随招标文件发布供投标人报价的工程量清单，包括其说明和表格。

已标价工程量清单是指构成合同文件组成部分的投标文件中已标明价格，经算术性错误修正（如有）且承包人已确认的工程量清单，包括其说明和表格。

招标工程量清单是工程量清单计价的基础，是作为编制招标控制价、投标报价、计算或调整工程量、施工索赔等的依据之一。工程量清单是根据统一的工程量计算规则和施工图纸及清单项目编制要求计算得出的，体现了招标人要求投标人完成的工程项目及相应的工程数量。

采用工程量清单方式招标，招标工程量清单必须作为招标文件的组成部分，其准确性和完整性由招标人负责。

招标工程量清单包括说明与清单表两部分，如图 7-16 所示。

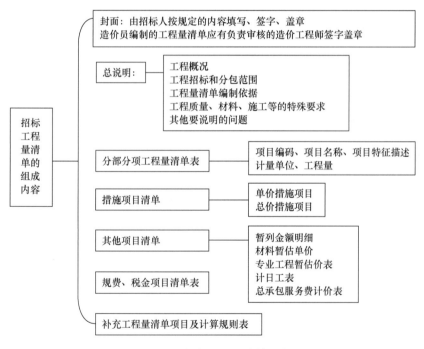

图 7-16 招标工程量清单组成

招标工程量清单编制依据：

1）本规范和相关工程的国家计量规范；
2）国家或省级、行业建设主管部门颁发的计价定额和办法；
3）建设工程设计文件及相关资料；
4）与建设工程有关的标准、规范、技术资料；

5) 拟定的招标文件；

6) 施工现场情况、地勘水文资料、工程特点及常规施工方案；

7) 其他相关资料。

(2) 分部分项工程量清单的编制

分部分项工程量清单是指构成建设工程实体的全部分项实体项目名称和相应数量的明细清单。其格式见表7-6。

分部分项工程清单与计价表　　　　　　表7-6

工程名称：××××　　　标段：　　　　　　　　　第　页共　页

序号	项目编码	项目名称	项目特征描述	计量单位	工程量	金额（元）		
						综合单价	合价	其中：暂估价
			附录A　土石方工程					
1	011101001001	平整场地	1. 土壤类别：三类土 2. 弃土运距：5m 3. 取土运距：5m	m³	73.71			
…	…	…	…					

1) 分部分项工程量清单的编制内容

a. 项目编码

项目编码按"计价规范"规定，采用五级编码，12位阿拉伯数字表示，一至九位为统一编码，即必须依据"计价规范"设置。其中1、2位（1级）为专业工程代码，3、4位（2级）为附录分类顺序码，5、6位（3级）为分部工程顺序码，7、8、9位（4级）为分项工程项目名称顺序码，10至12位（5级）为清单项目名称顺序码，第5级编码由清单编制人根据设置的清单项目自行编制。

b. 项目名称

工程量清单的项目名称应按附录的项目名称结合拟建工程的实际确定。

c. 项目特征

项目特征是指分部分项工程量清单项目自身价值的本质特征。清单项目特征应按附录中规定的项目特征，结合拟建工程项目的实际予以描述。

d. 工程量

工程量的计算，应按"计量规范"规定的统一计算规则进行计量。

e. 计量单位

"计量规范"规定，分部分项工程量清单的计量单位应按附录中规定的计量单位确定，当计量单位有两个及两个以上时，应根据所编工程量清单项目的特征要求，选择最适宜表现该项目特征并方便计量和组成综合单价的单位。

2) 缺项补充

随着科学技术日新月异的发展，工程建设中新材料、新技术、新工艺不断涌现，"计量规范"附录所列的工程量清单项目不可能包罗万象，不可避免出现新项目。因此"计量规范"规定在实际编制工程量清单时，当出现附录中未包括的清单项目时，编制人应作补充。在编制补充项目时应注意以下三方面。

a. 补充项目的编码应按本规范的规定确定。具体做法如下：补充项目的编码由专业工程代码与 B 和三位阿拉伯数字组成,并应从××B001 起顺序编制,同一招标工程的项目不得重码。

b. 在工程量清单中需附有补充项目的名称、项目特征、计量单位、工程量计算规则、工程内容。

c. 将编制的补充项目报省级或行业工程造价管理机构备案。

补充项目举例（表 7-7）：

附录 M　墙、柱面装饰与隔断、幕墙工程　　　　　表 7-7

M.11 隔断（编码：011211）

项目编码	项目名称	项目特征	计量单位	工程量计算规则	工程内容
01B001	成品 GRC 隔断	1. 隔墙材料品种、规格 2. 隔墙厚度 3. 嵌缝、塞口材料品种	m²	按设计图示尺寸以面积计算,扣除门窗洞口及单个≥0.3m²的孔洞所占面积	1. 骨架及边框安装 2. 隔断安装 3. 嵌缝、塞口

3）分部分项工程量清单的编制程序

在进行分部分项工程量清单编制时,其编制程序如图 7-17 所示。

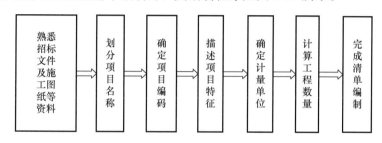

图 7-17　分部分项工程量清单编制程序

例 7-5　某 C25 钢筋混凝土独立基础,如图 7-18 所示。要求编制其分部分项工程量清单。

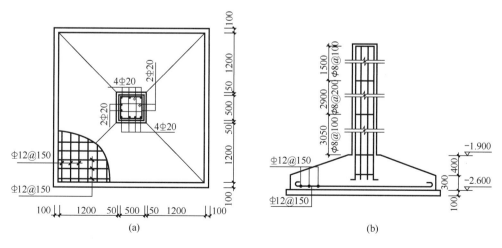

图 7-18　独立基础
(a) 平面图；(b) 剖面图

解

(1) 项目名称：独立基础；

(2) 项目特征：混凝土强度等级 C25，商品混凝土；

(3) 项目编码：010501003001；

(4) 计量单位：m³；

(5) 工程数量：$3.0 \times 3.0 \times 0.3 + [3.0 \times 3.0 + 0.6 \times 0.6 + (3.0+0.6) \times (3.0+0.6)]$
$\times \dfrac{1}{6} \times 0.4 = 2.7 + 1.49 = 4.19 \text{m}^3$

(6) 表格填写（表 7-8）。

分部分项工程和单价措施项目清单与计价表　　表 7-8

工程名称：××××

序号	项目编码	项目名称	项目特征描述	计量单位	工程量	金额（元）		
						综合单价	合价	其中
								暂估价
	0105 混凝土及钢筋混凝土工程							
1	010501003001	独立基础	1. 混凝土类型：商品混凝土 2. 混凝土强度等级：C25	m³	4.19			

(3) 措施项目清单的编制

措施项目是指为完成工程项目施工，发生于该工程施工准备和施工过程中的技术、生活、安全、环境保护等方面的项目。如脚手架工程、模板工程、安全文明施工、冬雨期施工等。

"计量规范"规定：

1) 措施项目中列出了项目编码、项目名称、项目特征、计量单位、工程量计算规则的项目（即单价措施项目），编制工程量清单时按分部分项工程量清单执行。

措施项目中，可以计算工程量的项目，典型的有混凝土模板及支架、脚手架工程、垂直运输、超高施工增加、大型机械进出场及安拆、施工排水及降水。如要求根据图 7-19 及表 7-9 所示编制钢筋混凝土模板及支架措施项目清单，钢筋混凝土模板及支架属于可以计算工程量的项目（单价措施项目），宜采用分部分项工程量清单的方式编制，见表 7-10。

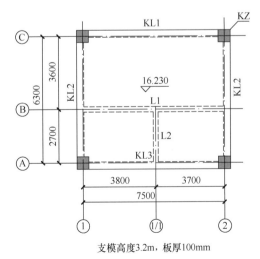

构件尺寸表　　表 7-9

构件名称	构件尺寸（mm×mm）
KZ	600×600
KL1	350×600
KL2	350×650
KL3	350×600
L1	250×600
L2	250×500

支模高度 3.2m，板厚 100mm

图 7-19　梁、板、柱平面布置图（局部）

分部分项工程和单价措施项目清单与计价表 表 7-10

工程名称：

序号	项目编码	项目名称	项目特征描述	计量单位	工程量	金额（元）	
						综合单价	合价
1	011702002001	矩形柱		m²	略		
2	011702006001	矩形梁		m²	略		
3	011702014001	板		m²	略		

注：根据规范规定，若现浇混凝土梁、板支撑高度超过3.6m时，项目特征要描述支撑高度，否则不描述。

2）措施项目中仅列出项目编码、项目名称、未列出项目特征、计量单位和工程量计算规则的项目（即总价措施项目），编制工程量清单时，应按"计量规范"附录S措施项目规定的项目编码、项目名称确定清单项目，不必描述项目特征和确定计量单位。

例如：安全文明施工、夜间施工（表7-11）

总价措施项目与清单计价表 表 7-11

序号	项目编码	项目名称	计算基础	费率（%）	金额（元）	调整费率（%）	调整后金额	备注
1	011707001001	安全文明施工	定额基价					
2	011707002001	夜间施工	定额人工费					

（4）其他项目清单的编制

其他项目清单是指除分部分项工程量清单、措施项目清单外的由于招标人的特殊要求而设置的项目清单（表7-12）。

"计量规范"规定其他项目清单宜按照下列内容列项：

① 暂列金额。招标人在工程量清单中暂定并包括在合同价款中的一笔款项。用于施工合同签订时尚未确定或者不可预见的所需材料、设备、服务的采购，施工中可能发生的工程变更、合同约定调整因素出现时的工程价款调整以及发生的索赔、现场签证确认等的费用。暂列金额格式见表7-12。

其他项目清单与计价汇总表 表 7-12

工程名称：××工程   标段：   第 页共 页

序号	项目名称	金额（元）	结算金额（元）	备注
1	暂列金额	100000		明细详见表7-12-1
2	暂估价			
2.1	材料（工程设备）暂估价/结算价	—		明细详见表7-12-2
2.2	专业工程暂估价/结算价			明细详见表7-12-3
3	计日工			明细详见表7-12-4
4	总承包服务费			明细详见表7-12-5
5	索赔与现场签证	—		
	合　计			

注：材料（工程设备）暂估单价进入清单项目综合单价，此处不汇总。

暂列金额明细表 表 7-12-1

工程名称：××工程　　　　　　　　　　标段：　　　　　　　　　第　页　共　页

序号	项目名称	计量单位	暂定金额（元）	备注
1	工程量偏差和设计变更		50000	
2	政策性调整和材料价格风险		50000	
	合　计		100000	—

注：此表由招标人填写，如不能详列，也可只列暂定金额总额，投标人应将上述暂列金额计入投标总价中。

② 暂估价。包括材料暂估价、工程设备暂估价、专业工程暂估价。招标人在招标文件中提供的用于支付必然要发生但暂时不能确定价格的材料以及需另行发包的专业工程金额。材料（工程设备）暂估价、专业工程暂估价格式见表 7-12-2、表 7-12-3。

材料（工程设备）暂估单价及调整表 表 7-12-2

工程名称：××工程　　　　　　　　　　标段：　　　　　　　　　第　页　共　页

序号	材料（工程设备）名称、规格、型号	计量单位	数量		暂估（元）		确认（元）		差额±（元）		备注
			暂估	确认	单价	合价	单价	合价	单价	合价	
1	钢筋（规格见施工图）	t	200		4000	800000					用于现浇钢筋混凝土项目
	合　计					800000					

注：此表由招标人填写"暂估单价"，并在备注栏说明暂估价的材料、工程设备拟用在哪些清单项目上，投标人应将上述材料、工程设备暂估单价计入工程量清单综合单价报价中。

专业工程暂估价及结算价表 表 7-12-3

工程名称：××工程　　　　　　　　　　标段：　　　　　　　　　第　页　共　页

序号	工程名称	工程内容	暂估金额（元）	结算金额（元）	差额±（元）	备注
1	消防工程	合同图纸中标明的以及消防工程规范和技术说明中规定的各系统中的设备、管道、阀门、线缆等的供应、安装和调试工作	200000			
	合　计		200000			

注：此表"暂估金额"由招标人填写，投标人应将"暂估金额"计入投标总价中。结算时按合同约定结算金额填写。

③ 计日工。在施工过程中，完成发包人提出的施工图纸以外的零星项目或工作（所需的人工、材料、施工机械台班等），按合同中约定的综合单价计价。格式见表 7-12-4。

④ 总承包服务费。总承包人为配合协调发包人进行的工程分包自行采购的设备、材料等进行管理、服务以及施工现场管理、竣工资料汇总整理等服务所需的费用。其格式见表 7-12-5。

七、工程预算的基本知识

计日工表 表 7-12-4

工程名称：××工程

编号	项目名称	单 位	暂定数量	实际数量	综合单价（元）	合 价	
						暂定	实际
一	人工						
1	普工	工日	30				
2	木工	工日	30				
3	抹灰工	工日	50				
	人工小计						
二	材料						
1	32.5矿渣水泥	kg	500				
	材料小计						
三	施工机械						
1	载重汽车	台班	20				
2							
	施工机械小计						
四、企业管理费和利润							
	总 计						

注：此表项目名称、暂定数量由招标人填写，编制招标控制价时，单价由招标人按有关计价规定确定；投标时，单价由投标人自主报价，按暂定数量计算合价计入投标总价中。结算时，按发承包双方确认的实际数量计算合价。

总承包服务费计价表 表 7-12-5

工程名称：××办公楼装饰装修工程   标段：   第 页共 页

序号	工程名称	项目价值（元）	服务内容	计算基础	费率（%）	金额（元）
1	发包人发包专业工程	200000	1. 按专业工程承包人的要求提供施工工作面并对施工现场进行统一管理，对竣工资料进行统一整理汇总 2. 为专业工程承包人提供垂直运输机械和焊接电源接入点，并承担垂直运输费和电费			
2	发包人供应材料	100000	对发包人供应的材料进行验收及保管和使用发放			
	合 计	—		—		—

注：此表项目名称、服务内容由招标人填写，编制招标控制价时，费率及金额由招标人按有关计价规定确定；投标时，费率及金额由投标人自主报价，计入投标总价中。

出现上述未列的项目，可根据工程实际情况补充。其他项目清单的编制格式见表7-12。

(5) 规费项目清单的编制

规费项目清单应按下列内容列项：

1) 社会保险费：包括养老保险费、失业保险费、医疗保险费、工伤保险费、生育保险费；

2) 住房公积金。

当出现上述未列的项目，投标人应根据省级政府或省级有关权力部门的规定列项。其清单格式见表 7-13。

(6) 税金项目清单的编制

税金项目清单按下列内容列项：

1）营业税；

2）城市维护建设税；

3）教育费附加；

4）地方教育附加。

当出现上述未列项目，投标人应根据税务部门的规定列项，其清单格式见表 7-13。

规费、税金项目清单与计价表　　　　　表 7-13

工程名称：　　　　　　　　　　标段：　　　　　　　　　　第　页共　页

序号	项目名称	计算基础	费率（%）	金额（元）
1	规费	定额人工费		
1.1	社会保险费	定额人工费		
(1)	养老保险费	定额人工费		
(2)	失业保险费	定额人工费		
(3)	医疗保险费	定额人工费		
(4)	工伤保险	定额人工费		
(5)	生育保险	定额人工费		
1.2	住房公积金	定额人工费		
2	税金	分部分项工程费＋措施项目费＋其他项目费＋规费－按规定不计税的工程设备金额		
	合　计			

编制人（造价人员）：　　　　　　　　　　复核人（造价工程师）：

4. 工程量清单计价方法

工程量清单计价是在建设工程招标投标工作中，招标人自行或委托具有资质的中介机构编制工程量清单，并作为招标文件的一部分提供给投标人，由投标人依据工程量清单自主报价，经评审合理低价中标的工程造价计价方式。

"计价规范"规定：工程量清单计价应包括招标文件规定，完成工程量清单所列项目的全部费用，包括分部分项工程费、措施项目费、其他项目费、规费和税金。

(1) 分部分项工程费的计算

分部分项工程费是指完成招标文件中所提供的分部分项工程量清单项目所需的费用。

分部分项工程费计价应采用综合单价计价。

1）分部分项工程量清单项目的综合单价

综合单价是指完成一个规定清单项目所需的人工费、材料费、施工机械使用费和企业管理费、利润以及一定范围内的风险费用。

分部分项工程量清单项目综合单价计价程序参见表 7-14。

七、工程预算的基本知识

基本单位的分项工程综合单价计算程序　　　表 7-14

序号	费用项目		计费基础及计算公式		
			直接工程费	人工费+机械费	人工费
1	直接工程费		人+材+机		
A	其中	人工费		人工费	人工费
B		材料费			
C		机械费		机械费	
2	企业管理费		1×相应费率	(A+C)×相应利润率	A×相应费率
3	利润		(1+2)×相应利润率 或 1×相应利润率	(A+C+2)×相应利润率 或 (A+C)×相应利润率	(A+2)×相应利润率 或 A×相应利润率
4	综合单价		1+2+3	1+2+3	1+2+3

注：① 基本单位的分项工程综合单价是指组成某个清单项目的各个分项工程内容的综合单价；分部分项工程量清单项目综合单价是指给定的清单项目的综合单价，即基本单位的清单项目所包括的各个分项工程内容和工程量分别乘以相应综合单价的小计。

② 人工费、材料费、施工机械使用费
计算招标控制价时，人工费、材料费、施工机械使用费应根据国家或省级、行业建设主管部门颁发的计价定额和计价办法、工程造价管理机构发布的工程造价信息等确定。
投标报价时，人工费、材料费、施工机械使用费投标人应根据本企业管理水平，同时考虑竞争的需要来确定，若无此报价资料时，可以参考国家或省级、行业建设主管部门颁发的计价定额和计价办法、工程造价管理机构发布的工程造价信息等确定。

2）分部分项工程量清单项目综合单价的计算步骤

① 确定清单项目组价内容

分析工程量清单中"项目特征"，结合各省、直辖市建设行政主管部门颁布的预算定额（消耗量定额）中各定额项目的工作内容，确定与该清单项目对应的定额项目。

② 计算相应定额项目的工程量

根据预算定额（消耗量定额）项目规定的工程量计算规则、计量单位，计算与该清单项目对应的各定额项目的工程量。

③ 确定各清单项目的综合单价

根据每个清单项目分解的预算定额（消耗量定额）项目的工程量，套用预算定额（消耗量定额）得到人工、材料、机械消耗量，然后根据市场人工单价、材料价格及机械台班单价，进行人工费、材料费及机械费的计算。在此基础上，再考虑企业管理费、利润及风险因素，得出本清单项目的合价，最后除以清单工程量，即得本分部分项清单项目的综合单价。即：

分部分项工程清单项目综合单价 = $\sum$（清单项目所含分项工程内容的综合单价 × 相应定额工程量）÷ 清单项目清单工程量

或

分部分项工程清单项目综合单价 = $\sum$（清单项目所含分项工程内容的综合单价 × 相应定额工程量 ÷ 清单项目清单工程量）

3）分部分项工程费的计算

分部分项工程费 = $\sum$（分部分项工程清单项目综合单价 × 相应清单项目工程量）

例 7-6　试计算表 7-15 中招标方土方开挖工程量清单的综合单价（不考虑风险因素）。

分部分项工程和单价措施项目清单与计价表　　　　　　　　　表 7-15

工程名称：×××

序号	项目编码	项目名称	项目特征	计量单位	工程数量	金额（元）		
						综合单价	合价	其中：暂估价
1	010101003001	挖沟槽土方	土壤类别为Ⅱ类土；条形砖基础下设素混凝土垫层；垫层长度25.9m，宽度0.8m；挖土深度1.2m；基底钎探；弃土运距1km	m³	24.86			

解　"计价规范"规定：招标控制价应根据国家或省级、行业建设主管部门颁发的计价定额和计价办法、工程造价管理机构发布的工程造价信息等确定。本例参照某省消耗量定额及其价目表、费用定额确定。

（1）确定组价内容

由常规施工组织设计、某省消耗量定额可知，挖基础土方清单项目（24.86m³）应完成的工程内容有：土方开挖、地基钎探、土方运输。也就是说，挖基础土方清单项目的综合单价中应包含人工挖土、地基钎探、土方运输等定额项目的费用。

（2）计算相应定额项目的工程量

假定：据《×××省消耗量定额》，经计算招标方所需相应定额项目的工程量为：人工挖土 43.52m³、地基钎探 36.26m²、土方运输 43.52m³。

（3）计算挖基础土方的综合单价

查某省消耗量定额价目表，可知人工挖土、地基钎探、土方运输的定额基价，见表 7-16。查某省建设工程费用定额，可知：企业管理费＝工、料、机费×9％，利润＝（工、料、机费＋管理费）×8％。

某省消耗量定额价目表　　　　　　　　　表 7-16

定额编号	定额名称	单位	基价	其中		
				人工费	材料费	机械费
A1-2	地基钎探	100m²	128.25	128.25		
A1-16	人工挖沟槽	100m³	758.52	755.25		3.27
A1-121	人装自卸汽车运土（1km）	100m³	1438.39	412.50		1025.89

1）人工挖土

查定额编号 A1-16，可知：

人工费＝755.25×43.52÷100＝328.68 元

机械费＝3.27×43.52÷100＝1.42 元

管理费＝（328.68＋1.42）×9％＝29.71 元

利润＝（328.68＋1.43＋29.71）×8％＝28.78 元

人工挖土合价＝328.68＋1.42＋29.71＋28.78＝388.59 元

（人工挖土综合单价＝388.59÷24.86＝15.63 元/m³）

2）地基钎探

查 A1-2，可知：

人工费＝128.25×36.26÷100＝46.50 元
管理费＝46.50×9％＝4.18 元
利润＝(46.50＋4.18)×8％＝4.05 元
地基钎探合价＝46.50＋4.18＋4.05＝54.73 元
(地基钎探综合单价＝54.73÷24.86＝2.20 元/m³)
3) 运土
查定额编号 A1-121，可知：
人工费＝412.50×43.52÷100＝179.52 元
机械费＝1025.89×43.52÷100＝446.47 元
管理费＝(179.52＋446.47)×9％＝56.34 元
利润＝(179.52＋446.47＋56.34)×8％＝54.59 元
运土合价＝179.52＋446.47＋56.34＋54.59＝736.92 元
(运土综合单价＝736.92÷24.86＝29.64 元/m³)
4) 挖基础土方综合单价
挖基础土方合价＝388.59＋54.73＋736.92＝1180.24 元
挖基础土方综合单价＝1180.24÷24.86＝47.47 元/m³
(或挖基础土方综合单价＝15.63＋2.20＋29.64＝47.47 元/m³)
挖基础土方综合单价见表 7-17。

分部分项工程和单价措施项目清单与计价表 表 7-17

工程名称：×××

序号	项目编码	项目名称	项目特征	计量单位	工程数量	金额（元）		
						综合单价	合价	其中：暂估价
1	010101003001	挖沟槽土方	土壤类别为Ⅱ类土；条形砖基础下设素混凝土垫层；垫层长度 25.9m，宽度 0.8m；挖土深度 1.2m；基底钎探；弃土运距 1km	m³	24.86	47.47	1180.24	

(2) 措施项目费

措施项目费是指为完成工程项目施工，发生于该工程施工准备和施工过程中的技术、生活、安全、环境保护等方面的非工程实体项目的费用，它包括总价措施项目费和单价措施项目费。

1) 单价措施项目费

单价措施项目即可以计算工程量的措施项目，如建筑工程中混凝土、钢筋混凝土模板及支架工程、脚手架工程、垂直运输等，适宜采用分部分项工程量清单方式以综合单价计价。

例 7-7 已知构造柱模板的措施项目清单见表 7-18，试确定构造柱模板的综合单价

(不考虑材料检验试验费)。

分部分项工程和单价措施项目清单与计价表　　　　　　表 7-18

工程名称：×××

序号	项目编码	项目名称	项目特征描述	计量单位	工程数量	金额（元）	
						综合单价	合价
1	011702003001	现浇钢筋混凝土构造柱模板及支架	支模高度3.5m	m²	6.3		

解　由表7-18可知，构造柱模板的清单工程量为6.3m²。假定：招标方计算定额工程量所依据的某省工程量计算规则与清单项目工程量计算规则相同，则招标方确定招标控制价时所需的模板定额工程量也为6.3m²。

查某省消耗量定额价目表A12-23，可知构造柱钢模板的定额基价为2886.33元/100m²。其中：人工费1277.25元/100m²，材料费1279.96元/100m²，机械费329.12元/100m²。则本例构造柱模板的

人工费＝1277.25×6.3(定额工程量)÷100＝80.47元

材料费＝1279.96×6.3(定额工程量)÷100＝80.64元

机械费＝329.12×6.3(定额工程量)÷100＝20.73元

企业管理费＝(80.47＋80.64＋20.73)×9%＝16.37元

利润＝(80.47＋80.64＋20.73＋16.37)×8%＝15.86元

综合合价＝80.47＋80.64＋20.73＋16.37＋15.86＝214.07元

综合单价＝214.07÷6.3(清单工程量)＝33.98元/m²

构造柱模板的综合单价见表7-19。

分部分项工程和单价措施项目清单与计价表　　　　　　表 7-19

工程名称：×××

序号	项目编码	项目名称	项目特征描述	计量单位	工程数量	金额（元）	
						综合单价	合价
1	011702003001	现浇钢筋混凝土构造柱模板及支架	支模高度3.5m	m²	6.3	33.98	214.07

2) 总价措施项目费

总价措施项目费即不宜计算工程量的措施项目，一般包括有安全文明施工、夜间施工、二次搬运、冬雨期施工等。以"项"为单位的方式计价，应包括除规费、税金外的全部费用。其中，安全文明施工费应按照国家或省级、行业建设主管部门的规定计价，不得作为竞争性费用。

确定招标控制价时，总价措施项目费应根据国家或省级、行业建设主管部门颁发的计价定额和计价办法、工程造价管理机构发布的工程造价信息等确定。

总价措施项目费的计算程序参见表7-20。

总价措施项目费计算程序 表 7-20

序号	费用项目	计费基础及计算公式	
		直接工程费	人工费
1	直接工程费	分部分项工程量清单项目人、材、机	人+材+机
2	直接工程费中的人工费		人工费
3	总价措施项目费	1×相应费率	2×相应费率
4	总价措施项目费中的人工费		总价措施项目×人工费比例
5	企业管理费	3×相应费率	4×相应费率
6	利润	(3+5)×相应利润率或3×相应费率	(4+5)×相应利润率或4×相应费率
	综合单价	3+5+6	3+5+6

注：各地对以上费用均有相应规定费率。另外在编制招标控制价时，每一单项措施费可按人工费占20%，材料费占70%，机械费10%计算；投标价时，每一单项措施中的人工、材料和机械，可参照本比例或根据施工组织设计确定。

例 7-8 如某办公楼招标文件中的总价措施项目与清单计价表见表 7-21，试确定其招标控制价。

总价措施项目与清单计价表 表 7-21

工程名称：××办公楼土建工程

序号	项目编码	项目名称	计算基础	费率(%)	金额(元)	调整费率(%)	调整后金额	备注
1	011707001001	安全文明施工	定额基价					
…	…	…	…					

解 安全文明施工费包括文明施工、安全施工、临时设施等内容。根据"计价规范"规定：安全文明施工费为不可竞争费用。因此，安全文明施工费的招标控制价和投标价相等。依据某省费用定额，安全文明施工的计费基础为分部分项工程费中定额直接工程费（人、材、机合计），相应费率为：安全文明施工费费率3.06%，企业管理费率、利润率分别为9%、8%。

假设本工程土建工程直接工程费为105万元，则

安全文明施工费=105×3.06%=3.21万元

企业管理费=3.21×9%=0.29万元

利润=(3.21+0.29)×8%=0.28万元

安全文明施工费综合单价=3.21+0.29+0.28=3.78万元

总价措施项目清单与计价表的招标控制价见表 7-22。

总价措施项目与清单计价表 表 7-22

工程名称：××办公楼土建工程

序号	项目编码	项目名称	计算基础	费率(%)	金额(元)	调整费率(%)	调整后金额	备注
1	011707001001	安全文明施工	定额基价	3.6	3.78			
…	…	…	…					

注：表中费率=3.78÷105=3.6%。

（3）其他项目费

其他项目费包括暂列金额；暂估价（包括材料、工程设备暂估价、专业工程暂估价）；计日工；总承包服务费。

1) 确定招标控制价时，其他项目费的计价原则

① 暂列金额：暂列金额由招标人根据工程复杂程度、设计深度、工程环境条件等特点，一般可以分部分项工程费的10%～15%为参考。

② 暂估价：暂估价中的材料单价按照工程造价管理机构发布的工程造价信息或参考市场价格确定。暂估价中的专业工程暂估价应分不同专业，按有关计价规定估算。

③ 计日工：在编制招标控制价时，对计日工中的人工单价和施工机械台班单价应按省级、行业建设主管部门或其授权的工程造价管理机构公布的单价计算；材料应按工程造价管理机构发布的工程造价信息中的材料单价计算，工程造价信息未发布材料单价的材料，其价格应按市场调查确定的单价计算，且按综合单价的组成填写。其综合单价计算程序，见表7-23。

计日工综合单价计算程序　　　　　　　　　表7-23

序号	零星项目内容 费用项目组成	人工费 综合单价	材料费 综合单价	机械费 综合单价
1	基本单位人工费	A		
1	基本单位材料费		B	
1	基本单位机械费			C
2	企业管理费	A×相应费率	B×相应费率	C×相应费率
3	利润	（A+2）×相应利润率 或A×相应利润率	（B+2）×相应利润率 或B×相应费率	（C+2）×相应利润率 或C×相应费率
4	综合单价	A+2+3	B+2+3	C+2+3
5	计日工合计	∑（工日数量×人工费综合单价）+∑（材料数量×材料费综合单价）+∑（机械台班数量×机械台班综合单价）		

④ 总承包服务费

总承包服务费应按省级、行业建设主管部门的规定计算。招标人应根据招标文件中列出的内容和向总承包人提出的要求计算总承包费，具体计算可参照下列标准：a. 招标人仅要求总包人对其发包的专业工程进行施工现场协调和统一管理、对竣工资料进行统一汇总整理等服务时，总承包服务费按发包专业工程估算造价的1.5%左右计算；b. 招标人仅要求总包人对其发包的专业工程进行总承包管理和协调，又要提供相应配合服务时，总包服务费根据招标文件列出的配合服务内容，按发包的专业工程估算造价的3%～5%计算。c. 招标人自行供应材料、设备的，按招标人供应材料、设备价值的1%计算。

2) 投标报价时，其他项目费的计价原则

① 暂列金额必须按照其他项目清单中确定的金额填写，不得变动。

② 暂估价中的材料、工程设备暂估价应按照招标工程量清单中列出的单价计入综合单价；专业工程暂估价应按照招标工程量清单中确定的金额填写。

③ 计日工的费用必须按照其他项目清单列出的项目和估算的数量，由投标人自主确定各项综合单价并计算和填写人工、材料、机械使用费。

④ 总承包服务费由投标人依据招标人在招标文件中列出的分包专业工程内容和供应材料、设备情况，按照招标人提出协调、配合与服务要求和施工现场管理需要自主确定总

承包服务费。

(4) 规费和税金

规费和税金是指政府和有关部门规定的施工企业必须缴纳的费用的总和,属不可竞争费用。

计算招标控制价时,规费和税金应在规定计费基础上严格执照政府和有关部门规定的费率计取,不得随意调整。

例 7-9 某省费用定额中,规定规费的取费基础是(分部分项工程费+措施项目费+其他项目费−暂列金额)中的直接费。直接费是指直接工程费及措施费中的人工费、材料费、机械使用费之和。已知某建筑工程分部分项工程费为 380553.91 元,措施费为 132099.10 元,其他项目费为 67725.99 元,暂列金额为 50000 元,各项目企业管理费率为 9%、利润率为 8%,规费费率为 7.21%。试计算该建筑工程的规费。

解 (1) 分析

直接费是指人工费、材料费、机械使用费之和,不包含企业管理费和利润。所以,计算规费时,不能直接以分部分项工程费、措施项目费、其他项目费为取费基础,而应只取分部分项工程费、措施项目费、其他项目费中的人工费、材料费及机械费。

(2) 规费的计算

直接费=(分部分项工程费+措施项目费+其他项目费−暂列金额)
÷(1+企业管理费率+利润率+企业管理费率×利润率)
=(380553.91+131023.79+67725.99−50000)
÷(1+9%+8%+9%×8%)=449629.37 元

规费=449629.37×7.21%=32418.28 元

例 7-10 接例 7-9。计算某建筑工程的税金。

解 根据某省费用定额,税金的税率为 3.41%,故有:

税金=(分部分项工程费+措施项目费+其他项目费+规费)×3.41%
=(380553.91+131023.79+67725.99+32418.28)×3.41%
=20859.72 元

(5) 单位工程造价

单位工程造价=分部分项工程费+措施项目费+其他项目费+规费+税金

单位工程造价计算程序详见表 7-24。

单位工程造价确定程序 表 7-24

序号	费用项目	计算程序
1	分部分项工程费	∑(分部分项清单项目工程量×相应清单项目综合单价)
2	单价措施项目费	∑(单价措施项目工程量×相应措施项目综合单价)
3	总价措施项目费	∑(总价措施项目工程量×相应措施项目综合单价)
4	其他项目费	暂列金额+暂估价+计日工费+总承包服务费
5	规费	(以"直接费"或"人工费"或"人工费+机械费"为计算基数)×费率 注:计算基础的确定注意结合当地有关规定
6	税金	(1+2+3+4+5)×费率
7	单位工程造价	1+2+3+4+5+6

例 7-11 接例 7-9、例 7-10。试计算该建筑工程的工程造价。

解 建筑工程造价＝分部分项工程费＋措施费＋其他项目费＋规费＋税金
＝380553.91＋131023.79＋67725.99＋32418.28＋20859.72
＝632581.69 元

（6）单项工程造价

单项工程造价为所包含的各单位工程造价之和。

（7）建设项目工程造价

建设项目工程造价为所包含的各单项工程造价之和。

八、物资管理的基本知识

物资是物质资源的简称。广义而言，它包括生活资料和生产资料。狭义而言，物资主要指生产资料。对建筑企业而言，物资主要指施工生产中的劳动手段和劳动对象，包括：

① 主要物资：工程实体和施工所用的建筑材料、建设设备和建筑预制构件、构配件；

② 辅助物资：用于辅助施工生产的各类材料及部品，如五金电料类、消防器材类、焊接材料类、劳保防护用品及低值易耗品类等；

③ 周转物资：施工中可多次周转作用但不构成工程实体，并能够基本保持原有形态的物资，其价值逐渐转移至工程成本中。包括周转材料类、小型机具类、防护设施类、临建设施及智慧工地适用智能设备类等。

物资管理就是针对施工过程中所需物资的采购、运输、验收、保管、发放、使用、核算等一系列行为，进行的计划、组织、领用、处置和控制等工作。由于建筑材料、设备等品种规格繁多，材料耗用量多，重量大，安装生产周期较长，占用的生产储备资金较多、材料供应很不均衡、工作涉及面广、建筑生产的流动性大、材料的质量要求高等特点，使得物资管理工作有自身的特殊性、艰巨性和复杂性。

物资管理是企业施工生产的重要组成部分，它直接影响着工程成本、工程质量和经济效益，是保证生产发展和提高经济效益的重要环节。施工企业的物资管理，包括物资前期管理、物资计划管理、物资采购管理、物资使用管理、物资储备管理和物资核算管理等几个重要环节。任何一个环节出现问题，都将对企业的物资供应造成不良影响。

物资管理应遵循下列原则：

1) 依法合规原则。严格遵守《建筑法》《民法典》《招标投标法》《建设工程管理条例》等国家、行业法律法规；执行有关主管部门在建筑工程管理、物资管理及人员管理等方面的标准规范。

2) 集约高效原则。应通过法人治理体系，强化顶层设计，推进法人层面集中采购和监督管理，提高集约采购效益，控制管理风险。

3) 系统管理原则。工程物资管理涉及物资采购、保管、使用、核销各环节，应遵循建造规律，强化与工程管理、成本控制、市场经营等协同意识，明确工作目标。

4) 信息化管理原则。广泛推动信息化、智能化、数字化、网络化技术在物资管理各环节中的应用，提升管理质量，提高工作效率

物资管理必然涉及到物资的"供"与"销"。"供"是指企业所需生产资料由谁供应，"销"则是指企业生产出来的生产资料产品由谁销售。

物资供销一般采取以下两种形式：一是由国家物资部门负责物资的供应和产品的销售；二是由生产部门负责组织其所属企业所需物资的供应及其生产资料产品的销售，即产、供、销统一的办法。对通用的、用户比较分散的物资，由物资部门负责供应和销售；对专用的、精度要求高、技术性能强、需要技术维修服务的机电产品，由生产部门组织供销；对一些批量较大、变化较大的物资，签订长期供货合同，直达供应。

（一）材料管理的基本知识

材料管理是为顺利完成工程项目施工任务，合理使用和节约材料，努力降低材料成本所进行的计划、订购、运输、储备、供应、加工、使用、回收再利用等一系列的组织和管理工作。

1. 企业材料管理体制概述

企业材料管理体制是材料管理活动中的管理机制、管理机构、管理制度的总称。主要明确了企业内部各级、各单位在材料采购、运输、储备、消耗等各方面的管理权限及管理形式，是企业生产经营管理体制的重要组成部分。

（1）材料管理体制要反映建筑工程生产及需求特点

1）要适应建筑工程生产的流动性

材料、机具的储备不宜分散，尽可能提高成品、半成品供应程度，并能够及时组织剩余材料的转移和回收，减轻基层的负担。

2）要适应建筑工程生产的多变性

要有准确的预测，对常用材料必须有适当的储备，要建立灵活的信息传递、处理、反馈体系，要有一个有力的指挥系统，这样可以对变化了的情况及时处理，保证施工生产的顺利进行。

3）要适应建筑工程生产多工种交叉作业

按不同施工阶段实行综合配套，按材料的使用方向分工协作处理，在方法上、组织上保证生产的顺利进行。

4）要体现供、管并重

建筑工程生产用料多，工期长，为实现材料合理使用，降低消耗，要健全计量、定额、凭证和统计，以利于开展核算，加强监督，保证企业的经济效益。

（2）材料管理体制要适应企业的施工任务和企业的施工组织形式

建筑企业的施工任务状况主要涉及规模、工期和分布三个方面。一般情况下，企业承担的任务规模较大，工期较长，任务就相对集中；反之，规模较小，工期较短，任务必然分散。按照企业承担任务的分布状况，可将建筑企业分为现场型企业、城市型企业和区域型企业。

现场型企业，一般采取集中管理的体制，把供应权集中在企业，实行统一计划、统一订购、统一储备、统一供应、统一管理。这种形式有利于统一指挥，减少层次、减少储备、节约设施和人力，材料供应工作对生产的保证程度高。

城市型企业，其施工任务相对集中在一个城市内，常采用"集中领导，分级管理"的体制，把施工用主要材料和机具的供应权、管理权集中在企业，把施工用一般材料和机具的供应权、管理权放给基层，这样既能保证企业的统一指挥，又能调动各级的积极性，同样可以达到减少中转环节、减少资金使用、加速材料周转和保证供应的目的。

区域型企业，其任务比较分散，甚至跨省、跨市。这类企业应因地制宜，或在"集中领导，分级管理"的体制下，扩大基层单位的供应和管理权限，或在企业统一计划指导下，把材料供应和管理权完全放给基层，这样既可以保证企业总体上的指挥和调节，又能发挥各基层单位的积极性、主动性，从而避免由于过于集中而增加不必要的层次、环节，造成人力、物力、财力的浪费。

（3）材料管理体制要适应社会的材料供应方式

企业的材料管理体制受国家和地方材料分配方式与供应方式的制约。在一般情况下，须考虑以下几个方面：

1）要考虑和适应分配方式和供销方式

凡是由国家材料部门承包供应的，企业除了具有接管、核销能力外，还应具备调剂、购置能力，解决配套承包供应不足的难题；以建设单位供应为主的地区，有条件的企业应考虑在高层次接管，扩大调剂范围，提高保证程度；直接接受国家和地方计划分配、负责产需衔接的企业，须具备申请、订货和储备能力。

2）要适应地方生产货源供货情况

凡是有供货渠道、生产厂家的地区，企业除具有采购能力外，要根据生产供货周期建立适当的储备能力，与生产厂家建立稳定的供货关系；对于没有供货渠道的地区，企业要具备外地采购、协作，以及扶持生产、组织加工、建立基地的能力，通过扩大供销关系和发展生产的途径，满足企业生产的需要。

3）要结合社会资源形势

一般情况下，当社会资源比较丰富，甚至供大于求，企业材料的采购权、管理权不宜过于集中，否则会增加企业不必要的管理层次；当社会资源比较短缺时，甚至供不应求时，企业资料的采购权、管理权不宜过于分散，否则就会出现相互抢购、层层储备的现象，造成人力、物力、财力的浪费，甚至影响施工生产。

2. 材料管理的意义

企业生存的根本是利润，利润的基础是成本，随着国家对建筑业管理要求的不断提高，对工程施工质量和安全文明施工提出越来越高的要求，施工企业如何进行成本管理就显得尤为重要。一般工程，建筑材料费占到工程成本的60%左右，对建筑工程材料进行合理的管理可以最大限度地节约材料，有效地控制材料价格和质量，对项目工程成本的控制和建筑产品的质量有举足轻重的作用。

材料的管理水平将会直接影响整个建筑工程的质量等级、外部造型和使用功能等，材料组织工作直接影响到企业的生产、技术、财务、劳动、运输等方面的活动，从而决定着建筑企业的经济效益。企业必须重视并加强对材料的管理，确保工程质量和企业的整体经济效益得到提升。

3. 材料管理的任务

建筑企业材料管理要本着"管物资必须全面管供、管用、管节约和管回收、修旧利废"的原则，把控好供、管、用三个主要环节，以最低的材料成本，按质、按量、及时、配套供应施工生产所需的材料，并监督和促进材料的合理使用。

建筑企业材料管理的任务包括以下四方面：第一是提高计划管理质量，保证材料供应；第二是提高材料管理水平，保证工程进度；第三是加强施工现场材料管理，坚持定额用料；第四是严格经济核算，降低成本，提高效益。

通常建筑企业材料管理实行分层管理，一般包括管理层材料管理和劳务层材料管理，以下分别论述不同层面材料管理的任务：

（1）管理层材料管理的任务

管理层材料管理的任务主要是确定并考核施工项目的材料管理目标，承办材料资源开发、订购、储运等业务；负责报价、定价及价格核算；制定材料管理制度，掌握供求信息，形成监督网络和验收体系，并组织实施。具体任务有以下几方面：

1）建立稳定的供货关系和资源基地。在广泛搜集信息的基础上加强多种形式的横向联合，建立长远的、稳定的、多渠道的货源，以便获取优质低价的物质资源。

2）组织投标报价工作。在投标报价过程中，选择材料供应单位、合理估算用料、正确制定材料价格，对于争取中标、扩大市场经营业务范围具有重要作用。

3）建立材料管理制度。建立一套完整的材料管理制度，包括材料目标管理制度，材料供应和使用制度，对材料的采购、加工、运输、供应、回收和废物利用进行全方位的控制、监督和考核，以保证顺利完成施工任务。

（2）劳务层材料管理的任务

劳务层材料管理的任务主要是管理好限额领料、用料及核算工作。具体任务如下：

1）限额领料是按照材料消耗定额或规定限额领用施工过程中所需材料。对有消耗定额的主要消耗材料，按消耗定额和一定时期的计划产量或工程量领发料；对没有消耗定额的某些辅助材料，按下达的限额指标领发料。

2）接受项目管理人员的指导、监督和考核。

4. 材料管理的方法

根据材料对工程质量、成本影响的程度，将材料分为 ABC 三类，见表 8-1。

A 类：对工程质量、功能有直接影响的，且占工程成本较大的材料。

B 类：对工程质量有间接影响，为工程实体消耗的材料。

C 类：指辅助材料，占工程成本较少的材料。

建筑材料分类表　　　　　　　　　　　表 8-1

类别	序号	材料名称	具体种类
A 类	1	钢材	各类钢筋、各类型钢
	2	水泥	各等级袋装水泥、散装水泥、装饰工程用水泥、特种水泥
	3	木材	各类板、方材、木、竹制模板、装饰、装修工程用各类木制品
	4	装饰材料	精装修所用各类材料，各类门窗及配件，高级五金
	5	机电材料	工程用电线、电缆，各类开关、阀门、安装设备等所有机电产品
	6	工程机械设备	公司自购各类加工设备，租用自升式塔式起重机，外用电梯
B 类	1	防水材料	室内外各类防水材料
	2	保温材料	内外墙保温材料，屋面保温材料，工程中管道保温材料等
	3	地方材料	砂石，各类砌筑材料
	4	安全防护用品	安全网、安全帽、安全带
	5	租赁设备	（1）中小型设备：钢筋加工设备，木材加工设备，电动工具；（2）钢模板；（3）架料，U 形托，井字架
	6	工具	单价 400 元以上使用的手用工具

续表

类别	序号	材料名称	具体种类
C 类	1	油漆	临建用调和漆，机械维修用材料
	2	小五金	临建用五金
	3	杂品	
	4	工具	单价 400 元以上使用的手用工具
	5	劳保用品	按公司行政人事部有关规定购买的劳保用品

5. 材料管理的内容

材料管理的内容涉及两个领域、三个方面和八个业务。

两个领域是材料流通领域和生产领域。流通领域的材料管理是指在企业材料计划指导下，组织货源，进行订货、采购、运输和保管，以及企业对多余材料向社会提供资源等活动的管理；生产领域的材料管理是指实行定额供料，采取节约措施和奖励办法，降低材料损耗，实行退材回收和修旧利废活动的管理。

三个方面是材料的供、管、用，即材料的供应、管理和使用，三者是紧密结合的。

八个业务是指材料计划管理、材料采购管理、材料供应管理、材料运输管理、材料储备管理、材料核算管理、现场材料管理和统计分析等八项业务。以下就主要内容分别介绍：

(1) 材料计划管理

材料的计划管理，就是运用计划手段组织、指导、监督、调节材料的采购、供应、储备、使用，材料计划管理是材料管理的基础。

1) 材料计划分类

由于建筑工程建设周期长、施工工序复杂、多变，材料具有多样性和大量性，建筑施工单位不可能也不必要把一个项目甚至多个项目所需的材料一次备齐，因此在做好每个项目的总需用量计划外，还必须按施工工序、施工内容做好年度、季度、月度甚至旬度计划，只有这样才能以最少的资金投入保证材料及时准确、合理地供应和使用，满足工程的需求。

材料计划的分类如下：

① 按计划的用途分为：材料需用量计划、材料申请计划、材料采购计划、材料加工订货计划、材料供应计划和材料储备计划等；

② 按计划的周期分为：材料年度计划、材料季度计划、材料月度计划、一次性用料计划及临时追加计划等；

③ 按材料使用的部位分为：基础用料计划、主体用料计划、装饰用料计划、安装用料计划等。

2) 材料计划的编制依据

材料计划的编制依据包括：工程施工图纸、工程预算文件、工程合同、项目投标书中的《材料汇总表》、施工组织设计、用款计划、当期物资市场采购价格等。

3) 建筑工程材料各类计划的编制

建筑工程材料计划的类型不同，用途不同，编制的依据和方法就不同。

建筑工程材料需要量计划，是以单位工程为对象汇集各种材料的需要量，即在编制单位工程预算的基础上，按分部分项工程计算出各种材料的消耗数量，然后在单位工程范围内，按材料种类、规格分别汇总，得出单位工程各种材料的定额消耗量。在此基础上考虑施工现场材料管理水平及节约措施即可编制出施工项目材料需要量计划和基础用料计划、主体用料计划、装饰用料计划、安装用料计划。在材料需要量计划的基础上根据施工现场、公司制度、工程进度和资金状况制订出采购、加工、运输和储备计划。所有计划中要明确所用材料的标准、数量、时间、周期，同时明确计划的审批程序和实施办法。

（2）材料采购管理

目前施工单位的建筑材料采购管理有三种模式：一是集中采购管理，二是分散采购管理，三是部分集中采购管理。采用什么模式应取决于项目的特殊性、地理位置以及项目所在地的建材市场状况来综合考虑决定。

建筑材料采购的内容包括：确定工程项目材料采购计划及工程项目材料采购批量。材料采购计划是工程项目部根据所编制的主要材料、大宗材料计划、市场供应信息等，由施工单位物资部门做出订货或采购计划。材料采购时，要注意采购周期、批量、库存量满足使用要求，并使采购费和储存费之和最低。在进行材料采购时，采购周期应根据工程进度和材料保质期确定不同材料的采购周期。

建筑材料采购对建筑工程的成本控制和进度控制极其重要，从材料采购制度的建立、对供应商的动态管理、材料采购方式的选择以及降低材料采购价格等方面，施工单位应注意做好以下几点：

1）在材料采购初始阶段

需考察材料生产经营商的相关资质，审查生产经营主体的经营手续和经营能力，以及生产单位售后服务情况。同时，收集该施工单位的信誉、售后服务等信息，以确定是否选择该供应商。供应商选择应遵循下列原则：

① 物资部门应加强对供应商的实地考察，查看供应商资格和技术文件，了解生产及供应保证能力、原材料存储情况。考察结果要记录归档。

② 企业应综合市场情况、规模效益、采购风险等因素，选择适合的供应商进行合作。达到依法必须招标条件的，应通过招标选择供应商。

③ 对在同行业中处于领先或优势地位、具备对企业采购策略目标有直接或潜在贡献能力的供应商，应发展为战略合作关系。

2）在材料采购过程中

应充分考虑到材料购买数量的问题，对于不能实现随需随购的材料，应进行分批采购、计划储存。对于能够实现零星购买的材料，可以不必批量购买，从而减少存储开支。因此应尽量对材料的数量和采购方式进行合理规划，使经济效益达到最优，从而降低材料使用成本。

3）在选择采购模式上

合理的采购模式在材料价格控制、材料质量控制以及材料运输费用控制等方面起到很大作用。建筑施工单位自己采购，其采购批量小，管理不方便。而采用集中采购模式，由于采购数量的增加，使采购、储备、配送过程的管理更加方便，使采购成本相对降低。

工程施工过程中，应根据采购物资的特性，建立多元化的采购模式。对于涉及全局性、战略性的物资，应采用战略伙伴的采购模式，这样可以降低采购风险，缩短采购周期；对于种类繁多、价格多样的材料，应采用竞标采购模式，这样既能保证所采购材料质量上的优势，又能保证材料价格上的优势，同时使采购行为更加规范化；在长期使用过程中建立良好质量口碑的供应商，可以采用定向采购的模式，确立定点采购单位，减少中间环节的不必要消耗，但应定期更新直供单位，以做到优胜劣汰。

（3）材料供应管理

材料供应管理，是材料管理的重要组成部分，是施工单位生产经营的重要内容之一，没有良好的材料供应，就不可能形成有实力的建筑施工单位。随着建筑施工技术的发展，建筑施工单位所需材料数量更大，品种更多，规格更复杂，性能指标要求更高，再加上资源渠道的不断扩大，市场价格波动频繁，资金限制等诸多因素影响，对材料供应管理工作的要求也不断提高。因此，搞好材料供应过程的管理是非常重要的。

材料供应管理，就是按时、保质、保量地为施工生产提供材料的经济管理活动。应遵守有利于生产、方便施工的原则；统筹兼顾，综合平衡的原则；合理组织资源，提高配套供应能力的原则。

具体工作是编制切实可行的材料供应计划，选择合理的材料供应方式，做好材料供应组织平衡调度，并且跟踪检查材料供应效果。

目前我国材料供应方式根据材料管理方式和供应环节不同有不同的供应方式。按照材料流通过程的环节不同，材料供应方式有直达供应方式和中转供应方式两种；按照供应单位在建筑施工中的地位不同，材料供应方式分为甲方供应方式、乙方供应方式和联合供应方式三种；按照材料供应中对数量的管理方法不同，材料供应方式有限额供应和敞开供应；按照材料供应中实物到达方式不同，材料供应方式分为领料方式和送料方式。不同的材料供应方式对施工单位材料储备使用和资金占用有着一定的影响。选择的具体办法如下：

1）根据材料需用单位的生产规模

一般来讲生产规模大，材料需用同一种数量也大，适宜直达供应；相反，生产规模小，需用同一种材料数量相对也较少，适宜中转供应。

2）根据材料需用单位的生产特点

生产的阶段性和周期性往往产生阶段性的材料需用量变化，因此可分阶段分别采取直达供应和中转供应方式。

3）根据材料的特性

专用材料一般使用范围狭窄，以直达供应为宜；通用材料使用范围广，当需用量不大时，以中转供应为宜；体大笨重的材料，如钢材、水泥、木材、煤炭等，以直达供应为宜，不宜多次装卸、搬运；储存条件要求较高的材料如玻璃、化工材料等，宜采取直达供应；品种规格多，而同一规格的需求量又不大的材料，如辅助材料、工具等宜采用中转供应。

4）根据材料运输条件

运输条件的好坏直接关系到材料流通时间和费用。铁路运输中的零担运费比汽车运费高、运送时间长。因此一次发货最多不够整车批量时一般不宜采用直达供应而采用中转供应方式；需用单位离铁路线较近或有铁路专用线和装卸机械设备等，宜采用直达供应；需用单位如果远离铁路线，不同运输方式的联运业务又未广泛推行的情况下，则宜采用中转供应方式。

5) 根据材料供销机构情况

处于流通领域的材料供销网点如果分布比较广泛和健全，离需用单位较近，库存材料的品种、规格比较齐全，能满足需用单位的需求，服务比较周到，中转供应比重就会增加。

6) 根据材料生产单位的订货限额和发货限额

订货限额是生产单位接受订货的最低数量，如钢厂的订货限额多以运输工具为基础来制定，同时考虑使用情况。对一般规格的普通钢材，订货限额较高；对优质钢材和特殊规格钢材，一般用量较小，订货限额也较低。发货限额通常是以一个整车装载量为标准，采用集装箱时，则以一个集装箱的装载量为标准。某些普遍用量较小的材料和不便中转供应的材料如危险材料、腐蚀性材料等，其发货限额可低于上述标准。订货限额和发货限额订得过高，会影响直达供应的比重。

总之，影响材料供应方式的因素是多方面，而且是相互交织的，必须根据实际情况综合分析，确定供应方式。供应方式选择恰当，能提高材料流通速度，加速资金周转，提高材料流通经济效果；选择不当，则会引起相反作用。

(4) 材料的运输管理

材料管理，是通过材料采购、运输、储备和供应四个环节来实现，以满足施工用料的需要。而采购、储备和供应，都是通过运输来完成的。有了资源，没有运输供应就无法实现。因此，材料运输是材料供应活动中的组成部分和业务环节之一，对于保证施工顺利进行，起着重要的作用。

材料运输管理，是对材料运输过程运用计划、组织、指挥和调节等职能进行管理，使材料运输合理化。工程所用材料的品种多，数量大，加强材料运输管理，是保证材料供应，促使施工顺利进行的先决条件。

材料运输管理的基本任务，是争取以最少的里程、最低的费用、最短的时间、最安全的措施，完成材料在空间上的转移，保证工程需要。实现这一任务必须加强材料运输的计划管理，建立和健全以岗位责任制为中心的运输管理制度，明确运输工作人员的职责范围，加强运输的调度能力，不断提高材料运输管理水平。加强经济核算，不断提高材料运输管理水平。

材料运输管理需做好以下几个方面工作：

① 加强材料运输的计划管理，工程所用材料的品种多、数量大，按一般土建工程统计，每平方米建筑面积需用的主要材料就达 2~2.5t，还不包括土方及辅助材料的运输在内，运输任务相当繁重。加强运输计划管理，使材料迅速、安全、合理地完成空间的转移，才能保证施工生产的顺利进行。

② 合理组织运输，可以缩短材料运输里程，减少材料在途时间，加快材料运输速度和周转速度，提高材料的使用效率。

③ 合理选用运输方式，充分合理地使用运输工具，可以节省运力和各项费用支出，减少运输损耗，提高运输经济效益。

(5) 材料储备管理

材料脱离了制造生产过程，尚未进入再生产消耗过程而以在库、在途、待验、加工等多种形态停留在流通领域和生产领域的过程统称为材料储备。材料储备是保证施工生产正常进行的必备条件，是材料管理的业务内容之一。

材料储备管理包括在库材料、在途材料、待验材料及处于加工状态材料的管理。无论处于什么环节中的材料均处于一定的储存场所，即仓库。仓库管理，是材料储备管理的重要组成部分，是保证施工生产顺利进行的基本条件，在材料供应中，可以起到防止供需脱节，进行平衡配套的作用。加强仓库管理可以减少材料损失，加速材料周转，减少资金占用，提高施工单位经济效益。以下就仓库材料的验收、保管、保养、发放和记账及相关业务活动的管理，说明材料储备管理的内容。材料储备应做好以下工作：

1）进场物资验收

进场物资验收是把好入库材料质量的第一关，是划分材料采购环节与材料保管环节责任的分界线。只有进行严格准确的材料检验，才能将采购运输过程中所发生的问题解决在验收阶段，使入库材料的数量、质量有所保证。

进场物资验收应符合下列要求：

① 物资验收范围应包括采购进场、调剂调入及租赁入场等所有物资；
② 依据国家、行业及企业相关标准和采购合同约定进行验收；
③ 验收计量器具必须符合国家计量器具管理规定；
④ 验收时应对产品的外观、包装、数量、质量、随货清单、产品标识标牌、质量证明文件和见证取样送检等逐项验收、做好凭证并归档。

验收程序包括验收准备、核对资料、检验实物、办理入库手续和处理验收中出现的问题等。

① 验收准备。材料验收准备，主要是做好验收工具的准备，如计量及搬运工具；做好验收资料的准备，如质量标准、换算手册、合同或协议；做好验收场地及设施的准备，如码放地点、铺垫材料，若属易燃易爆、腐蚀性材料，应准备防护用品用具；做好验收人员的准备。

② 核对资料。核对到货合同、入库单据、发票、运单、装箱单、发货明细表、质量证明书、产品合格证、货运记录等有关资料，查验资料是否齐全、有效，并做好验收记录。

③ 检验实物。材料实物检验，分为材料数量检验和材料质量检验。材料数量检验应按合同要求，可采取称重、检尺、量方、点件等检验方式。核对到货票证标识的数量与实物数量是否相符。若出现偏差，其偏差在国家标准限定的范围之内则可认定单据所标数量，否则应作为问题处理。成套产品，必须配套验收和保管。材料质量检验又分为外观质量检验和内在质量检验。外观质量检验是由材料验收员通过眼看、手摸或通过简单的工具如钢刷、擦布、木棍，查看材料表面质量情况，是否有包装破损、变色、腐蚀、表面缺陷、变形及破碎等问题；内在质量的验收主要是指对材料的化学成分、力学性能、工艺性能等技术参数的检测，一般由专业检测部门，采用试验仪器和测试设备检测，由专业人员负责抽样送检测部门。

④ 办理入库手续。凡验收合格的材料应及时办理入库手续。可单独填制专用验收单据，也可在入库单凭证中"验收入库"一栏中签认。

⑤ 处理验收中出现的问题。验收中若发现材料实到数量与单据或合同数量不同，质量、规格不符的，应做出记录，及时通知采购人员或有关主管部门；若出现到货材料证件资料不全的，对包装、运输等存在疑义时应作待验处理。凡作为待验的材料应妥善保管，问题没有解决前，不应发放和使用。有些问题，如数量短缺、证件不齐等，已与供方商妥

处理意见,而生产又急需时,也可做暂估验收,保证施工急需。待正式验收后,补办正式验收手续。验收中也可能发生其他问题,如运输中发生损坏、变质、缺少或损耗超标等,也会发生错发到货地点而影响施工使用等问题。这就需要与材料供应方和运输部门协商解决并按有关规定和订货合同中有关条款,向造成损失方提出索赔。

2)材料的保管

材料的保管,主要是依据材料性能,运用科学方法保持材料的使用价值。现场存放物资应符合便于施工、易于保管、保障安全、整洁有序原则。进场物资应做到凭证齐全、质量受控、数量准确、后续清楚、标识明显。入库物资应分类、分品种码放、摆放整齐、井然有序,不得混放,标签可根据库、架、层、位的顺序编号并于存取。

材料保管主要从选择材料保管场所、材料的码放、材料的安全消防三方面着手。

选择材料保管场所;由于受施工单位仓库设施的限制,材料保管场所尚不能满足所有材料保管需要。一般施工单位仓库内存放材料的场所有:库房、库(货)棚和货(料)场三种形式。

① 库房,也称封闭式仓库,是指四周有围墙、有门窗,可以完全将库内空间与室外隔离开来的建筑物。由于其隔热、防潮、遮风挡雨,因此所存材料多是怕风吹日晒雨淋、对温、湿度及有害气体反应较敏感的材料。如镀锌板、镀锌管、薄壁电线管、水泥、胶粘剂、溶剂、防冻剂、各种工具、电线电料、零部件等。

② 库(货)棚,是指上面有顶棚,四周有一至三面围墙,但未完全封闭起来的构筑物。能够遮挡住日光暴晒,但温度、湿度与外界基本一致。因此,只怕雨淋、日晒,而对温度湿度要求不高的材料,可以放在库棚内,如陶瓷制品、散热器、石材制品等。

③ 货(料)场,是指露天的,但地面经过一定处理的存料场地。一般要求地势较高,地面夯实或进行适当处理,以免地面潮气上返。所放材料是不怕风吹、日晒、雨淋,对温湿度及有害气体反应不敏感的材料,或是虽然受到各种自然因素影响,但在使用时可以消除影响的材料,如钢材中大型型材、钢筋、砂石、砖、砌块、木材等,可以存放在料场。露天存放应按照施工现场平面布置图标明的位置分类别、规格整齐码放,有利于生产程序,减少二次搬运。储存场地平整、坚实,对不能日晒、雨淋和对温度、湿度有要求的物资设置防护措施,码放整齐、上盖下垫。

对保管条件要求较高的材料,如需要保温、低温、冷冻隔离保管的材料,必须按保管要求,存放在特殊库房内。如汽油、柴油、煤油等易燃、易爆及有毒危险品应按相关规定和要求存放。保管场所的选择是相时的,并非一成不变。当仓库中库房储存能力较大时,可适当地多进入库房保管;而当保管条件较差时只能把不入库房保管就造成根本性破坏的材料放入库房保管。

材料的码放,材料码放关系到材料保管中所保持的状态。因此,其码放形状和数量、必须满足材料性能要求。材料的码放形状,必须根据材料性能、特点、体积选择。例如小型型材,成捆包装的可码十字交叉垛或顺垛;桶装液体材料,如漆、稀料、酸等,适宜单列码放;防水卷材,须根据其基底材料性能确定码放方法,一般纸、布基防水卷材韧性较好,适宜竖放,而玻璃纤维作基体材料的卷材,由于基底的玻璃纤维抗折性能较弱,不宜竖码,而采用横(躺)码;板状材料如三合板、塑料板、石膏板等,适宜采用错头码放,便于清点和发放。

材料的安全消防，材料的性能不同决定了其消防方式不同。一般固体材料燃烧应采用高压水灭火，若同时伴有有害气体挥发，则应用黄砂灭火并覆盖；一般液体材料燃烧，使用干粉灭火器或黄砂灭火，避免液体外溅，扩大火势和危害。

3）材料保养

材料保养，就是采取一定的措施或手段，改善所保管材料的性能或使受损坏的材料恢复其原有性能。常用的保养方法主要有除锈、涂油、密封、干燥等。

材料的除锈主要是针对金属材料及金属制品因种种原因产生锈蚀而采取的保养方法。可用油洗、研磨、刮除等方法除掉锈渍，恢复其原有性能。

涂油和密封是对部分工具、用具、配件、零件仪表设备等需定期进行涂油养护，避免由于油脂干脱造成其性能受到影响，部分仪表、工具经涂油后还需进行密封，隔绝外部空气进入、减少油脂挥发。

材料的干燥是对部分受潮材料做干燥养护，可采用日晒、烘干、翻晾，使吸入的水分挥发。也可在库房内放置干燥剂，如滑石粉、氯化钙等吸收潮气，降低环境湿度。但应注意有些材料不宜日晒或烘干，如磨具（砂纸、砂轮等）日晒后会降低强度、影响性能。

4）材料的出库

材料发放的要求应本着先进先出的原则，要及时、准确、节约、保证生产进行。及时审核发料单据上的各项内容是否符合要求；及时核对库存材料能否满足；及时备料、安排送料、发放；及时记账登卡；及时复查发料后的库存量与记账登卡的结存数是否相符；剩余材料（包括边角废料、包装物）及时回收利用。准确指准确按发料单据的品种、规格、质量、数量进行备料、复查、点交；准确计量，以免发生差错；准确记账、登卡，才能使账物相符；准确掌握送料时间，防止与施工争地盘，减少二次转运，防止材料供应不及时而使施工中断。节约指有保存期限的材料，应在规定期限内发放；对回收利用的材料，要在保证质量的前提下，先旧后新；坚持能用次料不发好料，能用小料不发大料，凡规定以旧换新的，坚持以旧换新。

材料出库程序包括发放准备、核对凭证、备料、复核、点交、清理等；发放准备是材料出库前，应做好计量工具、装卸倒运设备、人力以及随货发出的有关证件的准备，提高材料出库效率。核对凭证是以材料出库凭证发放材料，要认真审核材料发放地点、单位、品种、规格、数量，并核对签发人的签章及单据、有效印章，无误后方可进行发放。备料是对凭证经审核无误后，按凭证所列品种、规格、质量、数量准确提取准备材料。复核是为防止发生发放差错，备料后必须复核。首先检查准备的材料与出库凭证所列项目是否一致，然后检查发放后的材料实存数量与账务结存数量是否相符。点交是发放人与领取人当面点清交接。如果一次领（提）不完的材料应做出明显标记，防止差错，分清责任。清理是材料发放出库后，应及时清理拆散的垛、捆、箱、盒，部分材料恢复原包装要求，整理垛位登卡记账。

物资部门应对出库（现场）消耗物资开具物资发料凭证。凭证应注明下列内容：①出库物资的编号、品名、规格、型号、数量、单价、金额和出库时间等基本信息。②注明物资领用部门、使用部位等，满足物资成本核算及质量可追溯管理的要求。

物资保管人员核对无误后按照物资发料凭证注明的数量进行发料，领发双方签字确认，同时登记物资出库台账。

5）材料账务管理

材料账务管理是对供应材料进行的记账管理，包括记账的依据、程序和要求。材料账务管理的基本要求是系统、严密、及时、准确。材料账务一般包括以下几种：材料入库凭证，如验收单、入库单、加工单等；材料出库凭证，如调拨单、借用单、限额领料单、新旧转账单等；盘点、报废、调整凭证，如盘点盈亏调整单、数量规格调整单、报损报废单等。

记账的程序是从核查和整理凭证开始，到按规定记账册、结算金额以及编制报表的全部账务处理过程。正确的记账程序能方便记账，提高记账效率，及时、准确、全面、系统地反映材料储备的数量变化过程。

记账要求是按施工单位的统一规定填写材料编号、名称、规格、单位、单价以及账本编号。按本单位经济业务发生日期记账，记好摘要，保持所记业务活动的完整性。材料单据凭证及账册是重要的经济档案和历史资料，必须按上级规定期限和要求妥为保管，不能丢失或任意销毁。

6）仓库盘点管理

仓库所保管的材料品种规格繁多，收发频繁，计量、计算易发生差错，保管中如发生损耗、损坏变质等种种问题，则可能导致库存材料数量不符、质量下降。只有通过盘点，才能准确地掌握实际库存量，摸清在库材料质量状况，发现材料保管中存在的各种问题，了解材料储备定额执行情况，了解呆滞、积压数量以及利用、代用等挖潜措施执行情况，为改善经营状况，制定经营措施提供依据。

通过盘点应做到"三清"，即数量清、质量清、账表清；"三有"即盈亏有分析、事故差错有报告、调整账表有依据；"三对"即账册、卡片、实物对口。

7）余料回收管理

工程阶段性完工或竣工后，项目物资部门应对剩余及废旧物资进行清点，能退回原供应商的应办理退料手续；无法退回供应商的由材料员列出物资明细表，注明新旧程度、原值、现估值，报上级主管部门统一进行调剂及审批处理。

项目物资部门应建立废旧物资管理台账，按照废旧物资处理审批要求实施处理，处理过程手续齐全。收入应按财务部门规定进行账目处理。

对有毒或有危险的废料处理，应按照环境管理程序，在当地有关部门的指导下进行。

物资内部调拨及对外处理应由物资部门开具物资调拨凭证，完善业务手续。

8）储备资金管理

材料储备实际上是物化资金的储备。储备材料的管理，实际上也是储备资金的管理。储备资金的占用和周转情况，反映了储备材料的流通和运转情况。尽可能减少资金占用，加速资金周转。储备资金的管理有分类管理法和金额比例法。

分类管理法即 ABC 分类管理法，就是根据材料在施工生产中的重要程度和储备金额的大小，划分为 ABC 三类，分别采取不同的管理方法。

金额比例法，根据历史统计资料核定材料储备的占用水平，通过定期分析库存资金情况，促进资金占用合理化。以储备定额为依据确定的储备资金定额，是较为合理的资金占用。将某时期内实际储备占用资金情况与其进行比较，可以反映储备资金占用水平，从而考核储备经济效益。主要考核指标有：储备资金超占率、百元产值占用材料储备资金、流动资金周转天数、流动资金周转次数等。

9) 储备管理中内业资料管理

材料储备中各种资料、凭证、档案是材料供应核算和施工单位生产正常运转的重要内容。应加强储备中的内业资料管理，物资部应按企业规定建立健全内业资料管理，各项资料应符合真实性、规范性和信息化基本要求。内业资料主要包括下列内容：

① 证明文件类。各项物资出厂质量证明文件、检测报告、检验试验记录、复试报告等。

② 凭证类。物资验收凭证、物资出库发料凭证、物资调拨凭证等。③ 台账类。物资总账、物资二级分类科目账、物资三级明细账、建设单位供应物资台账、周转物资租赁管理台账、物资采购合同台账、物资进场台账、材质证明台账、复试材料台账、现场物资管理检查记录、不合格物资管理台账、废旧物资处理台账等。

④ 报表类。月（季）度物资收、支、存统计表，季（年）度物资盘点表等。

(6) 材料核算管理

材料核算是工程经济核算的重要组成部分。所谓材料核算就是用货币或实物数量形式，按照价值规律的要求，对工程中各项材料业务进行记录、计算、考核和比较反映经营成果。材料核算是从考核业务效果入手，达到用较少的人力和物力消耗，取得较大的经济效果。

材料费用一般占建筑工程成本的70%左右，材料的采购、供应、使用等业务经营活动是否经济合理，对工程各项经济技术指标的完成，特别是经济效益的高低都有重大的影响。因此，施工单位进行施工生产和经营管理活动，必须抓住材料核算这个主要环节。

为了实现材料核算，第一，要建立健全核算管理体制，使材料核算的原则贯穿于材料供应和使用的全过程，做到干什么、算什么，人人树立核算意识，积极参加材料核算和分析活动；第二，要建立健全核算管理制度，无论哪种核算体制，其区别仅在于核算层不同，但其内容却基本相同。因此要明确各部门、各类人员以及基层组织的经济责任，制定材料业务环节的管理办法、规定以及核算程序，把各项经济责任落实到部门、专业人员和施工组织，才能保证实现各项目标；第三，要有比较坚实的经营管理基础工作，这是开展经济核算的重要前提条件。

材料消耗定额是计划、考核、衡量材料供应与使用是否取得经济效果的标准；原始记录是反映和计算经营过程的主要依据；计量检测是反映供应、使用情况和记账、算账、分清经济责任的主要手段；清理资产是搞清家底，弄清财物分布占用，进行核算的前提；预算价格是进行考核和评定经营成果的统一计价标准。没有良好的基础工作，很难开展经济核算。

材料核算由于核算的性质不同、材料所处领域各异、材料使用方向的区别而有以下几种类型：

1) 按照材料核算工作的性质划分为会计核算、统计核算和业务核算。

会计核算是以货币为尺度，计算和考核材料供应和使用过程的经济效果。它的特点是连续性、系统性强，便于综合比较。通过记录、整理、汇总、结算等程序，反映材料资金的运动变化，考核材料资金的使用，各项费用的开支，各种成本及利润等效果。

统计核算一般采用实物形态借助于数量来反映、监督材料经营活动情况。例如：材料供应量、库存量、节约量、节约率等指标，反映材料实物运行状态和运行效果等材料运行状况。

业务核算是局部的核算，既可以采取价值的形式，也可以采取实物形式，反映某一个部门、某一个环节的材料业务或某一个工程部门的材料运行状况。

2）按材料所处领域划分为供应过程的核算和使用过程的核算

材料供应过程的核算主要反映和考核供应过程的经济效果，如材料供应的资金占用、材料采购成本、各项管理费用支出水平等内容。

材料使用过程的核算主要考核材料供应给工程项目后，在生产使用过程中资金的占用、工程材料消耗、暂设工程材料消耗等内容。

3）按照考核指标的表现形式不同有货币核算和实物核算

货币核算一般称为会计核算，是以货币形式考核材料供应和使用过程经济效果的方法。

实物核算一般称为业务核算，是以所核算材料的实物计量单位为表现形式的核算方法，反映施工单位经营中的实物量节超效果。

在实际工作中，无论是供应过程核算还是使用过程核算，无论是以货币为单位的会计核算，还是以实物量计量的统计核算和业务核算，都互为条件、互相制约，从而形成一个有机的核算体系，才能实现材料核算的目的，才能以最小的劳动消耗取得最大的经济效果。

(7) 现场材料管理

1）现场材料管理概念

现场材料管理，是在施工组织设计统一部署下，根据工程类型、场地环境、材料保管和消耗特点，采取科学的管理办法，从材料投入到成品产出全过程进行计划、组织、协调和控制，力求保证生产需要和材料的合理使用，最大限度地降低材料消耗的工作。

2）现场材料管理的任务

① 全面规划

在开工前作出现场材料管理规划，规划好材料存放场地、道路，做好材料预算，制定现场材料管理目标。

② 按计划进场

按施工进度计划，组织材料分期分批有秩序地入场，一方面保证施工生产需要，另一方面防止形成大批剩余材料。

③ 严格验收

按照各种材料的品种、规格、质量、数量要求，严格对进场材料进行检查，办理收料。

④ 合理存放

按照现场平面布置要求，做到合理存放，在方便施工、保证道路通畅、安全可靠的原则下，尽量减少二次搬运。

⑤ 妥善保管

按照各项材料的自然属性，根据物资保管技术要求和现场客观条件，采取各种有效措施进行维护、保养，保证各项材料不降低使用价值。

现场材料的保管应注意以下几个方面：

a. 材料场地的规划，要方便进料、加工、使用、运输。

b. 做好材料标识，把容易弄混淆的材料分隔开来，避免用错造成损失。

c. 做好入库单、出库单、库存月报等材料管理台账。

d. 实行限额领料制度,有效避免浪费。

⑥ 控制领发

按照操作者所承担的任务,依据定额及有关资料进行严格的数量控制。控制领发是控制工程消耗的重要关口,是实现节约的重要手段。

⑦ 监督使用

按照施工规范要求和用料要求,对已转移到操作者手中的材料,在使用过程进行检查,督促班组合理使用,节约材料。

⑧ 准确核算

用实物量形式,通过对消耗活动进行记录、计算、控制、分析、考核和比较,反映消耗水平。

以上八项主要任务可以简要归纳如图 8-1 所示。

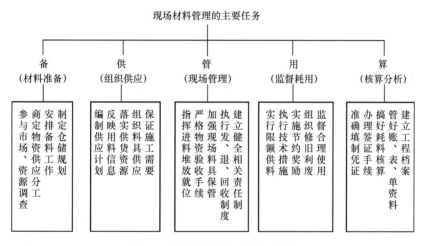

图 8-1 现场材料管理的主要任务

3) 几种主要材料的现场管理

① 钢材

a. 钢材进场时,必须进行资料验收、数量验收和质量验收。

b. 资料验收:必须有厂家提供的产品合格证及产品质量证明书,同采购计划、标牌、发票、过磅单等核对相符。

c. 数量验收必须两人参与,通过过磅、点件、检尺换算等方式进行。验收后填写原材料进场检验计量记录表。

d. 质量验收:先通过眼看手摸和简单工具检查钢材表面是否有缺陷、规格尺寸是否相符、锈蚀情况是否严重等,外观验收后再通知质检(试验)人员按规定抽样送检,检验结果与国家标准对照判定其质量是否合格。

e. 进入现场的钢材应入库、入棚保管,尤其是优质钢材、小规格钢材、镀锌管、板及电线管等;若条件有限,只能露天存放时,应做好上盖下垫,保持场地干燥。

f. 入场钢材应按品种、规格、材质分别堆放,尤其是外观尺寸相同而材质不同的材料,如受力钢筋、优质钢材等,并挂牌标识。

g. 钢材收料后要及时填写收料单,同时做好台账登记。发料时应在领料单备注栏内注明炉（批）号和使用部位。

② 水泥

a. 水泥进场时，应进行资料验收、数量验收和质量验收。

b. 资料验收：水泥进场时检查水泥出厂质量证明文件，查验水泥的标识、强度报告单、供货单和采购计划上的品种、规格是否一致。

c. 数量验收：袋装水泥在车上或卸入仓库后点袋记数；散装水泥可以实际过磅，也可按出厂榜单记录，验收后填写原材料进场检验计量记录表。

d. 质量验收：依据《通用硅酸盐水泥》GB 175—2007 等水泥产品标准及施工质量验收规范进行。另外查看水泥包装是否有破损，清点破损数量是否超标；查看水泥包装是否有破损，清点破损数量是否超标；用手触摸水泥袋或查看破损水泥是否有结块；检查水泥袋上的出厂编号是否和发货单据一致，出厂日期是否过期；遇有两个供应商同时到货时，应详细验收，分别堆码，防止品种不同而混用；通知试验人员取样检验，督促供方提供 28d 强度报告。

e. 水泥必须入库保管，水泥库房四周应设置排水沟或积水坑，库房墙壁及地面应进行防潮处理；水泥库房要经常保持清洁，散装水泥要及时清理、收集、使用；特殊情况需露天存放时，要选择地势较高，便于排水的地方，并要做到防雨、防潮。

f. 水泥收发要严格遵守先进先出的原则，防止过期使用。袋装水泥一般码放 10 袋高，最高不超过 15 袋，不同厂家、品种、强度等级、编号水泥要分开码放，并挂标识牌。

g. 水泥收料后要及时填写收料单，在备注栏内填制出厂编号和出厂日期；发料时应在领料单备注栏内注明水泥编号和使用部位。

③ 砂石

a. 数量验收，砂石数量验收必须两人参与。按车厢尺寸实测数量，单车签单验收，并填写原材料进场检验计量记录表。

b. 砂石质量验收，依照《建设用砂》GB/T 14684 或《普通混凝土用砂、石质量及检验方法标准》JGJ 52 进行验收。

c. 砂石料均为露天存放，存放场地要砌筑围护墙，地面必须硬化；若同时存放砂和石，砂石之间必须砌筑高度不低于 1m 的隔墙。

④ 烧结普通砖

a. 烧结普通砖数量验收：必须两人参与。一般实行车车点数，点数时应注意堆码是否紧凑、整齐，必要时可以重新堆放记数，验收后填写原材料进场检验计量记录表。

b. 烧结普通砖质量验收：按照《烧结普通砖》GB/T 5101 产品标准进行验收。

c. 烧结普通砖堆码应按照现场平面布置图进行，一般应码放于垂直运输设备附近。

⑤ 商品混凝土

a. 资料检查

预拌商品混凝土供应单位必须向施工单位提供以下资料：配合比通知单、预拌商品混凝土出厂合格证。合格证应包括生产单位名称，工程名称，商品混凝土品种数量，使用部位，供货时间，原材料品种规格、复验编号等内容，并加盖供货单位公章。

b. 数量验收

材料员应严格按照供货合同对随车发货单进行签证和抽查，如抽查出计量不足，则该批次供应的所有车次均按抽查出的单车最少量计量。

c. 质量验收

商品混凝土的质量检验分为出厂检验和交货检验。出厂检验的取样试验工作有供方承担，交货检验的取样实验工作由需方承担。

4）提高现场材料管理的主要举措

① 加强材料基础管理，降低材料消耗

加强材料基础管理是降低材料消耗的基本条件。合理供料，做到一次就位、减少二次搬运和堆积损失；要正确合理节约材料，分部分项工程完工后，要做到余料退库，材料员及时回收入库，做到操作场地工完场清；加大回收利用、修旧利废的比例；加速材料周转；定期进行经济活动分析和揭露浪费、堵塞漏洞。

② 加强材料消耗管理，降低材料消耗

材料消耗过程的管理，就是对材料在施工生产消耗过程中进行组织、指挥、监督、调节和核算，消除不合理的消耗，达到物尽其用，降低材料成本，提高企业经济效益。

常用材料具体节约措施如下：

a. 水泥节约措施

优化混凝土配合比；级配相同的情况下，选用骨料粒径最大的可用石料；掌握合理的砂率；合理掺用外加剂；充分利用水泥活性及其富余系数；合理掺加掺合料。

b. 钢筋节约措施

集中断料；钢筋加工成型时，应注意合理焊接或绑扎钢筋的搭接长度；充分利用短料、旧料；对建筑企业而言由于需加工材料的品种、规格繁多，应尽量利用短料边、角料、旧料；尽可能减少以大代小，以优代劣。

c. 木材节约措施

尽量以钢代木；减小木模板使用比例；合理使用、综合利用木材。

d. 块材、砂石节约措施

合理利用非整块材、减少损耗、减少二次搬运等措施降低块材消耗；砂石通过采用商品混凝土、预拌砂浆，合理利用粉煤灰、石屑等材料等措施节约。

③ 实行材料节约奖励制度，提高节约材料的积极性

建筑企业在确保工程质量的前提下，实行材料节约奖励制度，提高管理人员节约材料的积极性。

a. 材料节约奖励的形式

实行材料节约奖励的办法，一般有两种基本形式。一种是规定节约奖励标准，按照节约额的比例提取节约奖金，奖励操作工人及有关人员；另一种是在节约奖励标准中还规定了超耗罚款标准，控制材料超耗。

b. 实行材料节约奖具备条件

企业实行材料节约奖，是一项繁重而细致的工作，要积极慎重稳妥地进行。实行材料节约奖必须具备以下五个条件：有合理的材料消耗定额；有严格的材料收发制度；有完善的材料消耗考核制度；工程质量稳定；制定材料节约奖励办法。

c. 实行现场材料承包责任制，提高经济效益

实行材料承包责任制一种经济管理手段，通过责、权、利紧密结合，以提高经济效

益、降低工程材料的成本，从而提高企业经济效益。

实行材料承包制需具备以下条件：材料能计量、能考核、算得清账；以施工定额为核算依据；执行材料预算单价；严格执行限额领料制度；料具管理资料要做到齐全、配套、准确、标准化、档案化。

（二）建筑机械设备管理的基本知识

建筑机械设备管理是指对建筑机械设备从购置、使用、维修、更新改造直至报废全过程管理的总称。建筑机械设备是现代建筑业生产的主要手段，是建筑生产力的重要组成部分。

建筑机械设备管理工作是建筑企业最基本的一项工作。建筑机械设备管理不仅是安全施工的重要保障，也关系到建筑工程的产品质量和施工的成本和效益。因此，企业必须根据自身的实际情况，建立相应的管理机构，配备必要的专职管理人员，不能用单纯的安全管理来替代系统的建筑机械设备管理。

1. 施工机具的分类及装备原则

施工机具是指用于工程建设过程中的各类专用施工机械、工具、设备。现代工程施工中采用了大量新材料、新技术、新工艺，这对施工过程中的各环节提出了更高要求。机械机具能否满足工程需要，能否充分发挥潜能，对提高工程质量起着重要作用。

建筑机械类型品种繁多，为了便于管理，分析施工机具的管理状态，提高施工机具管理水平，将施工机具分为以下几类：

（1）按机具的价值和使用期限分类

1）固定资产机具。是指使用年限1年以上，单价在规定限额（一般为1000元）以上的工具。如50t以上的千斤顶、测量用的水准仪等。

2）低值易耗机具。是指使用期或价值低于固定资产标准的机具，如手电钻、灰槽、苫布、灰桶等。这类工具量大繁杂，约占企业生产总值的60%以上。

3）消耗性机具。是指价值较低（一般单价在10元以下），使用寿命很短，重复使用次数很少且无回收价值的机具，如扫帚、油刷、锹把、锯片等。

（2）按使用范围分类

1）专用机具。为特殊需要或完成特定作用项目所使用的机具，如量卡具、根据需要自制或定制的非标准机具。

2）通用机具。广泛使用的定性机具，如扳手、钳子等。

（3）按使用方式和保管范围分类

1）个人随手机具。施工中使用频繁、体积小、便于携带、交由个人保管，如砖刀、抹子等。

2）班组共用机具。在一定作业范围内为一个或多个施工班组所共同使用的机具，如脚轮车、水桶、水管、磅秤等。

另外，按机具的性能分类，有电动机具、手动机具两类；按使用性质划分，有木工机具、瓦工机具、油漆机具等；按机具的产权划分有自有机具、借入机具、租赁机具等。

(4) 根据不同分部工程的用途分类

依照不同分部工程用途分为建筑起重机械、土石方机械、运输机械、桩工机械、混凝土机械、钢筋加工机械、木工机械、地下施工机械、焊接机械及其他中小型机械。

1) 建筑起重机械

建筑起重机械包括履带式起重机、汽车轮胎式起重机、塔式起重机、桅杆式起重机、门式及桥式起重机、卷扬机、井架及龙门架物料提升机、施工升降机。

2) 土石方机械

土石方机械包括单斗挖掘机、挖掘装载机、推土机、拖式铲运机、自行式铲运机、静作用压路机、振动压路机、平地机、轮胎式装载机、蛙式夯实机、振动冲击夯、强夯机械。

3) 运输机械

运输机械包括自卸汽车、平板拖车、机动翻斗车、散装水泥车、皮带运输机。

4) 桩工机械

桩工机械包括柴油打桩锤、振动桩锤、静力压桩机、转盘转孔机、螺旋转孔机、全套管转机、旋挖转机、深层搅拌机、成槽机、冲孔桩机。

5) 混凝土机械

混凝土机械包括混凝土搅拌机、混凝土搅拌运输车、混凝土输送泵、混凝土泵车、插入式振捣器、附着式振捣器、平板式振捣器，混凝土振动台、混凝土喷射机、混凝土布料机。

6) 钢筋加工机械

钢筋加工机械包括钢筋调直切断机、钢筋切断机、钢筋弯曲机，钢筋冷垃圾、钢筋冷拔机、钢筋螺纹成型机、钢筋除锈机。

7) 木工机械

木工机械包括带锯机、圆盘锯、平面刨、压刨床、木工车床、木工铣床、开损机、打眼机、锉锯机、磨光机。

8) 地下施工机械

地下施工机械包括顶管机、盾构机。

9) 焊接机械

焊接机械包括焊接机包括交（直）流焊机、亚弧焊机、点焊机、二氧化碳气体保护焊机、埋弧焊机、对焊机、竖向钢筋电渣压力焊机，气焊（割）设备、等离子切割机、仿形切割机。

10) 其他中小型机械

其他中小型机械包括咬口机、剪板机、折板机、卷板机、弯管机、喷浆机、水磨石机、混凝土切割机、离心水泵、深井泵、潜水泵等。

(5) 施工机械选用的一般原则

施工企业的生产经营活动，需要使用各种各样的施工机械，由于施工机械种类繁多、型号、规格、工作性能及作业特点各不相同，项目开工前需要对施工机械进行系统的规划和选择。选择应依据施工项目的施工条件、工程特点、工程量多少及工期要求等，选择的一般原则如下：

1) 技术先进性

为提高施工效率,取得良好的经济效益,选取施工机械时考虑其良好的施工能力、稳定的性能和技术状态,同时要求机械安全可靠、低故障率,这些要求的满足都需要施工机械具有技术先进性。

2) 工程适应性

施工机械的工作能力、性能指标、施工效率选择必须与工程现场的环境、施工特点、运距、高度及工程要求相适应。机械的容量要与工程进度及工程量相符合,尽量避免因机械工作能力不足或剩余造成延缓工期或机械利用率太低的现象,在条件允许的情况下,尽量选择最能满足施工内容的机种和机械。

3) 经济性

工程造价中,机械费占较大的比重,在选择施工机械时主要考虑机械固定资料消耗及运行费等因素。固定资产消耗与施工机械的投资成正比,包括折旧费、大修理费和投资的利息等费用;机械的运行费用与完成施工量成正比,采用大型机械进行施工,虽然一次性投资大,但可以分摊到较大的工程量当中,对工程成本影响较小,因此在选择机械时,应权衡工程量与机械费用的关系。

4) 通用性或专用性

在选择机械时既要考虑施工机械的通用性,同时兼顾专用性。通用性是施工机械的一机多用,如挖掘装载机,同时具备挖掘、装卸、运输及破碎等功能;专用性是指具有专门用途的施工机械,如钢筋点焊机、钢筋平焊机等。

(6) 机械设备管理基本规定及制度

1) 机械设备管理基本规定

① 必须严格按照厂家说明书规定的要求和操作规程使用机械。

② 配备熟练的操作人员,操作人员必须身体健康,经过专门训练,方可上岗操作。

③ 特种作业人员(起重机械、起吊机械、挂钩作业人员、电梯驾驶等)必须按国家和省、市安全生产监察局的要求参加培训和考试,取得省、市安全生产监察局颁发的《特种作业人员安全操作证》后,方可上岗操作,并按国家规定的要求和期限进行复核。

④ 实习操作人员必须持实习证,在师傅的指挥下,才能操作机械设备。

⑤ 在非生产时间内,未经主管部门批准,任何人不得私自动用设备。

⑥ 新购或改装的大型施工设备应有公司设备科验收合格后方可投入运作,现场使用的机械设备都必须做标志、挂牌。

⑦ 经过修理的设备,应该由有关部门验收发给使用证后方可使用。

⑧ 机械使用必须贯彻"管用结合""人机固定"的原则,实行定人、定机、定岗位的岗位责任制。

⑨ 有单独机械操作者,该人员为机械使用负责人。

⑩ 班组共同使用的机械以及一些不宜固定操作人员的机械设备,应将这类设备编为一组,任命一名为机组负责人,对机组内所有设备负责。

⑪ 在交班时,机组负责人应及时、认真地填写机械设备运行记录。

⑫ 所有施工现场的机管员、机修员和操作人员必须严格执行机械设备的保养规程,应按机械设备的技术性能进行操作,必须严格执行定期保养制度,做好操作前、操作中、

操作后的清洁、润滑、紧固、调整和防腐工作。

⑬ 起重机械必须严格执行"十不吊"的规定，遇六级（含六级）以上的大风或大雨、大雪、打雷等恶劣天气，应停止使用。

⑭ 机械设备转运过程中，一定要进行中修、保养，更换已坏损的部件，紧固螺钉，加润滑油，脱漆严重的要更新油漆。

2）机械设备走合期制度

① 一般机械的走合工作，由使用单位派修理工配合主管司机进行，特种和大型机械，由公司业务主管部门组织实施。

② 机械（车辆）的走合期必须按说明书进行，要逐步加载，平稳操作，避免突然加速或加载。

③ 走合期内出现问题或异常现象时应及时停机，待找出原因，处理后方可继续进行。

④ 重点设备的走合期，必须在供方和公司有关部门技术人员的指导下进行。

⑤ 走合期结束后，应进行一次全面的检查保养，更换润滑油脂，并由机械技术负责人在记录表上签章，交付正常使用。

3）机械设备交接班制度

① 所有多班作业设备的操作人员必须严格执行交接班制度。

② 交接班内容。

a. 本班完成任务情况，生产要求及其他注意事项。

b. 本班机械运转情况，燃油、润滑油的消耗和准备情况。

c. 本班保养情况、存在问题及注意事项。

③ 由交班人负责填写本班报表及交接班记录，接班人核实后交班人方可下班。

④ 严禁交班人故意隐瞒机械故障或存在问题。

⑤ 如因交接不清，设备在交班后发生问题，由接班人负责。

⑥ 设备管理人员应经常检查交接班情况，查看交接班记录。

4）机械设备使用"三定"制度

① 凡需持证操作的设备必须执行定人、定机、定岗位的"三定"制度。

② 中型机械一班制时，采用一人一机，此人称机长或操作负责人。

③ 大型多班多人作业的机械，由机长主管，其余为操作保管人。

④ 中小型机械采用一人多机，要挂牌以示管理范围，无法固定人员的多用途及附属性机械应由班组长或指定具体负责人员进行管理。

⑤ 为保证机长和操作人员的相对稳定，以及机械设备的合理使用和保养，要做到：

a. 一般机长由项目经理部任命。

b. 重点设备的司机长由使用单位提出人选，报公司审批后正式任命，并报上一级主管部门备案。

c. 机长一经任命不能轻易调动，如需调动需经审批单位批准。

5）机械设备安全管理制度

① 必须认真贯彻执行 ISO 9002 质量保证体系中机械设备管理职能要素，建立机械设备管理台账，健全管理机构和各项管理指责。

② 新购机械设备必须由项目申请，工程处安全设备科审核，工程处主任审批后方可

购置，新购的设备必须具有制造商的生产和经销许可证，并附有检验报告和相关资料，经工程处安全设备科验收确认后方可购进使用，并及时建立新的台账。

③ 项目部之间调配的机械设备必须完好，附件配件齐全，由项目安全设备管理员到现场验收确认后方可调进并办理交接手续。

④ 大型机械设备的安装拆卸，必须先编制施工方案，经公司审批后方可进行。装拆工作由公司大型机械安装队进行。大型机械设备安装调试完毕后，必须组织自检，并报公司验收，由公司安全设备科报检测部门检测，在取得合格证方可正式启动使用；大型设备的安装拆卸资料必须报公司和当地安监部门备案。

⑤ 中小型机械设备的安装拆卸工作由项目部组织进行，安装完毕后进行自检，并做好相关验收检查记录，部分验收检查资料报上级部门存档。

⑥ 必须根据工地现场的具体情况和特点合理配备相应的机械设备，并配备技术水平较高的操作人员和维修保养人员。

⑦ 项目部安全设备管理人员必须定期对操作人员进行安全技术交底和操作规程交底，并根据不同的作业特点及时进行针对性的安全交底。操作人员必须进行例行检查和保养，并做好记录。严禁违章指挥和违章作业，在遇到所作业内容和设备状态危机设备和人身安全时，操作人员有权拒接作业，现场管理人员必须立即予以制止并采取有效措施进行控制处理。

⑧ 现场施工机械实行"定人、定机、定岗位"的责任制，禁止无证作业。

⑨ 项目部必须组织对机械设备进行定期检查和专项检查，对危险作业内容进行监控，发现问题及时排除，并建立机械设备管理台账。

6）机械设备检查制度

① 项目部机管员每月定期对本项目部的机械设备进行一次检查，并将检查资料整理归档后备查。

② 机械设备检查内容

a. 各类机械设备安全装置是否齐全，限位开关是否可靠有效，设备接地线是否符合有关规定；

b. 塔式起重机轨道接地线、路轨顶端止挡装置是否齐全可靠；

c. 轨道铺设是否平整，拉杆、压板是否符合要求；

d. 设备钢丝绳、吊索具是否符合安全要求；

e. 各类设备制动装置性能是否灵敏可靠；

f. 固定使用设备的布置是否符合有关规定；

g. 人货电梯限速器、附墙装置是否符合有关规定；

h. 井架、人货电梯进出口、防护棚、门是否符合有关规定；

i. 机械设备重要部位螺钉是否紧固，各类减速箱和滑轮等需要润滑部位是否符合有关规定。

7）机械设备事故处理制度

由于使用、维修、管理不当等原因而造成机械设备非正常损坏统称为机械事故。

① 事故分类

a. 一般事故：机械设备直接经济损失为2000～20000元，或因损坏造成停工7～14天者。

b. 大事故：机械设备直接经济损失为 20001～50000 元，或因损失造成停工 15～30 天者。

c. 重大事故：机械设备直接经济损失为 50001 元以上，或因损坏造成停工 31 天以上者。

d. 非责任事故：指事前不可预料的自然灾害所造成的破坏行为。

② 事故处理原则

a. 事故发生后应先抢救受伤人员，保护事故现场，以利于事故的分析处理。

b. 各类事故发生后，都应进行认真的检查、分析，任何人不得隐瞒不报，弄虚作假。

c. 严格执行"四不放过"原则，即事故发生原因不清不放过、事故责任人未处理不放过、事故责任者与群众未受到教育不放过、事故没有制定切实可行的整改措施不放过。

③ 事故处理方法

a. 一般事故由项目部（分公司）处理，并填写"设备事故报告表"报公司设备管理部备案。

b. 大事故由公司处理，并填写"设备事故报告表"报总公司主管部门备案。

c. 重大事故由公司设备管理部逐级上报，按上级有关部门指示精神对事故进行分析并提出处理意见，报送总公司主管部门审批，并填写"设备事故报告表"。

8) 机械设备报废制度

① 机械设备凡具备下列条件之一者，均可申请报废。

a. 设备主要结构、部件已严重损坏，虽经修理其性能仍达不到技术要求和不能保证安全生产的。

b. 修理费过高，在经济上不如更新合算的。

c. 因意外灾害或事故，设备受到严重损害已无法修复的。

d. 技术性能落后、耗能高、没有改造价值的。

e. 设备超过使用周期年限、非标准专用设备或无配件来源的。

f. 国家明文规定列为强制淘汰的设备。

② 机械设备报废处理原则

a. 凡经批准报废的设备可核减设备资产和实力台账。

b. 设备报废后，原则上不准继续使用或整机出售给其他单位。

c. 对报废设备的零部件拆卸，必须经设备管理部门同意，并办理有关手续，其余部分一律送交总公司规定的回收公司。

③ 机械设备报废处理程序

a. 对需报废的设备，各单位要组成技术鉴定小组进行全面的技术鉴定。

b. 根据技术鉴定小组对设备的鉴定情况，填写设备报废申请表，经公司领导审核后上报总公司。

c. 车辆报废应先由公司办理车辆注销手续，后报总公司办理资产报废手续。

9) 机械设备维修及保养制度

① 设备的定期保养周期、作业项目、技术规范，必须遵守设备各组成和零部件的磨损规律，结合使用条件，参照说明书和要求执行。

② 定期保养一般分为例行保养和分级保养，分级保养分二级保养，以清洁、润滑、

紧固、调整、防腐为主要内容。

③ 例行保养是由机械操作工或设备使用人员在上下班或交接时间进行的保养，重点是清洁、润滑检查，并做好记录。

④ 一级保养由机械操作工或机组人员执行，主要以润滑、紧固为重点，通过检查、紧固外部紧固件，并按润滑图表加注润滑脂，加添润滑油，或更换滤芯。

⑤ 二级保养由机管员，协同机操工，机修工等人员执行，主要以紧固调整为重点，除执行一级保养作业项目外，还应检查电气设备、操作系统、传动、制动、变速和行走机构的工作装置，以及紧固所有的紧固件。

⑥ 各级保养均应保证其系统完整性，必须按照规定或说明书规定的要求如期执行，不应有所偏废。

⑦ 项目部机管员应每月督促操作工进行一次等级保养，并保存相应记录，汇总后备查。

⑧ 机械设备的维修，按照作业范围可分为小修、中修、大修和项目修理。

a. 小修：小修是维护性修理，主要是解决设备在使用过程中发生的故障和局部损伤，维护设备的正常运行，应尽可能按功能结合保养进行并做好记录。

b. 项目修理：以状态检查为基础，对设备磨损接近修理极限前的总成，有计划地进行预防性、恢复性的修理，延长大修的周期。

c. 中修：大型设备在每次转场前必须进行检查与修理，更换已磨损的零部件，对有问题的总成部件进行解体检查，整理电气控制部分，更换已损的线路。

d. 大修：大多数的总成部分即将到达极限磨损的程度，必须送生产厂家修理或委托有资格修理的单位进行修理。

⑨ 通过定期保养，减少施工机械在施工过程中的噪声、振动、强光对环境造成的污染；在保养过程中产生的废油、废弃物，作业人员应及时清理回收，确保其对环境影响达标。

2. 施工机具管理的主要内容

（1）施工机具管理的目的

设备（机具）管理的主要目的是选用技术上先进、经济上合理的装备，采取有效措施，保证设备高效率、长周期、安全、经济地运行，来保证企业获得最好的经济效益。设备管理是企业管理的重要部分。

（2）机具管理的主要任务

1）及时、齐备地向施工班组提供优良、适用的机具，保证施工生产，提高劳动效率。

2）采取有效的管理办法，加速机具的周转，延长使用寿命，最大限度地发挥机具效能。

3）做好机具的收、发、保管和维护、维修工作。

3. 施工机具管理的内容

机具管理主要包括储存管理、发放管理和使用管理等。

（1）储存管理

设备验收后入库，按品种、质量、规格、新旧残次程度分开存放。同样设备一般不得分存两处，并注意不同设备不叠放压存，成套设备不随意拆开存放。对损坏的设备及时修复，延长设备使用寿命，使设备随时可投入使用。同时，注重制定设备的维修保养技术规程，如防锈、防刃口碰伤、防易燃品自燃、防雨淋和日晒。

(2) 发放管理

按设备消耗量定额发出的设备，要根据品种、规格、数量、金额和发出日期登记入账，以便考核班组执行设备消耗量定额的情况；出租和临时借出的设备，要做好详细记录并办理相关租赁或借用手续，以便按质、按量、按期归还。坚持交旧领新、交旧换新和修旧利废等行之有效制度。

(3) 使用管理

根据不同设备的性能和特点制定相应的设备使用技术规程和规则。监督、指导班组按照设备的用途和性能合理使用。

4. 设备（机具）管理的方法

由于机具具有多次使用，在劳动生产中能长时间发挥作用等特点，因此机具管理的实质是使用过程中的管理，是在保证生产使用的基础上延长使用寿命的管理。机具管理的方法主要有租赁管理、定包管理、津贴管理、临时借用管理等方法。

(1) 机具租赁管理方法

机具租赁是在一定的期限内，机具的所有者在不改变所有权的条件下，有偿地向使用者提供机具的使用权，双方各自承担一定义务的一种经济关系。机具租赁的管理方法适合于除消耗性机具和实行机具费补贴的个人随手机具以外的所有机具品种。企业对生产机具实行租赁的管理方法，需要进行的工作包括：

1) 建立正式的机具租赁机构，确定租赁机具的品种范围，制定规章制度，并设专人负责办理租赁业务。班组也应专人办理租用、退租和赔偿事宜。

2) 测算租赁单价或按照机具的日摊销费确定日租金额的计算公式是：

$$某种工具的日租金 = \frac{该种工具的原值 + 采购、维修、管理费}{使用天数}$$

式中：采购、维修、管理费——按机具原值的一定比例计算，一般为原值的 1%～2%；

使用天数——按企业的历史水平计算。

3) 机具出租者和使用者签订租赁协议

4) 根据租赁协议，租赁部门应将实际出租机具的有关事项登入"租金结算台账"

5) 租赁期满后，租赁部门根据"租金结算台账"填写"租金及赔偿结算单"。如发生机具的损坏和丢失，应将丢失损坏金额一并填入赔偿栏内。结算单中金额合计应等于租赁费和赔偿费之和。

(2) 机具的定包管理办法

机具定包管理是"生产机具定额管理、包干使用"的简称。是施工企业对班组自有或个人使用的生产机具，按定额数量配给，由使用者包干使用，实行节奖超罚的管理方法。

机具定包管理一般在瓦工组、抹灰工组、木工组、油工组、电焊工组、架子工组、水暖工组、电工组实行。实行定包管理的机具品种范围，可包括除固定资产机具及实行个人机具费补贴的个人随手机具外的所有机具。

班组机具定包管理是按各工种的机具消耗定额，对班组集体实行定包。实行班组机具定包管理，需要进行以下工作：

1) 实行定包的机具,所有权属于企业。企业材料部门指定专人为材料定包员,专门负责机具定包的管理工作。

2) 分别测定各种工程的机具费定额。定额的测定由企业材料管理部门负责,具体分三步进行。

① 在向有关人员调查的基础上,查阅不少于 2 年的班组使用机具材料。确定各工种所需机具的品种、规格、数量,并以此作为各工种的标准定包机具。

② 分别确定各工种机具的使用年限和月摊销费,月摊销费的计算方法如下:

$$某种工具的月摊销费 = \frac{该种工具的单价}{该种工具的使用年限(月)}$$

式中:机具的单价——采用企业内部不变价格,以避免因市场价格的经常波动,影响机具费定额;

机具的使用年限——可根据本企业具体情况凭经验确定。

③ 分别测定各工种的日机具费定额,公式为:

$$某工种人均日工具费定额 = \frac{该工种全部标准定包工具月摊销费总额}{该工种班组额定人数 \times 月工作日}$$

式中,班组额定人数是由企业劳动部门核定的某工种的标准人数,月工作日按 20.5 天计算。

3) 确定班组月定包机具费收入,公式为:

某工种班组月度定包机具费收入=班组月度实际作业工日×该工种人均日机具费定额

班组机具费收入可按季度或按月度,以现金或转账方式向班组发放,用于班组使用定包机具的开支。

4) 企业基层材料部门,根据工种班组标准定包机具的品种、规格、数量,向有关班组发放机具。

凡因班组责任造成机具丢失和非正常使用造成损坏,由班组承担损失。班组可按标准定包数量足额领取,也可以根据实际需要少领。自领用之日起,按班组实领机具数量计算摊销,使用期满以旧换新后继续摊销。但使用期满后能延长使用时间的机具因停止摊销收费。

5) 实行机具定包的班组需设立兼职机具员,负责保管机具,督促组内成员爱护机具和填写保管手册。

零星机具可按定额规定使用期限,由班组交给个人保管,丢失赔偿。班组因手册需要调动工作,小型机具执行搬运,不报销任何费用或增加工时,班组确实无法携带需要运输车辆时,由公司出车运送。

企业应参照有关机具修理价格,结合本单位各工种实际情况,指定机具修理取费标准及班组定包机具修理费收入,这笔收入可计入班组月度定包机具费收入,统一发放。

6) 班组定包机具费的支出与结算

此项工种分三步进行:

① 根据"班组机具定包及结算台账",按月计算班组定包机具费支出。公式为:

$$某工种班组月度定包工具费支出 = \sum_{i=1}^{n}(第\,i\,种工具数 \times 该种工具的日摊销费) \times 班组月度实际作业天数$$

其中,某种工具的日摊销费=该种工具的月摊销费/20.5d

② 按月或季度结算班组定包机具费收支额，公式为：

某工种班组月度定包机具费收支额＝该工种班组月度定包机具费收入－月度定包机具费支出－月度租赁费用－月度其他支出

式中，租赁费若班组已用现金支付，则此项不计。

其他支出包括因扣减的修理费和丢失损失费。

③ 根据机具费计算结果，填制机具定包结算单

7）班组机具费结余若有盈余，为班组机具节约，盈余额可全部或按比例作为机具节约奖，归班组支出；若有亏损，则有班组负担。企业可将各工种班组实际定包机具费收入作为企业的机具费开支，计入工程成本。

企业每年年终应对机具定包管理效果进行总结分析，找出影响因素，提出有针对性的处理意见。

（3）机具津贴管理法

机具津贴管理法是指对于个人使用的随手机具，由个人自备，企业按实际作业的工日发给机具磨损费。

目前，施工企业对瓦工、木工、抹灰工等专业工种的本企业个人所使用的个人随手机具，实行个人机具津贴费管理办法，这种方法使工人有权自选顺手机具，有利于加强维护、保养、延长机具使用寿命。凡实行个人机具津贴费的机具，单位不再发给，施工中需要的这类机具，由个人负责购买、维修和保管。丢失、损坏也由个人负责。学徒工在学徒期不享受机具津贴费，可以由企业一次性发给内需用的生产机具。学徒期满后，将原领用机具按质折价卖给个人，再享受机具津贴。

机具津贴费标准的确定方法是根据一定时期的施工方法和工艺要求，确定随手机具的范围和数量，然后测算分析这部分机具的历史消耗水平，在这个基础上，制定分工种的作业和个人机具津贴费标准。再根据每月实际工作日，发给个人机具津贴费。

（4）劳动保护用品的管理

1）劳动保护用品概念

劳动保护用品，是指施工生产过程中为保护职工安全和健康的必须用品。包括措施性用品：如安全网、安全带、安全帽、防毒口罩、绝缘手套、电焊面罩等；个人劳动保护用品：如工作服、雨衣、雨靴、手套等。应按省、市、区劳动条件和有关标准发放。

2）劳动保护用品的发放管理

劳动保护用品的发放管理建立劳保用品领用手册，设置劳保用品临时领用牌；对损毁的措施用品应填报损报废单，注明损毁原因，连同残余物交回仓库。

劳动保护用品的发放管理上采取去全额摊销、分次摊销或一次列销等形式。一次列销主要是指单位价值很低、易耗的手套、肥皂、口罩等劳动保护用品。

九、抽样统计分析的基本知识

（一）数理统计的基本概念、抽样调查的方法

1. 全数检查和抽样检查

检查批量生产的产品一般有两种方法，即全数检查和抽样检查。全数检查是对全部产品逐个进行检查，区分合格品和不合格品，检查对象是单个产品，全数检查也称为100%检查，目的是剔除不合格品，进行返修或报废；抽样检查的对象可以是静止的"批"（有一定的产品范围）或是动态的"过程"（没有一定的产品范围），统称为总体，多数情况是对批的检查，即从批中抽取规定数量的产品作为样本进行检查，再根据所得到的质量数据和预先规定的判定规则来判定该"检查批"是否合格。

抽样检查是对产品批做出判断，并做出相应的处理。例如：在验收检查时，对判为合格的批予以接收，对判为不合格的批则拒收。由于合格批允许有不超过规定限量的不合格品。因此，在需方接收的合格批中，可能含有少量不合格品；而被拒收的不合格批，只是不合格品超过限量，其中大部分仍然可能是合格品。被拒收的批一般要退返给供方，经100%检查并剔除其中的不合格品或用合格品替换后再提供检查。

鉴于批内单位产品质量的波动性和样本抽取的偶然性，抽样检查的错判往往是不可避免的，即有可能把合格批错判为不合格，也可能把不合格批错判为合格。因此，供方和需方都要承担风险，这是抽样检查的缺陷。与全数检查相比，其明显的优势是经济性，因为它只是从批中抽取少量产品，只要合理设计抽样方案，就可以将抽样检查固有的错判风险控制在可接收的范围内。

2. 抽样检查的基本概念

（1）总体、单位产品、批和样本

1）总体

在数理统计学中，总体也称母体，是所研究对象的全体。个体，是组成总体的基本元素。总体中所含个体的数目通常用 N 表示。在数理统计学中，总体也称母体，是所研究对象的全体。个体，是组成总体的基本元素。总体中所含有个体的数目通常用 N 表示。在对一批产品质量检验时，该批产品是总体，其中的每件产品是个体，这时 N 是有限的数值，则称之为有限总体。若对生产过程进行检测时，应该把整个生产过程过去、现在以及将来的产品视为总体。随着生产的进行 N 是无限的，称之为无限总体。

实践中，一般把从每件产品检测得到的某一质量数据（强度、几何尺寸、重量等）即质量特性值视为个体，产品的全部质量数据的集合即为总体。

2）单位产品

单位产品是为实施抽样检查的需要而划分的基本单位。它可以自然划分，例如：一扇门或一扇窗等。有些则不可能自然划分，而根据抽样检查的需要划分，例如：连续体的钢筋，可以是1m长的钢筋作为单位产品；对于液态产品（外加剂）或散状产品（水泥、粉煤灰等），则可按包装单位划分。

3）检查批

为实施抽样检查汇集起来的单位产品，称为检查批或批，它是抽样检查和判定的对象。一个批通常是由在基本稳定的生产条件下，在同一生产周期内生产出来的同形式、同等级、同尺寸以及同成分的单位产品构成的。该批包含的单位产品数，称为批量。

4）样本

样本也称子样，是从总体（或者检查批）中随机抽取出来，并根据对其研究结果推断总体质量特征的那部分个体。被抽中的个体称为样品，样品的数目称样本容量，用 n 表示。

(2) 单位产品的质量及特性

1）单位产品的质量是以其质量性质特性表示的，简单产品可能只有一项特性，大多数产品具有多项特性。质量特性可分为计量值和计数值两类，计数值又可分为计点值和计件值。

计量值在数轴上是连续分布的，用连续的量值来表示产品的质量特性。例如：材料的力学性能、化学成分等。当单位产品的质量特性是用某类缺陷的个数度量时，即称为计点的表示方法；当某些质量特性不能定量地度量，而只能简单地分成合格和不合格，或者分成若干等级，这时就称为计件的表示方法。例如：产品的外观特性。计点值和计件值统称计数值，计数值在数轴上是离散分布的。

2）在产品的技术标准或技术合同中，通常都要规定质量特性的判定标准。对于用计量值表示的质量特性，可以用明确的量值作为判定标准；对于用计点值表示的质量特性，可以对缺陷数规定一个界限。例如：某材料的某种疵点直径超过 2.0mm 的才算缺陷。对于用计件值表示的质量特性，则不能用一个明确的量值作为标准，而是直接判定该项是否合格。

3）在产品质量检验中，通常先按技术标准对有关项目分别进行检查，然后对各项质量特性按标准分别进行判定，最后再对单位产品的质量做出判定。这里涉及"不合格"和"不合格品"两个概念。前者是对质量特性的判定；后者是对单位产品的判定，单位产品的质量特性不符合规定，即为不合格。

(3) 样本统计量、抽样分布、抽样检验

1）样本统计量

样本统计量是由抽样总体各单位标志值计算出来反映样本特征，用来估计总体的综合指标，又称为抽样指标。是样本的函数，它是一个随机变量。

样本统计量是随机变量，随着抽到的样本单位不同其取值也会变化。统计量是样本变量的函数，用来估计总体参数，因此与总体参数相对应。

2）抽样分布

抽样是从总体中抽取部分单位，并进行实际调查，以推断总体。抽样分布是从一个总体中抽取样本容量相同的所有可能样本之后，计算样本统计量的值及取该值的相应概率，就组成了样本统计量的概率分布，简称抽样分布。

3）抽样检验

抽样检验是按照随机抽样的原则，从总体中抽取部分个体组成样本，根据对样品进行检测的结果，推断总体质量水平的方法。与之相对的是全数检验，全数检验是对总体中的全部个体逐一观察、测量、计数、登记，从而获得对总体质量水平评价结论的方法。

3. 样本数据的特征值

样本数据特征值是由样本数据计算的描述样本质量数据波动规律的指标。统计推断就是根据样本数据的特征值来分析、判断总体的质量状况。常用的数据特征值有算术平均数、中位数、极差、标准偏差、变异系数等。

（1）算术平均值

算术平均值消除了个体之间个别偶然的差异，显示出所有个体共性和数据一般水平的统计指标，是数据分布的中心，对数据的代表性好。其计算公式为：

1）总体算术平均数 μ

$$\mu = \frac{1}{N}(X_1 + X_2 + \cdots + X_n) = \frac{1}{N}\sum_{i=1}^{N} X_i$$

式中　N——总体中个体数；

　　　X_i——总体中第 i 个的个体的数据特征值。

2）样本算术平均数 $\bar{x}$

$$\bar{x} = \frac{1}{n}(x_1 + x_2 + x_3 + \cdots + x_n) = \frac{1}{n}\sum_{i=1}^{n} x_i$$

式中　n——样本容量；

　　　x_i——样本中第 i 个样品的数据特征值。

（2）样本中位数 $\bar{x}$

样本中位数是将样本数据按数值大小有序排列后，位置居中的数值。当样本数 n 为奇数时，数列居中的一位数即为中位数；当样本数 n 为偶数时，取居中两个数的平均值作为中位数。

（3）极差 R

极差是数据中最大值与最小值之差，是用数据变动的幅度来反映其分散状况的特征值。极差计算简单、使用方便，但粗略，数值仅受两个极端值的影响，损失的数据信息多，不能反映中间数据的分布和波动规律。其计算公式为：

$$R = x_{\max} - x_{\min}$$

（4）标准偏差

标准偏差也称均方差，是个体数据与均值离差平方和的算术平均数的算术根，是大于 0 的正数。总体的标准差用 σ 表示；样本的标准差用 S 表示。标准差值小说明分布集中程度高，离散程度小，均值对总体（样本）的代表性好；标准差的平方是方差，有鲜明的数据特征值。标准偏差能确切说明数据分布的离散程度和波动规律，是最常用的反映数据变异程度的特征值。其计算公式为：

1）总体的标准偏差 σ

$$\sigma = \sqrt{\frac{\sum_{i=1}^{N}(x_i - \mu)^2}{N}}$$

2) 样本的标准偏差 S

$$S = \sqrt{\frac{\sum_{i=1}^{n}(x_i - \bar{x})^2}{n-1}}$$

样本的标准偏差 S 是总体标准偏差 σ 的无偏估计。在样本容量较大（n≥50）时，上式中的分母（n－1）可简化为 n。

(5) 变异系数 C_V

变异系数又称离散系数，是用标准差除以算术平均数得到的相对数。它表示数据的相对离散程度。变异系数小，说明分布集中程度高，离散程度小，均值对总体（样本）的代表性好。由于消除数据平均水平不同的影响，变异系数适用于均值有较大差异的总体之间离散程度的比较，应用更为广泛。其计算公式为：

$$C_V = \frac{\sigma}{\mu}（总体）$$

$$C_V = \frac{S}{\bar{x}}（样本）$$

（二）材料数据抽样和统计分析方法

1. 材料数据抽样的基本方法

从检查批中抽取样本的方法称为抽样方法。抽样方法的正确性主要指抽样的代表性和随机性。代表性反映样本与批质量的接近程度，而随机性反映检查批中单位产品被抽入样本纯属偶然，即由随机因素决定。在对总体质量状况一无所知的情况下，显然不能以主观的限制条件去提高抽样的代表性，抽样应当是完全随机的，这时采用简单随机抽样最为合理。在对总体质量构成有所了解的情况下，可以采用分层随机或系统随机抽样来提高抽样的代表性。在采用简单随机抽样有困难的情况下，可以采用代表性和随机性较差的分段随机抽样或整群随机抽样。这些抽样方法除简单随机抽样外，都是带有主观限制条件的随机抽样法。通常只要不是有意识地抽取质量好或坏的产品，尽量从批的各部分抽样，都可以近似地认为是随机抽样。

(1) 简单随机抽样

简单随机抽样又称纯随机抽样、完全随机抽样，是指"从含有 N 个个体的总体中抽取 n 个个体，使包含有 n 个个体的所有可能的组合被抽取的可能性都相等"。显然，采用简单随机抽样法时，批中的每一个单位产品被抽入样本的机会均等，它是完全不带主观限制条件的随机抽样。简单随机抽样是抽样中最基本也是最简单的组织形式，它适用于均匀总体、标志变异程度不很大，或对总体了解甚少的情况。操作时可将批内的每一个单位产品按 1 到 N 的顺序编号，根据获得的随机数抽取相应编号的单位产品，随机数可按国标用掷骰子，或者抽签、查随机数表等方法获得。这种抽样方法广泛用于原材料、构配件的进场检验和分项工程、分部工程、单位工程完工后的检验。

(2) 分层随机抽样

如果一个总体是由质量明显差异的几个部分组成,则可将其分为若干层,使层内的质量较为均匀,而层间的差异较为明显。先将总体的单位按某种特征分为若干次级总体(层),然后再从每一层内进行单纯随机抽样,组成一个样本。分层可以提高总体指标估计值的精确度,它可以将一个内部变异很大的总体分成一些内部变异较小的层(次总体)。每一层内个体变异越小越好,层间变异则越大越好。分层抽样比单纯随机抽样所得到的结果准确性更高,组织管理更方便,而且它能保证总体中每一层都有个体被抽到。这样除了能估计总体的参数值,还可以分别估计各个层内的情况,因此分层抽样技术常被采用。

如研究混凝土浇筑质量时,可以按生产班组分组,或按浇筑时间(白天、黑夜;或季节)分组,或按原材料供应商分组后,再在每组内随机抽取个体。

(3) 系统随机抽样

系统随机抽样又称等距抽样、机械抽样,是先将总体的观察单位按某顺序号等分成 n 个部分再从第一部分随机抽第 k 号观察单位,依次用相等间隔,机械地从每一部分各抽取一个观察单位组成样本。优点是抽样方法简便、易得到一个按比例分配的样本,抽样误差较小;缺点是当观察单位按顺序有周期趋势或单调性趋势时,易产生明显偏性。

(4) 整群抽样

整群抽样一般是将总体按自然存在的状态分为若干群,并从中抽取样品群组成样本,然后在中选群内进行全数检验的方法。如对原材料质量进行检测,可按原包装的箱、盒为群随机抽取,对中选箱、盒做全数检验;每隔一定时间抽出一批产品进行全数检验等。

由于随机性表现在群间,样品集中,分布不均匀,代表性差,产生的抽样误差也大,同时在有周期性变动时,也应注意避免系统偏差。

(5) 多阶段抽样

多阶段抽样又称多级抽样。上述抽样方法的共同特点是整个过程中只有一次随机抽样,因而统称为单阶段抽样。但是当总体很大时,很难一次抽样完成预定的目标。多阶段抽样是将各种单阶段抽样方法结合使用,通过多次随机抽样来实现的抽样方法。如检验钢材、水泥等质量时,可以对总体 1 万个个体按不同批次分为 100 群,每群 100 件样品,从中随机抽取 8 群,而后在中选的 8 群中的 800 个个体中随机抽取 100 个个体,这就是整群抽样与分层抽样相结合的二阶段抽样,它的随机性表现在群间和群内有两次。

2. 数据统计分析的基本方法

数理统计就是用统计的方法,通过收集、整理质量数据,帮助我们分析、发现质量问题,从而及时采取对策措施,纠正和预防质量事故。

利用数理统计方法控制质量可以分为三个步骤,即统计调查和整理、统计分析及统计判断。

① 统计调查和整理:收集解决某方面问题需要的数据,将收集到的数据加以整理和归档,用统计表和统计图的方法,并借助于一些统计特征值(如平均数、标准差等)来表达这批数据所代表的客观对象的统计性质。

② 统计分析:对经过整理、归档的数据进行统计分析,研究它的统计规律。

③ 统计判断：根据统计分析的结果对总体的现状或发展趋势做出有科学根据的判断。

常用的统计分析方法如下：

(1) 统计调查表法

又称统计调查分析法，利用专门设计的统计表对数据进行收集、整理和粗略分析质量状态的一种方法。在材料质量控制活动中，利用统计调查表收集数据，简便灵活，便于整理。它没有固定格式，可根据需要和具体情况，设计出不同的统计调查表。如不合格项目调查表、不合格原因调查表等。

(2) 分层法

分层法又叫分类法，是将调查收集的原始数据，根据不同的目的和要求，按某一性质进行分组、整理的分析方法。分层的结果是使数据各层间的差异突出地显示出来，层内的数据差异减少了。在此基础上再进行层间、层内的比较分析，可以更深入地发现和认识质量问题的原因。由于影响材料产品质量的因素是多方面的，因而对同一批数据，可以按不同性质分层，使我们能从不同角度来考虑、分析材料存在的质量问题和影响因素。

例 9-1 钢筋焊接质量的调查分析，共检查了 50 个焊接点，其中不合格 20 个，不合格率为 38%，存在严重的质量问题，试用分层法分析质量问题的原因。

经调查这批钢筋的焊接是由甲、乙、丙三个师傅操作的，而焊条由 A、B 两个厂家提供的。分别按操作者和焊条供应厂家进行分层分析，考虑单一因素对焊接质量的影响，分析如表 9-1 和表 9-2。

按操作者分层　　　　　　　　　　　　　　　表 9-1

操作者	不合格	合格	不合格率
甲	5	12	29%
乙	4	9	31%
丙	11	10	52%
合计	20	31	39%

按焊条供应厂家分层　　　　　　　　　　　　表 9-2

厂家	不合格	合格	不合格率
A	9	15	38%
B	11	16	41%
合计	20	31	39%

按操作者分层，由表 9-1 可知操作者丙不合格率较高，达到 52%；按焊条供应厂家分层，由表 9-2 可知 A、B 两个厂家的不合格率都很高而且相关不大。为了进一步分析问题所在，采用综合分层进行分析，同时考虑操作者和焊条供应厂家的因素，分析见表 9-3。

综合分层分析焊接质量　　　　　　　　　　　表 9-3

操作者	焊接质量	A厂 焊接点	A厂 不合格率(%)	B厂 焊接点	B厂 不合格率(%)	合计 焊接点	合计 不合格率(%)
甲	不合格 合格	5 3	3%	0 9	0	5 12	29%
乙	不合格 合格	0 4	0	4 5	44%	4 9	31%

续表

操作者	焊接质量	A厂		B厂		合计	
		焊接点	不合格率(%)	焊接点	不合格率(%)	焊接点	不合格率(%)
丙	不合格 合格	4 8	33%	8 2	80%	11 10	52%
合计	不合格 合格	9 15	38%	12 16	43%	20 31	39%

由表 9-3 的综合分层分析法可知，在使用 A 厂的焊条时，采用乙师傅的操作方法好；在使用 B 厂的焊条时，采用甲师傅的操作方法好。采用综合分层分析法可以详细分析出焊接质量不良的原因。

(3) 直方图法

直方图法即频数分布直方图法，它是将收集到的质量数据进行分组整理，绘制成频数分布直方图，用以描述质量分布状态的一种分析方法，所以又称质量分布图法。

1) 直方图的绘制

① 收集整理数据

用随机抽样的方法抽取数据，一般要求数据在 50 个以上。

例 9-2 某建筑施工工地浇筑 C30 混凝土，为对其抗压强度进行质量分析，共收集了 50 份抗压强度试验报告单，见表 9-4。

数据整理表　　　　　　　　　　　　　　　表 9-4

序号	抗压强度数据					最大值	最小值
1	39.8	37.7	33.8	31.5	36.1	39.8	31.5*
2	37.2	38.0	33.1	29.0	36.0	39.0	33.1
3	35.8	35.2	31.8	37.1	34.0	37.1	31.8
4	39.9	34.3	33.2	40.4	41.2	41.2	33.2
5	39.2	35.4	34.4	38.1	40.3	40.3	34.4
6	42.3	37.5	35.5	39.3	37.3	42.3	35.5
7	35.9	42.4	41.1	36.3	36.2	42.4	35.9
8	46.2	37.6	38.3	39.7	38.0	46.2*	37.6
9	36.4	38.3	43.4	38.2	38.0	42.4	36.4
10	44.4	42.0	37.9	38.4	39.5	44.4	37.9

② 计算极差 R

极差 R 是数据中最大值和最小值之差，本例中：

$X_{\max}=46.2\text{N}/\text{mm}^2$

$X_{\min}=31.5\text{N}/\text{mm}^2$

$R=X_{\max}-X_{\min}=46.2-31.5=14.7\text{N}/\text{mm}^2$

③ 对数据分组

包括确定组数、组距和组限。

a. 确定组数 k

确定组数的原则是分组的结果能正确地反映数据的分布规律。组数应根据数据多少来确定。组数过少，会掩盖数据的分布规律；组数过多，使数据过于零乱分散，也不能显示出质量分布状况。一般可参考表 9-5 的经验数值确定。

九、抽样统计分析的基本知识

数据分组经验参考值 表 9-5

数据总数 n	分组数 k	数据总数 n	分组数 k	数据总数 n	分组数 k	数据总数 n	分组数 k
50 以内	5～6	50～100	6～10	100～250	7～12	250 以上	10～20

本例中取 $k=8$

b. 确定组距 h

组距是组与组之间的差距。分组要恰当,如果分得太多,则画出的直方图像"锯齿状"从而看不出明显的规律,如分得太少,会掩盖组内数据变动的情况,组距可按下式计算:

$$h = \frac{R}{k}$$

式中　R——极差;

　　　k——组数。

本例中 $h = \dfrac{R}{k} = \dfrac{14.7}{8} = 1.84 \approx 2 \text{ N/mm}^2$

c. 确定组限

每组的最大值为上限,最小值为下限,上、下限统称组限。确定组限时应注意使各组之间连续,即较低组上限应为相邻较高组下限,这样才不致使有的数据被遗漏。对恰恰处于组限值上的数据,其解决的办法有二:一是规定每组上(或下)组限不计在该组内,而计入相邻较高(或较低)组内;二是将组限值较原始数据精度提高半个最小测量单位。

本例采取第一种办法划分组限,即每组上限不计入该组内。

第一组下限:$X_{\min} - h/2 = 31.5 - 2.0/2 = 30.5$

第一组上限:$30.5 + h = 30.5 + 2 = 32.5$

第二组下限＝第一组上限＝32.5

第二组上限:$32.5 + h = 32.5 + 2 = 34.5$

以下依次类推,最高组限为 44.5～46.5,分组结果覆盖了全部数据。

d. 编制数据频数统计表

数据频数统计表 表 9-6

组号	组限（N/mm²）	频数	组号	组限（N/mm²）	频数
1	30.5～32.5	2	5	38.5～40.5	9
2	32.5～34.5	6	6	40.5～42.5	5
3	34.5～36.5	10	7	42.5～44.5	2
4	36.5～38.5	15	8	44.5～46.5	1
			合计		50

e. 绘制频数分布直方图

横坐标为质量特性值,纵坐标为频数,绘制直方图,如图 9-1 所示。

2) 直方图的观察与分析

① 观察直方图的形状,判断质量分布状态

作完直方图后,首先要认真观察直方图的整体形状,看其是否属于正常型直方图。正常型直方图是中间高,两侧底,左右接近对称的图形,如图 9-2 (a) 所示。

出现非正常型直方图时,表明生产过程或收集数据作图有问题。这就要求进一步分析

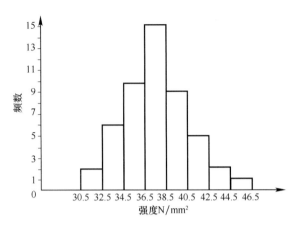

图 9-1 混凝土强度分布直方图

判断，找出原因，从而采取措施加以纠正。凡属非正常型直方图，其图形分布有各种不同缺陷，归纳起来一般有五种类型，如图 9-2 所示。

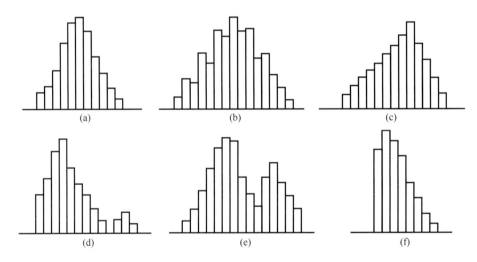

图 9-2 常见的直方图图形
(a) 正常型；(b) 折齿型；(c) 左缓坡型；(d) 孤岛型；(e) 双峰型；(f) 绝壁型

Ⅰ折齿型（图 9-2（b）），是由于分组组数不当或者组距确定不当出现的直方图。

Ⅱ左（或右）缓坡型（图 9-2（c）），主要是由于操作中对上限（或下限）控制太严造成的。

Ⅲ孤岛型（图 9-2（d）），是原材料发生变化，或者临时他人顶班作业造成的。

Ⅳ双峰型（图 9-2（e）），是由于用两种不同方法或两台设备或两组工人进行生产，然后把两方面数据混在一起整理产生的。

Ⅴ绝壁型（图 9-2（f）），是由于数据收集不正常，可能有意识地去掉下限以下的数据，或是在检测过程中存在某种人为因素所造成的。

② 将直方图与质量标准比较，判断实际生产过程能力

作出直方图后，除了观察直方图形状，分析质量分布状态外，再将正常型直方图与质

量标准比较,从而判断实际生产过程能力。正常型直方图与质量标准相比较,一般有图 9-3 所示六种情况。

Ⅰ 图 9-3(a),B 在 T 中间,质量分布中心 $\bar{x}$ 与质量标准中心 M 重合,实际数据分布与质量标准相比较两边还有一定余地。这样的生产过程质量是很理想的,说明生产过程处于正常的稳定状态。在这种情况下生产出来的产品可认为全都是合格品。

Ⅱ 图 9-3(b),B 虽然落在 T 内,但质量分布中心 $\bar{x}$ 与 T 的中心 M 不重合,偏向一边。这样如果生产状态一旦发生变化,就可能超出质量标准下限而出现不合格品。出现这种情况时应迅速采取措施,使直方图移到中间来。

Ⅲ 图 9-3(c),B 在 T 中间,且 B 的范围接近了 T 的范围,没有余地,生产过程一旦发生小的变化,产品的质量特性值就可能超出质量标准。出现这种情况时,必须立即采取措施,以缩小质量分布范围。

Ⅳ 图 9-3(d),B 在 T 中间,但两边余地太大,说明加工过于精细,不经济。在这种情况下,可以对原材料、设备、工艺、操作等控制要求适当放宽些,有目的地使 B 扩大,从而有利于降低成本。

Ⅴ 图 9-3(e),质量分布范围 B 已超出标准下限之外,说明已出现不合格品。此时必须采取措施进行调整,使质量分布位于标准之内。

Ⅵ 图 9-3(f),质量分布范围完全超出了质量标准上、下界限,散差太大,产生许多废品,说明过程能力不足,应提高过程能力,使质量分布范围 B 缩小。

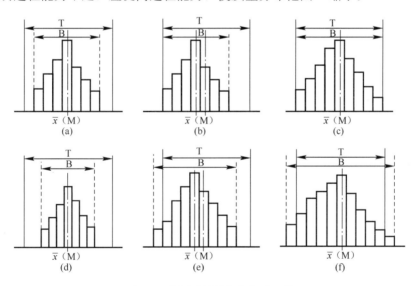

图 9-3 实际质量分析与标准比较

T——表示质量标准要求界限;B——表示实际质量特性分布范围

(4) 控制图法

控制图法又称管理图法。它是用于分析和判断施工生产工序是否处于稳定状态所使用的一种带有控制界限的图形的分析方法。它的主要作用是反映施工过程的运动状况,分析、监督、控制施工过程,对工程质量的形成过程进行预先控制。

1) 控制图的基本形式

控制图的基本形式如图9-4所示。横坐标为样本序号或抽样时间，纵坐标为被控制对象，即被控制的质量特性值。控制图上一般有三条线：最上面的一条虚线称为上控制界线，用符号UCL表示；最下面的一条虚线称为下控制界限，用符号LCL表示；中间的一条实线称为中心线，用符号CL表示。中心线标志着质量特性值分布的中心位置，上下控制界限标志着质量特性值允许波动范围。

在生产过程中通过抽样取得数据，把样本统计量描在图上来分析判断生产过程状态。如果点随机散落在上、下控制界限内，则表明过程处于稳定状态，不会产生不合格品；如果点超出控制界限，或点排列有缺陷，则表明生产条件发生了异常变化，生产过程处于失控状态。

2）控制图控制界限的确定

根据数理统计的原理，考虑经济的原则，通常采用"三倍标准差法"来确定控制界限，即将中心线定在被控制对象的平均值上，以中心线为基准向上向下各量三倍被控制对象的标准偏差，即为上、下控制界限。如图9-5所示。

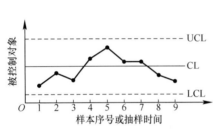

图9-4 控制图的基本形式

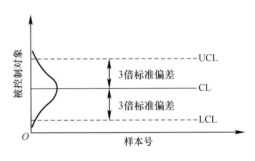

图9-5 控制界限的确定

采用三倍标准偏差法是因为控制图是以正态分布为理论依据的。采用这种方法可以在最经济的条件下，实现生产过程控制，保证产品质量。

在采用三倍标准差法确定控制界限时，其计算公式如下：

中心线 $CL=E(X)$

上控制界限 $UCL=E(X)+3D(X)$

下控制界限 $LCL=E(X)-3D(X)$

式中 X 为样本统计量，X 可取平均值、中位数、单值、极差、不合格数、不合格率缺陷数等；$E(X)$ 为 X 的平均值；$D(X)$ 为 X 的标准偏差。

3）控制图的用途

控制图是用样本数据来分析判断生产过程是否处于稳定状态的有效工具。它的用途主要有两个：

① 过程分析，即分析生产过程是否稳定。为此，应随机连续收集数据，绘制控制图，观察数据点分布情况并判定生产过程状态。

② 过程控制，即控制生产过程质量状态。为此，要定时抽样取得数据，将其变为点子描在图上，发现并及时消除生产过程中的失调现象，预防不合格品的产生。

前面讲述的排列图、直方图法是质量控制的静态分析法，反映的是质量在某一段时间里的静止状态。然而产品都是在动态的生产过程中形成的，因此，在质量控制中单用静态分析法显然是不够的，还必须有动态分析法。只有动态分析法，才能随时了解生产过程中质量的变化情况，及时采取措施，使生产处于稳定状态，起到预防出现废品的作用。控制图就是典型的动态分析法。

控制图按用途可分为分析用控制图和管理用控制图。分析用控制图主要是用来调查分析生产过程是否处于控制状态，绘制分析用控制图时，一般需连续抽取 20～25 组样本数据，计算控制界限。

管理用控制图主要用来控制生产过程，使之经常保持在稳定状态下。

4）控制图的观察与分析

绘制控制图的目的是分析判断生产过程是否处于稳定状态。这主要是通过对控制图上点子的分布情况的观察与分析进行。因为控制图上点子作为随机抽样的样本，可以反映出生产过程（总体）的质量分布状态。

当控制图同时满足以下两个条件：一是点子几乎全部落在控制界限之内；二是控制界限内的点子排列没有缺陷。我们就认为生产过程基本上处于稳定状态。如果点子的分布不满足其中任何一条，都应判断生产过程为异常。

① 点子几乎全部落在控制界线内

点子几乎全部落在控制界线内，是指应符合下述三个要求：

a. 连续 25 点以上处于控制界限内。

b. 连续 35 点中仅有 1 点超出控制界限。

c. 连续 100 点中不多于 2 点超出控制界限。

② 点子排列没有缺陷

点子排列没有缺陷，是指点子的排列是随机的，而没有出现异常现象。这里的异常现象是指点子排列出现了"链""多次同侧""趋势或倾向""周期性变动""接近控制界限"等情况。

③ 链。是指点子连续出现在中心线一侧的现象。出现五点链，应注意生产过程发展状况；出现六点链，应开始调查原因；出现七点链，应判定工序异常，需采取处理措施，如图 9-6 所示。

④ 多次同侧。是指点子在中心线一侧多次出现的现象，或称偏离。下列情况说明生产过程已出现异常：在连续 11 点中有 10 点在同侧，如图 9-7 所示。在连续 14 点中有 12 点在同侧；在连续 17 点中有 14 点在同侧；在连续 20 点中有 16 点在同侧。

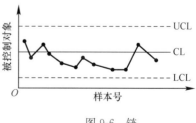

图 9-6　链

⑤ 趋势或倾向。是指点子连续上升或连续下降的现象。连续 7 点或 7 点以上上升或下降排列，就应判定生产过程有异常因素影响，要立即采取措施，如图 9-8 所示。

⑥ 周期性变动。即点子的排列显示周期性变化的现象。这样即使所有点子都在控制界限内，也应认为生产过程为异常，如图 9-9 所示。

⑦ 点子排列接近控制界限。是指点子落在了 $\mu \pm 2\sigma$ 以外和 $\mu \pm 3\sigma$ 以内。如属下列情

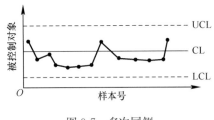

图 9-7 多次同侧

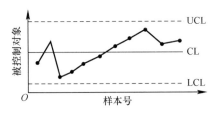

图 9-8 趋势或倾向

况的判定为异常:连续 3 点至少有 2 点接近控制界限。连续 7 点至少有 3 点接近控制界限。连续 10 点至少有 4 点接近控制界限。如图 9-10 所示。

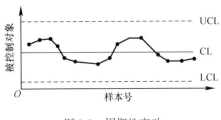

图 9-9 周期性变动

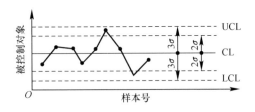

图 9-10 点子排列接近控制界限

以上是分析用控制图判断生产过程是否正常的准则。如果生产过程处于稳定状态,则把分析用控制图转为管理用控制图。分析用控制图是静态的,而管理用控制图是动态的。随着生产过程的进展,通过抽样取得质量数据把点描在图上,随时观察点子的变化,一是点子落在控制界限外或界限上,即判断生产过程异常,点子即使在控制界限内,也应随时观察其有无缺陷,以对生产过程正常与否做出判断。

(5) 相关图

1) 相关图的定义

相关图又称散布图。在质量控制中它是用来显示两种质量数据之间关系的一种图形。质量数据之间的关系多属相关关系,一般有三种类型:一是质量特性和影响因素之间的关系;二是质量特性和质量特性之间的关系;三是影响因素和影响因素之间的关系。

我们可以用 y 和 x 分别表示质量特性值和影响因素,通过绘制散布图,计算相关系数等,分析研究两个变量之间是否存在相关关系,以及这种关系密切程度如何,进而对相关程度密切的两个变量,通过对其中一个变量的观察控制,去估计控制另一个变量的数值,以达到保证产品质量的目的。这种统计分析方法,称为相关图法。

2) 相关图的绘制方法

例 9-3 分析混凝土抗压强度和水灰比之间的关系。

1) 收集数据

要成对地收集两种质量数据,数据不得过少。本例中数据见表 9-7。

混凝土抗压强度与水灰比统计资料 表 9-7

	序号	1	2	3	4	5	6	7	8
x	水灰比(W/C)	0.4	0.45	0.5	0.55	0.6	0.65	0.7	0.75
y	强度(N/mm^2)	36.3	35.3	28.2	24.0	23.0	20.6	18.4	15.0

2）绘制相关图

在直角坐标系中，一般 x 轴用来代表原因的量或较易控制的量，本例中表示水灰比；y 轴用来代表结果的量或不易控制的量，本例中表示强度。然后将数据中相应的坐标位置上描点，便得到散布图，如图 9-11 所示。

3）相关图的观察与分析

相关图中点的集合，反映了两种数据之间的散布状况，根据散布状况我们可以分析两个变量之间的关系。归纳起来，有以下六种类型，如图 9-12 所示。

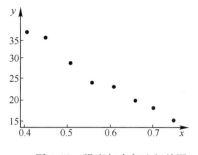

图 9-11　强度与水灰比相关图

① 正相关（图 9-12a）。散布点基本形成由左至右向上变化的一条直线带，即随 x 增加，y 值也相应增加，说明 x 与 y 有较强的制约关系。此时，可通过对 x 控制而有效控制 y 的变化。

② 弱正相关（图 9-12b）。散布点形成向上较分散的直线带。随 x 值的增加，y 值也有增加趋势，但 x、y 的关系不像正相关那么明确。说明 y 除受 x 影响外，还受其他更重要的因素影响。需要进一步利用因果分析图法分析其他的影响因素。

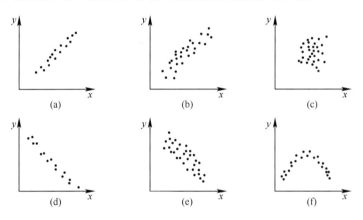

图 9-12　散布图的类型

③ 不相关（图 9-12c）。散布点形成一团或平行于 x 轴的直线带。说明 x 变化不会引起 y 的变化或其变化无规律，分析质量原因时可排除 x 因素。

④ 负相关（图 9-12d）。散布点形成由左向右向下的一条直线带。说明 x 对 y 的影响与正相关恰恰相反。

⑤ 弱负相关（图 9-12e）。散布点形成由左至右向下分布的较分散的直线带。说明 x 与 y 的相关关系较弱，且变化趋势相反，应考虑寻找影响 y 的其他更重要的因素。

⑥ 非线性相关（图 9-12f）。散布点呈一曲线带，即在一定范围内 x 增加，y 也增加；超过这个范围 x 增加，y 则有下降趋势，或改变变动的斜率呈曲线形态。

从图 9-11 可以看出例题中水灰比对强度影响属于负相关。初步结果是，在其他条件不变的情况下，混凝土强度随着水灰比增大有逐渐降低的趋势。

（6）因果分析图法

因果分析图法是利用因果分析图来系统整理分析某个结果与其产生原因之间关系的有

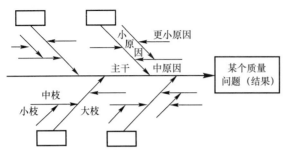

效工具。因果分析图也称特性要因图，又因其形状常被称为树枝图或鱼刺图。如图 9-13 所示。

由图 9-13 可看出，因果分析图由质量特性（即质量结果指某个质量问题）、要因（产生质量问题的主要原因）、枝干（指一系列箭线表示不同层次的原因）、主干（指较粗的直接指向质量结果的水平箭线）等所组成。

图 9-13 因果分析图的基本形式

下面结合具体实例加以说明因果分析图的绘制方法和步骤。

例 9-4 绘制混凝土强度不足的因果分析图。

因果分析图的绘制步骤与图中箭头方向恰恰相反，是从"结果"开始将原因逐层分解的，具体步骤如下：

1) 明确质量问题 结果。该例分析的质量问题是"混凝土强度不足"，作图时首先由左至右画出一条水平主干线，箭头指向一个矩形框，框内注明研究的问题，即结果。

2) 分析确定影响质量特性大的方面原因。一般来说，影响质量因素有五大方面，即人、机械、材料、方法、环境等。另外还可以按产品的生产过程进行分析。

3) 将每种大原因进一步分解为中原因、小原因，直至分解的原因可以采取具体措施加以解决为止。

4) 检查图中的所列原因是否齐全，可以对初步分析结果广泛征求意见，并作必要的补充及修改。

5) 选择出影响大的关键因素，做出标记"△"。以便重点采取措施。图 9-14 是混凝土强度不足的因果分析图。

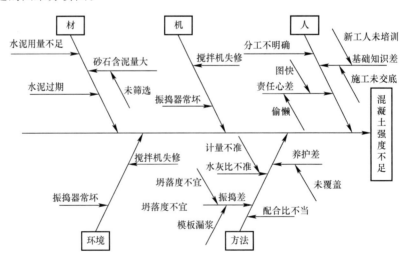

图 9-14 混凝土强度不足的因果分析图

（7）排列图法

排列图也叫主次因素排列图。其原理是按照出现各种质量问题的频数，按大小次序排列，找出造成质量问题的主要因素和次要因素，以便抓住关键，采取措施，加以解决。

排列图是由两条纵坐标，一条横坐标、若干个矩形和一条曲线组成，如图9-15所示。图中左边的纵坐标表示频数，即影响调查对象质量的因素重复发生或出现的次数；横坐标表示影响质量的各种因素，按其影响程度的大小，由左至右依次排列；右边的纵坐标表示频率，即表示横坐标所示的各种质量影响因素在整个因素频数中所占的比率（以百分比）表示。

通常按累计频率划分为三个区，累计频率在0～80%以内的区称为A区，其所包含的质量因素是主要因素或关键项目，是应解决的重点问题；累计频率在80%～90%的区域为B区，其所包含的因素为一般因素；累计频率在90%～100%的区域为C区，为次要因素，一般不作为解决的重点。

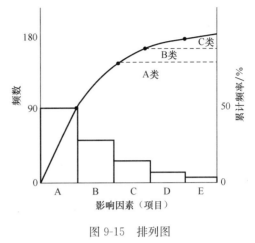

图9-15 排列图

参 考 文 献

[1] 刘亚臣，李闫岩. 工程建设法学［M］. 大连：大连理工大学出版社，2009.
[2] 刘勇. 建筑法规概论［M］. 北京：中国水利水电出版社，2008.
[3] 徐雷. 建设法规［M］. 北京：科学出版社，2009.
[4] 全国二级建造师职业资格考试用书编写委员会. 建设工程法规及相关知识［M］. 北京：中国建筑工业出版社，2011.
[5] 胡兴福. 建筑结构（第二版）［M］. 北京：中国建筑工业出版社，2012.
[6] 韦清权. 建筑制图与 AutoCAD［M］. 武汉：武汉理工大学出版社，2007.
[7] 游普元. 建筑材料与检测［M］. 哈尔滨：哈尔滨工业大学出版社，2012.
[8] 何斌，陈锦昌，王枫红. 建筑制图（第六版）［M］. 北京：高等教育出版社，2011.
[9] 张伟，徐淳. 建筑施工技术［M］. 上海：同济大学出版社，2010.
[10] 洪树生. 建筑施工技术［M］. 北京：科学出版社，2007.
[11] 姚谨英. 建筑施工技术管理实训［M］. 北京：中国建筑工业出版社，2006.
[12] 双全. 施工员［M］. 北京：机械工业出版社，2006.
[13] 潘全祥. 施工员必读［M］. 北京：中国建筑工业出版社，2001.
[14] 编写组. 建筑施工手册（第四版）［M］. 北京：中国建筑工业出版社，2003.
[15] 夏友明. 钢筋工［M］. 北京：机械工业出版社，2006.
[16] 杨嗣信，余志成，侯君伟. 模板工程现场施工［M］. 北京：人民交通出版社，2005.
[17] 梁新焰. 建筑防水工程手册［M］. 太原：山西科学技术出版社，2005.
[18] 李星荣，魏才昂. 钢结构连接节点设计手册（第 2 版）［M］. 北京：中国建筑工业出版社，2007.
[19] 李帼昌. 钢结构设计问答实录（建设工程问答实录丛书）［M］. 北京：机械工业出版社，2008.
[20] 吴欣之. 现代建筑钢结构安装技术［M］. 北京：中国电力出版社，2009.
[21] 杜绍堂. 钢结构施工［M］. 北京：高等教育出版社，2005.
[22] 孟小鸣. 施工组织与管理［M］. 北京：中国电力出版社，2008.
[23] 韩国平. 施工项目管理［M］. 南京：东南大学出版社，2005.
[24] 林立. 建筑工程项目管理［M］. 北京：中国建材工业出版社，2009.
[25] 张立群，崔宏环. 施工项目管理［M］. 北京：中国建材工业出版社，2009.
[26] 郭汉丁. 工程施工项目管理［M］. 北京：化学工业出版社，2010.
[27] 傅水龙. 建筑施工项目经理手册［M］. 南昌：江西科学技术出版社，2002.
[28] 本书编委会. 施工员一本通［M］. 北京：中国建材工业出版社，2007.
[29] 佚名. 工程施工质量管理的措施［M］. 中顾法律网.
[30] 全国二级建造师职业资格考试用书编写委员会. 建设工程施工管理［M］. 北京：中国建筑工业出版社，2011.
[31] 焦宝祥. 土木工程材料［M］. 北京：高等教育出版社，2009.
[32] 魏鸿汉. 建筑材料（第四版）［M］. 北京：中国建筑工业出版社，2012.
[33] 杨学稳. 化学建材概论［M］. 北京：化学工业出版社，2011.
[34] 中国建设监理协会. 建设工程质量控制［M］. 北京：中国建筑工业出版社，2021.

[35] 田金信. 建设项目管理（第2版）[M]. 北京：高等教育出版社，2009.
[36] 杨力彬，赵萍. 建筑力学 [M]. 北京：机械工业出版社，2009.
[37] 张常庆，叶伯铭. 材料员必读 [M]. 北京：中国建筑工业出版社，2005.
[38] 李建钊. 材料员全能图解 [M]. 天津：天津大学出版社，2009.
[39] 住房和城乡建设部和国家质量监督检验检疫总局. 建设工程工程量清单计价规范 GB 50500—2013 [M]. 北京：中国计划出版社，2013.
[40] 住房和城乡建设部和国家质量监督检验检疫总局. 房屋建筑与装饰工程工程量计算规范 GB 50854—2013 [M]. 北京：中国计划出版社，2013.
[41] 规范编制组. 2013建设工程计价计量规范辅导 [M]. 北京：中国计划出版社，2013.
[42] 王朝霞，张丽云. 建筑工程定额与计价 [M]. 北京：中国电力出版社，2022.
[43] 王朝霞. 建筑工程计量与计价 [M]. 北京：机械工业出版社．2014.
[44] 裘建娜，赵秀云. 建设工程项目管理 [M]. 北京：中国铁道出版社，2020.